高职高专电仪类专业规划教材
编审委员会

普通高等教育"十一五"国家级规划教材

教育部高职高专规划教材

过程控制技术

第二版

王爱广　黎洪坤　主编

李　慧　审定

化学工业出版社

·北京·

本书试图改变原有的学科教学规律及理念，在第一版的基础上，通过对高职高专院校毕业生的工作岗位专业技术应用的过程与特点进行分析，结合生产过程自动化技术专业的学习规律，建立了以学习自动化基础理论为先导，重点掌握过程控制系统技术应用于系统运行、调试、安装与维护等技能的内容体系，强化了自动化工程技术的实用性。

本书共8章分为两篇。第一部分为过程控制理论，阐述过程控制系统的基本概念、基本构成与基本要求，过程系统的数学模型的建立和过程控制系统的分析方法；第二部分为过程控制技术的工程应用，重点介绍了单回路控制系统的结构、系统运行与调试、安装与维护、设计与建设的方法；对串级、比值、前馈等复杂控制系统及多变量控制系统的控制方案、操作调试与工程实施进行了比较全面的阐述；对常见的工业生产过程工艺操作要求提供了自动化控制系统设计和解决方案，并为今后能从事过程控制技术工程设计打下初步基础。

本书可作为高职高专院校生产过程自动化技术专业以及相关自动化类专业的教材使用，也可提供给石油、化工、冶炼、发电、建材、轻工等行业的工程技术人员参考和职工培训教材使用。

图书在版编目（CIP）数据

过程控制技术/王爱广，黎洪坤主编．—2版．—北京：
化学工业出版社，2012.6（2022.1重印）
普通高等教育"十一五"国家级规划教材
教育部高职高专规划教材
ISBN 978-7-122-13990-0

Ⅰ．过…　Ⅱ．①王…②黎…　Ⅲ．过程控制技术-
高职高专-教材　Ⅳ．TP273

中国版本图书馆CIP数据核字（2012）第068676号

责任编辑：唐旭华　张建茹　　　　　　　　　文字编辑：吴开亮
责任校对：徐贞珍　　　　　　　　　　　　　装帧设计：关　飞

出版发行：化学工业出版社（北京市东城区青年湖南街13号　邮政编码100011）
印　　装：北京印刷集团有限责任公司
787mm×1092mm　1/16　印张14¼　字数375千字　2022年1月北京第2版第7次印刷

购书咨询：010-64518888　　　　　　　　　售后服务：010-64518899
网　　址：http://www.cip.com.cn
凡购买本书，如有缺损质量问题，本社销售中心负责调换。

定　　价：39.00元　　　　　　　　　　　　　　　　　版权所有　违者必究

前　言

本书是在第一版的基础上，根据过程控制技术的发展，吸纳全国多所高职院校教师使用中反馈的建议，为更好地适应高等职业技术教育教学的需要修改编写而成。

全书分为八章。前三章为过程控制原理的基础知识，第 1 章过程控制系统的基本概念，第 2 章过程控制系统的数学模型，第 3 章过程控制系统的分析；第 4 章至第 7 章为过程控制工程应用内容，其中第 4 章为单回路控制系统，第 5 章为串级、比值、前馈控制系统，第 6 章为多变量过程控制系统，第 7 章为工业生产过程的自动控制方案；第 8 章为过程控制工程设计基础。

第一部分是过程控制基本理论。本书的特点是基于高等职业技术教育对学生的培养目标要求，在理论知识学习上本着"必需、够用"的原则，对原来学科体系的过程控制原理教材的内容做了较大的删减，重点是从常规的工程应用所需的知识结构为基点，介绍自动控制系统的基本概念与结构、微分方程分析法与传递函数、控制系统运行的理论分析，使得经典控制原理内容相对简约，更加实用。

第二部分是过程控制工程应用。根据高等职业技术教育的规律与高素质技能型专门人才培养的特点，结合企业职业与岗位技能对人才的要求，我们与时俱进地对传统学科的教学模式进行了创新，设计出更适合技能型人才培养的工程应用部分课程结构体系：系统基本认识→系统操作运行与调试→系统设计分析→系统实施与维护→学习反思与提高。课程内容以岗位技术的工作过程为导向，以工程应用方法为目标，对过程控制工程应用的内容做了全面详细的介绍，是全书的重点学习内容。

对过程控制工程设计部分知识、设计要领与设计步骤进行了介绍，以提升高职学生的创新思维与能力，强调过程控制技术的工程应用能力培养。

为了帮助读者学习和掌握过程控制技术，本书在每章后均附有小结、例题和解答，并选编了适量的思考题与习题。

本书配套的电子课件可免费提供给采用本书作为教材的院校使用，如有需要，请发邮件至 cipedu@ 163.com 索取。

本书第一版由王爱广、王琦主编，厉鼎熙主审。第二版由河北建材职业技术学院王爱广教授完成第 1～3 章，广西工业职业技术学院黎洪坤副教授完成第 4～7 章，广西工业职业技术学院谢彤老师完成第 8 章的修改编写。全书由黎洪坤副教授统稿，李慧教授审定。

由于编者水平有限，书中定有不足之处，恳请读者批评指正。

编　者
2012 年 5 月

目　　录

绪　　论

（1）过程控制技术的基本内容

本书作为普通高等职业技术学院自动化技术专业群学生的一门专业课教材，它包括三大部分内容。

第一部分是过程控制原理。阐述过程控制系统的基本构成与基本要求、过程控制系统的数学模型、过程控制系统的分析。这部分内容本着"必需、够用"原则做了较大的删减，数学模型只介绍微分方程式和传递函数，系统分析只介绍时域分析（微分方程分析法的基本内容）；对经典控制理论不做全面介绍，不涉及现代控制理论。

第二部分是过程控制工程应用。这部分是本书的学习重点，在教材内容的编排上根据高等职业技术教育的特点进行了创新。从过程系统的结构认识开始，以学习过程控制系统的运行操作和调试为重点，兼顾了识图绘图、工程安装等专业技能，以控制系统的设计分析和工程应用实施为技术提升的教学思路，比较详细地介绍单回路过程控制系统运行操作、系统调试方法应用、控制系统的设计与工程实施，对串级、比值、前馈控制系统过程控制系统调试特点、设计与工程实施方案、多变量控制系统的工程应用解决方案、工业生产过程的基本控制方案做了比较全面的介绍，突出过程控制技术在工业生产实际中的技能培养和工程应用。

第三部分是过程控制工程设计。对工程设计内容做必要的介绍，目的是使学生认识工程设计的初步知识，学会自动化工程的识图绘图能力，自动化仪表的选型能力；引入了 DCS 技术应用于过程控制工程设计的整体解决方案，包含了现场仪表的选型、DCS 控制站、操作站、工程师站及通讯网络等设计，为自动化仪表、DCS 技术组成控制系统的应用、维护、改进、设计等专业能力培养奠定了基础。

（2）本课程的教学目标与学习要求

《过程控制技术》是生产过程自动化技术专业学生的一门理论和实践性较强的专业课程，提倡能结合当地的工业生产特色和教学环境开展项目化教学、实践性教学。

通过本课程的学习，掌握控制系统基本概念、组成及其特性分析的理论知识；学会单回路过程控制系统的运行操作与系统调试技能、工程设计初步、工程实施与维护技术；具有全面应用生产过程控制系统的技术能力。

过程控制原理部分的内容比较抽象，涉及高等数学知识，作一般性的掌握；过程控制工程部分的内容，是本课程的核心，作重点掌握工程设计初步，并学会控制系统的运行与调试、工程安装等技能；过程控制工程设计部分内容的学习作为技术提升，为自动化工程应用实践能力培养奠定基础。

由于过程控制技术的广泛应用和计算机控制技术的迅速发展，过程控制系统逐渐将由常规过程控制系统向计算机过程控制系统发展，如当前发展和应用最广泛的集散控制系统。因此，过程控制技术是不断发展不断更新的；过程控制技术不仅是生产过程自动化技术专业的主要课程，对其他如电气、机械、冶金、化工工艺、制药、轻工、建材等专业的学生来说，对过程控制技术知识有一定的了解并学会其基本技能，有助于从事本专业或相关专业的工程技术人员在工业生产过程自动化、信息化的发展中拓展职业空间。

第一篇　过程控制技术基本理论部分

1　过程控制系统的基本概念

1.1　过程控制系统的组成、分类及方块图和术语

1.1.1　过程控制系统的组成及其分类

自动控制是在人工控制的基础上发展起来的。下面先通过一个示例，将人工控制与过程控制进行对比分析，看过程控制系统是由哪些部分组成的。

图 1-1 是电厂、化工厂里常见的生产蒸汽的锅炉设备。锅炉汽包水位过低会影响蒸汽产生量，并很容易将汽包中的水烧干而发生严重事故。汽包水位过高将使蒸汽带水滴并有溢出的危险。因此，维持锅炉汽包水位在设定的标准高度值上是保证锅炉正常运行的重要条件。

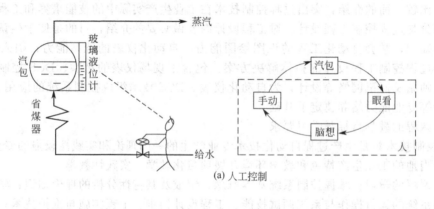

(a) 人工控制

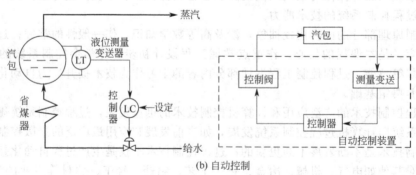

(b) 自动控制

图 1-1　锅炉汽包水位控制示意图

图 1-1(a) 所示为人工控制。用眼睛观察玻璃液位计中水位高低，并通过神经系统告诉大脑；大脑根据眼睛看到的水位高度，加以思考并与要求的水位标准值进行比较，得出偏差大小和方向，然后根据操作经验发出命令给执行机构；根据大脑发出的命令，用双手去改变

给水阀门开度，使蒸汽的消耗量与给水量相等，最终使水位保持在设定的标准值上。人的眼、脑、手三个器官，分别担负了检测、判断和运算、执行三个作用，来完成测量、求偏差、再控制以纠正偏差的过程，保持汽包水位的恒定。

图 1-1(b) 所示为过程控制。液位变送器将汽包水位高低的物理量测量出来并转换为工业仪表间的标准统一信号（气动仪表为 20～100kPa，电动 Ⅱ 型仪表为 0～10mA DC，电动 Ⅲ 型仪表为 4～20mA DC）。控制器接受测量变送器送来的标准统一信号，与锅炉工艺要求保持的标准水位高度信号相比较得出偏差，按某种运算规律输出标准统一信号。控制阀接受控制器的控制信号，改变阀门的开度控制给水量，最终达到控制汽包水位稳定的目的。

通过上述示例的对比分析知道，一般过程控制系统是由被控对象和自动控制装置两大部分或由被控对象、测量变送器、控制器、控制阀四个基本环节所组成的。

过程控制系统有多种分类方法，每一种分类方法都反映了控制系统某一方面的特点。为了便于分析反馈控制系统的特性，我们将按设定值的形式不同，分为三种类型。

(1) 定值控制系统

所谓定值控制系统，是指过程控制系统的设定值恒定不变。工艺生产中要求控制系统的被控变量保持在一个标准值上不变，这个标准值就是设定值（亦称期望值）。

图 1-1 所示的锅炉汽包水位控制系统就是一个定值控制系统。过程控制系统大多数都属于定值控制系统。由于引起这类系统输出参数（被控变量）波动的原因不是设定值的改变，而是各种扰动，系统的任务就是要克服扰动对被控变量的影响，所以也把以扰动信号为输入的系统叫作定值控制系统。

(2) 随动控制系统

随动控制系统也称跟踪控制系统。这类系统的设定值是无规律的变化，是未知的时间函数。控制系统的任务是使被控变量尽快地、准确地跟踪设定值变化，例如地对空导弹系统就是典型的随动控制系统。

(3) 程序控制系统

程序控制系统的设定值有规律的变化，是已知的时间函数。这类系统多用在间歇反应过程，如啤酒发酵罐温度控制就属于这类系统。

上述各种反馈控制系统中，各环节的传递信号都是时间的函数，因而统称为连续控制系统。若系统中有一个以上环节的传递信号是断续的，则这类系统为离散控制系统，计算机控制系统就属于这类系统。当系统各环节输入输出特性是线性时，则称这种系统为线性控制系统，反之为非线性系统。根据系统的输入和输出信号的数量可分为单输入单输出系统和多输入多输出系统等等。

在石油、化工、电力、冶金、轻工、制药、建材等工业生产过程中，定值控制系统占大多数，故研究的重点是线性、连续、单输入单输出的定值控制系统。

1.1.2　过程控制系统的方块图及其术语

为了能清楚地说明过程控制系统的结构及各环节之间的相互关系和信号联系，常用方块图来表示，如图 1-2 所示。

方块图中每个方块代表系统中的一个环节，方块之间用一条带有箭头的直线表示它们相互间的联系，线上箭头表示信号传递的方向，线上字母说明传递信号的名称。另外，箭头还具有单向性，即方块的输入只能影响输出，而输出不能影响输入。还需强调的是方块图中各线段表示的是信号关系，而不是指具体的物料或能量。方块图是过程控制系统中一个常用工具和重要的概念。

现在结合锅炉汽包水位控制的例子及其方块图，说明过程控制系统中常用术语的含义。

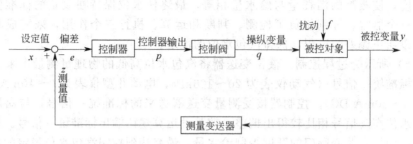

图 1-2　过程控制系统方块图

（1）被控对象（简称对象或过程）

它是被控制的工艺设备、机器或生产过程。在图 1-1 中，被控对象就是锅炉汽包。

（2）被控变量 y

它是表征生产设备或过程运行是否正常而需要加以控制的物理量。在图 1-1 中，汽包水位就是被控变量。过程控制系统的被控变量常有温度、压力、流量、液位、成分等。

（3）扰动 f

在生产过程中，凡是影响被控变量的各种外来因素都叫扰动（又称干扰）。在图 1-1 中，给水压力变化而引起水位波动是一种扰动；蒸汽负荷变化而引起水位波动是一种扰动等。

（4）操纵变量 q

受控制装置（控制器）操纵，并使被控变量保持在设定值的物理量或能量，被称为操纵变量。在图 1-1 中，往锅炉汽包中注入的给水量就是操纵变量。

（5）测量变送器

如果发现扰动对被控变量有影响，观察被控变量是否维持在预定的设定范围之内，这就要利用测量元件对被控变量进行测量，并转换成一定的统一标准信号输出。在图 1-1 中，采用的是液位测量变送器。

（6）测量值 z

它就是测量变送器的输出信号。

（7）设定值 x

它是一个与要求的（期望的）被控变量相对应的信号值。

（8）偏差值 e

在过程控制系统中，规定偏差值是设定值与测量值之差，即 $e=x-z$。但在仪表制造厂中，习惯取偏差 $e'=-e=z-x$，即把 $z>x$ 称为正偏差，$z<x$ 称为负偏差，需注意两者相差一个负号。

（9）控制器输出 p（亦称控制信号）

在控制器内，设定值与测量值进行比较得出偏差值，按一定的控制规律（比例、比例积分、比例积分微分）发出相应的输出信号 p 去推动执行器（控制阀）。

（10）控制阀

控制阀接收控制器的控制信号，通过阀门开度变化将控制信号的变化转换成操纵变量的变化。图 1-1 中，控制阀根据控制信号的变化对锅炉汽包的进水量进行控制。

（11）反馈控制系统

把系统输出信号通过测量变送器又引回到系统输入端，这种作法称为反馈。过程控制系统又称反馈控制系统。当反馈信号与设定值相减，即取负值与设定值相加，这属于负反馈；当反馈信号取正值与设定值相加，这属于正反馈。过程控制系统一般采用的是负反馈。

（12）闭环系统与开环系统

凡是系统的输出信号对控制作用有直接影响的控制系统，就称作闭环控制系统。例如图1-1所示便是闭环控制系统。在图1-2的方块图中，任何一个信号沿着箭头方向传递，最后又回到原来的起点，从信号的传递角度来看，构成了一个闭合回路。所以，闭环控制系统必然是一个反馈控制系统。

若系统的输出信号对控制作用没有影响，则称作开环控制系统，即系统的输出信号不反馈到输入端，不形成信号传递的闭合环路，如图1-3所示。家用洗衣机便是开环控制系统的实际例子，从进水、洗涤、漂洗到脱水整个洗衣过程，是在洗衣机中顺序完成

```
输入信号              输出信号
──────→ 控制器 ──→ 被控对象 ──────→
```

图1-3　开环控制系统

的，而对衣物的清洁程度（系统的输出信号）没有进行测量。显然，开环控制系统不是反馈控制系统。

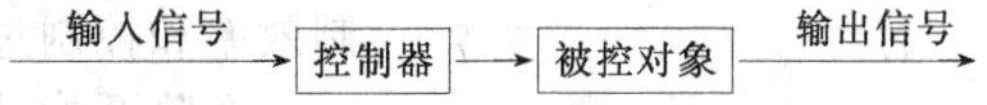

由于闭环控制系统采用了负反馈，因而使系统的输出信号受外来扰动和内部参数变化小，具有一定的抑制扰动、提高控制精度的特点。开环控制系统结构简单，容易构成，稳定性不是重要问题，而对闭环控制系统稳定性始终是一个重要问题。

1.2　对过程控制系统的基本要求

1.2.1　过程控制系统的过渡过程

在图1-1所示的锅炉汽包水位控制系统中，当给水量与蒸汽量相等时，汽包水位将保持不变，系统处于平衡状态。当给水量与蒸汽量不相等时，汽包水位将上下波动变化，系统处于不平衡状态。把被控变量不随时间而变化的平衡状态称为静态或稳态；而把被控变量随时间而变化的不平衡状态称为动态或瞬态。

当锅炉汽包水位控制系统处于平衡状态即静态时，扰动作用为零，设定值不变，系统中控制器的输出和控制阀的输出都暂不改变，这时被控变量汽包水位也就不变。一旦设定值有了改变或扰动作用于系统，系统平衡被破坏，被控变量开始偏离设定值，此时控制器、控制阀将相应动作，改变操纵变量给水量的大小，使被控变量汽包水位回到设定值，恢复平衡状态。从扰动的发生，经过控制，直到系统重新建立平衡，在这段时间中整个系统的各个环节和变量都处在变化状态之中，这种变化状态就是动态，动态比静态复杂。在生产过程中，不仅要了解系统的静态，更需要了解系统的动态。当过程控制系统在动态阶段中，被控变量是不断变化的，这一随时间变化的过程称为过程控制系统的过渡过程或时间响应。即一个过程控制系统在外作用下从原有稳定状态过渡到另一个稳定状态的过程，称为过程控制系统的过渡过程。过程控制系统的输出变量变化是由于有输入变量（设定或扰动）引起的，所以，输出是输入的时间响应。时间响应对应着过渡过程，稳态响应对应着过渡过程的静态，瞬态响应对应着过渡过程的动态。

1.2.2　对过程控制系统的基本要求

由于系统在控制过程中存在着过渡过程，所以过程控制系统性能的好坏，不仅取决于系统稳态时的控制精度，还取决于瞬态时的工作状况。因此，对过程控制系统的基本技术性能要求，包含有稳态和瞬态两个方面，一般可以归纳为以下三点。

① 稳定性　系统要稳定，控制过程要平稳。所谓稳定，是指系统在受到外来作用时，虽然会有一个过渡过程，但经过一定的时间后，过渡过程会结束，最终恢复到稳定工作状况。

② 准确性　系统稳态时要有较高的控制精度。当系统在设定作用时，被控变量的稳定值与设定值保持较精确的一致。当系统受到扰动作用时，被控变量的稳定值应基本不受影响，与设定值保持一致。

③ 快速性　系统的输出对输入作用的响应要迅速，系统的过渡过程时间尽可能短。因为在过渡过程期间系统尚未达到稳定，被控变量还未能达到最佳控制值，实际值与期望值之间有相当大的差异，所以提高响应速度，缩短过渡时间，对提高控制效率和控制过程的精度都是有利的。

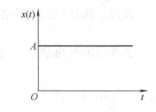

图 1-4　阶跃函数信号

在阶跃扰动作用下（如图 1-4 所示），过程控制系统的过渡过程将出现如图 1-5 所示的几种形式。

（1）发散振荡过程

图 1-5（a）所示的被控变量变化幅度越来越大，表现为发散振荡的过渡过程。说明了一旦扰动进入系统，经控制器的控制以后，被控变量的振荡逐渐增大，越来越偏离设定值，最后超出限度出现事故。这属于一种不稳定的控制系统，是人们所不希望的。

（2）等幅振荡过程

图 1-5（b）所示的被控变量变化为一等幅振荡的过渡过程，即不衰减也不发散，处于稳定与不稳定的边界。这种控制系统一般被认为是一种不稳定状态而不采用。

（3）衰减振荡过程

图 1-5（c）所示的就是一个衰减振荡过渡过程。被控变量经过几个周期波动后就重新稳定下来，符合对系统基本性能的要求：稳定、迅速、准确；这正是人们所希望的。

（4）非振荡衰减过程

图 1-5（d）所示是一个非振荡的单调衰减过渡过程。被控变量偏离设定值以后，要经过相当长的时间慢慢地才接近设定值。非振荡衰减过程符合稳定要求，但不够迅速，不是理想的不宜采用，只有当生产上不允许被控变量有较大幅度波动时才采用。

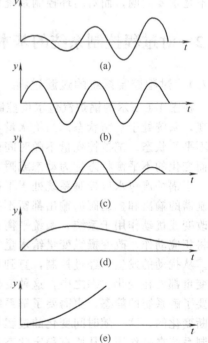

图 1-5　过渡过程的几种基本形式

（5）非振荡发散过程

图 1-5（e）所示是一个非振荡发散的过渡过程。它与发散振荡过程同属于不稳定的系统，是人们所不希望的。

小　结

（1）主要内容

① 过程控制系统是由被控对象（被控制的生产过程或机器设备）和自动控制装置（测量变送器、控制器、控制阀）组成。方块图能够清楚地表明系统的结构和环节间的信号传递。

② 过程控制应用负反馈原理，故称反馈控制系统；通过反馈使信号传递构成闭合环路，所以又称闭环控制系统。过程控制系统通过测量变送器，把被控变量的测量值反馈到输入端

与设定值进行比较，根据两者的偏差，控制器的控制作用（控制器输出）通过控制阀调整操纵变量，以保证被控变量与设定值一致，尽量不受扰动的影响。过程控制系统多为定值控制系统。

③ 开环控制系统没有对控制变量进行测量和反馈，当被控变量因系统受到扰动作用而发生偏离时，系统没有调整作用，通常控制精度低。

④ 过程控制系统为了完成一定任务，必须具备一定的性能，常用过渡过程（或时间响应）来衡量。对过程控制系统的基本性能要求可归纳为：稳定、迅速、准确三点。

（2）基本要求

① 弄清楚组成过程控制系统的结构，掌握描述控制系统的原理图和方块图及其专用术语。

② 掌握闭环控制系统实现自动控制的基本原理，尤其是负反馈在过程控制中的作用。学会用负反馈原理构成简单的闭环控制系统。

③ 了解开环控制与闭环控制的差别及各自的特点。

④ 弄清楚定值控制系统与随动控制系统的区别，连续系统与离散系统的区别。

⑤ 理解控制系统过渡过程（或时间响应）的概念。

例题和解答

【例题 1-1】 试述开环控制系统的主要优缺点。

答 开环控制系统的主要优点是：

① 结构简单，操作方便；

② 成本比相应的闭环系统低；

③ 不存在稳定性问题；

④ 当被控变量不易测量或在经济上不允许时，采用开环控制比较合适。

开环控制系统的主要缺点是：

① 扰动和设定值的变化将造成偏差，使系统的被控变量偏离希望数值，即开环控制精度不高；

② 为了保证被控变量接近希望值，需要随时修正设定值。

【例题 1-2】 图 1-6 所示是一个液位控制系统的原理图，试画出相应的系统方块图。

答 控制器通过比较由浮球测量到的实际液位高度与希望液位高度的偏差，发出一控制信号，调整控制阀的开度，对偏差进行修正，从而保持液位高度不变。画出液位控制系统的方块图如图 1-7 所示。

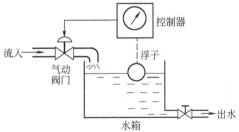

图 1-6 液位控制系统原理图

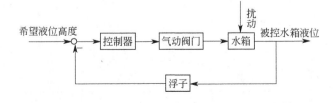

图 1-7 液位控制系统方块图

思考题与习题

1-1　过程控制系统由哪几部分组成？各组成部分在系统中的作用是什么？

1-2　过程控制系统为何又称反馈控制系统或闭环控制系统？

1-3　什么是控制系统的过渡过程？研究过渡过程有什么意义？

1-4　图 1-8 表示的是一个水位控制系统。试说明它的作用原理，画出相应的方块图；并指出系统的被控变量、操纵变量、被控对象、扰动量、控制器是什么？

1-5　现有一气缸如图 1-9 所示，要求缸内的压力稳定。试设计一个压力自动控制系统，画出其原理图并说明压力控制过程。

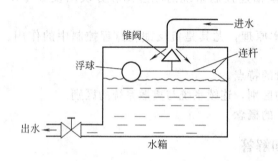

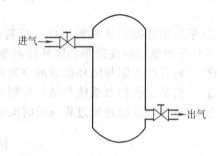

图 1-8　水位控制系统原理图　　　　　　　图 1-9　气缸示意图

2 过程控制系统的数学模型

2.1 被控对象的数学模型

2.1.1 数学模型

在第 1 章已做介绍，过程控制系统一般是由被控对象、控制器、控制阀、测量变送器等基本环节所组成的。若要对过程控制系统进行分析设计、质量改进等都应先掌握构成系统的基本环节的特性，特别是被控对象的特性。

所谓被控对象（或环节）的特性，就是被控对象（或环节）的输出变量与输入变量之间的关系。其特性可以用关系曲线表示，具有直观、简单、明了的特点；若用数学表达式来描述更具有普遍意义。描述被控对象（或环节）特性的数学表达式称为被控对象（或环节）的数学模型；描述过程控制系统特性的数学表达式称为系统的数学模型。

数学模型可以有不同的表示形式，如微分方程式、传递函数和频率特性表示式，它们常用于经典控制理论；而状态空间表达式这种数学模型又常用于现代控制理论。各种数学模型表示形式可以互相转换，微分方程式是最基本的表示形式。

关于建立被控对象数学模型（微分方程式）的一般步骤可归纳为：

① 根据被控对象的内在机理，列写基本的物理学定律作为原始动态方程式；

② 根据被控对象的结构及工艺生产要求进行基本分析，确定被控对象的输入变量和输出变量；

③ 消去中间变量，得到只含有输入变量和输出变量的微分方程式；

④ 若微分方程式是非线性的，则需要进行线性化。

如果推导出被控对象的数学模型是一阶微分方程式，则称这类对象具有一阶特性；如果数学模型是二阶微分方程式，则称这类对象具有二阶特性，其余类推。

2.1.2 一阶被控对象的数学模型

【例 2-1】 图 2-1 所示的蒸汽直接加热器是一个简单传热对象，图 2-1(a) 是由蒸汽直接加热器构成的温度控制系统，图 2-1(b) 是控制系统中的被控对象方块图。工艺要求热流体温度（即容器内温度）保持恒定值，温度控制器根据被测温度信号与设定值的偏差，经计算

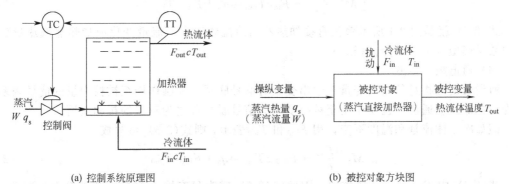

(a) 控制系统原理图   (b) 被控对象方块图

图 2-1 蒸汽直接加热器构成温度自控系统

后去控制控制阀，以控制加热蒸汽的流量，使被控温度达到工艺要求。蒸汽是通过喷嘴与冷流体直接接触的热交换过程，故必符合热量平衡关系。

（1）列写原始动态方程式

依据热量平衡关系式

$$\begin{bmatrix} 单位时间内带 \\ 入对象的热量 \end{bmatrix} - \begin{bmatrix} 单位时间内带 \\ 出对象的热量 \end{bmatrix} = \begin{bmatrix} 对象内储存 \\ 热量的变化率 \end{bmatrix}$$

即
$$(q_s + q_{in}) - q_{out} = \frac{du}{dt} \tag{2-1}$$

式中　q_s——蒸汽在单位时间内带入加热器的热量；

　　　q_{in}——冷流体在单位时间内带入加热器的热量；

　　　q_{out}——热流体在单位时间内由加热器带出的热量；

　　　u——加热器内物料储存的热量。

式（2-1）是蒸汽直接加热器的原始动态方程式。当容器内储存的热量不变时，即 $du/dt = 0$，则式（2-1）便是静态热量平衡方程式。

（2）确定输入变量和输出变量

由图 2-1(b) 所示可知，被控对象的输出变量就是被控变量热流体出口温度 T_{out}；输入变量是表征控制作用和扰动作用的变量，控制作用是蒸汽热量 q_s 的变化，扰动作用则是冷流体的流量 F_{in} 或冷流体的温度 T_{in} 的变化。

（3）消去中间变量得微分方程式

所谓中间变量就是原始动态方程式中出现的一些既不是输入变量又不是输出变量的变量。为了获得只含有输出变量和输入变量的微分方程式，需找出中间变量与输出变量和输入变量的函数关系，通过方程联立将中间变量消去。

对于式（2-1），中间变量 q_{in}、q_{out} 及 u 与输入变量和输出变量的关系是

$$q_{in} = F_{in} c T_{in} \tag{2-2}$$
$$q_{out} = F_{out} c T_{out} \tag{2-3}$$
$$\frac{du}{dt} = M_c \frac{dT_{out}}{dt} \tag{2-4}$$

式中　F_{in}，F_{out}——冷、热流体的流量，若蒸汽用量很少，则 $F_{in} = F_{out}$；

　　　M_c——加热器的摩尔热容，即指对象温度升高 1℃所需加入的热量；

　　　c——比热容。

联立式(2-1)～式(2-4)，消去中间变量并整理得

$$M_c \frac{dT_{out}}{dt} + F_{in} c T_{out} = q_s + F_{in} c T_{in} \tag{2-5}$$

式（2-5）就是图 2-1 所示蒸汽直接加热器当冷流体温度、流量变化或加热蒸汽热量变化时的数学模型（一阶微分方程式）。

（4）通道数学模型

所谓通道是指对象输入变量至输出变量的信号联系。控制作用至被控变量的信号联系称之为对象的控制通道。扰动作用至被控变量的信号联系称之为对象的扰动通道。

假如冷流体流量和温度不变，用 F_{in0} 和 T_{in0} 表示，则式（2-5）可写成

$$M_c \frac{dT_{out}}{dt} + F_{in0} c T_{out} = q_s + F_{in0} c T_{in0} \tag{2-6}$$

式（2-6）中 $F_{in0} c T_{in0}$ 是常数项，因此式（2-6）成为只有输出变量（即被控变量）T_{out} 与输入变量 q_s 的微分方程式，该式称为蒸汽直接加热器控制通道的微分方程式。

扰动作用有两个，冷流体的流量 F_{in} 和温度 T_{in}，若仅考虑冷流体温度 T_{in} 变化，而假设蒸汽流量 q_s 和冷流体流量不变，分别用 q_{s0} 和 F_{in0} 表示，则式(2-5) 又可写成

$$M_c \frac{dT_{out}}{dt} + F_{in0} c T_{out} = q_{s0} + F_{in0} c T_{in} \tag{2-7}$$

式(2-7) 中 q_{s0} 是常数项，因此式(2-7) 成为只有输出变量（被控变量）T_{out} 与输入变量 T_{in} 的微分方程式，该式称为蒸汽直接加热器扰动通道的微分方程式。

这样式(2-5) 便称为蒸汽直接加热器的全通道微分方程式。

（5）建立增量方程式

输出变量和输入变量用增量形式表示的方程式称为增量方程式。变量进行增量化处理后，使方程不必考虑初始条件；能使非线性特性化成线性特性；而且符合线性自动控制系统的情况。因为在过程控制系统中，主要是考虑被控变量偏离设定值的过渡过程，而不考虑在 $t=0$ 时刻的被控变量。现以蒸汽直接加热器为例，说明增量方程式的列写方法。

① 根据热量平衡式，正常工作情况下的静态方程为

$$\begin{bmatrix} 单位时间带入 \\ 对象的热量 \end{bmatrix} = \begin{bmatrix} 单位时间带出 \\ 对象的热量 \end{bmatrix}$$

即
$$F_{in0} c T_{out0} = q_{s0} + F_{in0} c T_{in0} \tag{2-8}$$

② 将动态方程式中的变量用静态值和增量值表示

$$q_s = q_{s0} + \Delta q_s, \quad T_{out} = T_{out0} + \Delta T_{out}$$

则式(2-6) 可写成如下形式

$$M_c \frac{d(T_{out0} + \Delta T_{out})}{dt} + F_{in0} c (T_{out0} + \Delta T_{out}) = q_{s0} + \Delta q_s + F_{in0} c T_{in0} \tag{2-9}$$

③ 将式(2-9) 减去式(2-8) 得

$$M_c \frac{d\Delta T_{out}}{dt} + F_{in0} c \Delta T_{out} = \Delta q_s \tag{2-10a}$$

也可将式(2-10a) 整理得

$$\frac{M_c}{F_{in0} c} \frac{d\Delta T_{out}}{dt} + \Delta T_{out} = \frac{1}{F_{in0} c} \Delta q_s \tag{2-10b}$$

式(2-10a)、式(2-10b) 均为蒸汽直接加热器控制通道的增量方程式

用同样方法可以得到相应的扰动通道的增量方程式

$$M_c \frac{d\Delta T_{out}}{dt} + F_{in0} c \Delta T_{out} = F_{in0} c \Delta T_{in} \tag{2-11a}$$

或
$$\frac{M_c}{F_{in0} c} \frac{d\Delta T_{out}}{dt} + \Delta T_{out} = \Delta T_{in} \tag{2-11b}$$

通过上述示例及多个示例分析，可以发现虽然被控对象的物理过程不一样，只要它们具有相同的数学模型，即都是一阶微分方程式，故称为一阶被控对象。现在将它们表示为一般形式

$$T \frac{d\Delta y}{dt} + \Delta y = K \Delta x \tag{2-12}$$

今后在习惯上为书写便利，可以将一阶微分方程式中的增量"Δ"省略，但要理解为是相应变量的增量。因此，一阶被控对象的数学模型便可写成

$$T \frac{dy}{dt} + y = K x \tag{2-13}$$

式中　T—— 一阶对象的时间常数，具有时间的量纲；

　　　K—— 一阶对象的放大系数，具有放大倍数的量纲；

　　　y—— 一阶对象的输出变量；

　　　x—— 一阶对象的输入变量。

其中

　　时间常数：　　　　　　　　$T=$阻力系数$R\times$容量系数C

　　阻力系数：　　　　　　　　$R=$推动力/流量

　　容量系数：　$C=$对象中储存的物料量或能量的变化/输出变量的变化

　　于是上述所讨论的温度对象的阻力系数是

$$热阻\ R=温差/热量流量=\frac{\Delta T}{q}=\frac{1}{F_{\mathrm{in}}C}$$

容量系数是

$$热容\ C=被储存的热量的变化/温度的变化=\frac{\Delta U}{\Delta T_{\mathrm{out}}}=M_{\mathrm{c}}$$

2.1.3　二阶被控对象的数学模型

二阶被控对象数学模型的建立与一阶类似。由于二阶被控对象实际是复杂的，下面仅以简单的实例做一介绍。

【例 2-2】　两个串联的液体储罐如图 2-2 所示。为便于分析，假设液体储罐 1 和储罐 2 近似为线性对象，阻力系数 R_1、R_2 近似为常数。

① 建立原始方程式：

$$A_1\frac{\mathrm{d}L_1}{\mathrm{d}t}=F_1-F_2 \tag{2-14}$$

$$F_2=\frac{L_1}{R_1} \tag{2-15}$$

$$A_2\frac{\mathrm{d}L_2}{\mathrm{d}t}=F_2-F_3 \tag{2-16}$$

$$F_3=\frac{L_2}{R_2} \tag{2-17}$$

式中　A_1，A_2——储罐 1、2 的容量系数；

　　　R_1，R_2——储罐 1、2 的阻力系数；

　　　F_3——液位 L_2 变化引起流出量的改变。

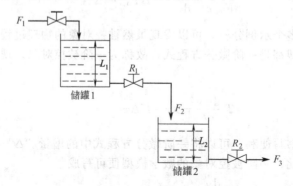

图 2-2　两个串联液体储罐

② 若输入变量 F_1，输出变量 L_2。

③ 消去中间变量得数学模型：联立式(2-14)～式(2-17) 四个方程式并整理得

$$A_1 \frac{\mathrm{d}L_1}{\mathrm{d}t} + \frac{L_1}{R_1} = F_1 \tag{2-18}$$

$$A_2 \frac{\mathrm{d}L_2}{\mathrm{d}t} + \frac{L_2}{R_2} = \frac{L_1}{R_1} \tag{2-19a}$$

将式(2-19a) 整理、求导得

$$L_1 = R_1 A_2 \frac{\mathrm{d}L_2}{\mathrm{d}t} + \frac{R_1}{R_2} L_2 \tag{2-19b}$$

$$\frac{\mathrm{d}L_1}{\mathrm{d}t} = R_1 A_2 \frac{\mathrm{d}^2 L_2}{\mathrm{d}t^2} + \frac{R_1}{R_2} \frac{\mathrm{d}L_2}{\mathrm{d}t} \tag{2-20}$$

将式(2-19b)、式(2-20) 代入式(2-18) 整理得

$$A_1 R_1 A_2 R_2 \frac{\mathrm{d}^2 L_2}{\mathrm{d}t^2} + (A_1 R_1 + A_2 R_2) \frac{\mathrm{d}L_2}{\mathrm{d}t} + L_2 = R_2 F_1$$

或

$$T_1 T_2 \frac{\mathrm{d}^2 L_2}{\mathrm{d}t^2} + (T_1 + T_2) \frac{\mathrm{d}L_2}{\mathrm{d}t} + L_2 = R_2 F_1 \tag{2-21}$$

式中，$T_1 = A_1 R_1$、$T_2 = A_2 R_2$ 分别为储罐1、2的时间常数。

式(2-21) 就是图 2-2 所示两个串联液体储罐当输入变量为 F_1、输出变量为 L_2 时的数学模型。同时可知是两个独立的储罐构成的二阶对象，其特性是两个独立的一阶特性的串联。

二阶被控对象的数学模型一般形式（线性常系数） 为

$$a \frac{\mathrm{d}^2 y}{\mathrm{d}t^2} + b \frac{\mathrm{d}y}{\mathrm{d}t} + cy = Kx \tag{2-22}$$

式中　a，b，c——常系数；

　　　K——放大系系数；

　　　y——二阶对象的输出变量；

　　　x——二阶对象的输入变量。

上述介绍的是理论推导被控对象的数学模型方法，对于简单的被控对象（或进行理想化）是容易的，实际生产过程中的被控对象十分复杂，工程中需要依靠实验方法获取被控对象的数学模型，详见本章2.3节。

2.2　过程控制系统的传递函数

描述系统或环节特性的数学模型可以是微分方程式，而传递函数是描述过程控制系统或环节动态特性的另一种数学模型表达式。传递函数可以更直观、形象地表示出一个系统的结构和系统各变量间的相互关系，并使运算大为简化。经典控制理论就是在传递函数的基础上建立起来的。

2.2.1　传递函数

（1）传递函数的定义

一般过程控制系统或环节的动态方程式可写成

$$a_n \frac{d^n y}{dt_n} + a_{n-1} \frac{d^{n-1} y}{dt^{n-1}} + \cdots + a_1 \frac{dy}{dt} + a_0 y = b_m \frac{d^m x}{dt^m} + b_{m-1} \frac{d^{m-1} x}{dt^{m-1}} + \cdots + b_1 \frac{dx}{dt} + b_0 x (n \geqslant m)$$

$$(2\text{-}23)$$

若初始条件为零（即系统和环节原来是处于静止状态，外加输入 x 是在 $t=0$ 时才开始作用于系统或环节的），对式(2-23)两端逐项进行拉氏变换得

$$(a_n s^n + a_{n-1} s^{n-1} + \cdots + a_1 s + a_0) Y(s) = (b_m s^m + b_{m-1} s^{m-1} + \cdots + b_1 s + b_0) X(s)$$

整理得

$$Y(s) = \frac{b_m s^m + b_{m-1} s^{m-1} + \cdots + b_1 s + b_0}{a_n s^n + a_{n-1} s^{n-1} + \cdots + a_1 s + a_0} X(s) \tag{2-24}$$

上式便可以理解为输入变量 $X(s)$ 通过 $G(s)$ 的传递作用变成了输出变量 $Y(s)$，所以称 $G(s)$ 为系统或环节的传递函数。

过程控制系统或环节的传递函数，就是在零初始条件下，系统或环节输出变量 $y(t)$ 的拉氏变换 $Y(s)$ 与输入变量 $x(t)$ 的拉氏变换 $X(s)$ 之比，记作

$$G(s) = \frac{输出变量的拉氏变换}{输入变量的拉氏变换} \bigg|_{初始条件为零} = \frac{Y(s)}{X(s)} \tag{2-25}$$

（2）典型环节及其传递函数

过程控制系统是由基本环节所组成的，所谓基本环节就是典型环节。只要数学模型一样，它们就是同一种环节，因此典型环节为数不会太多。

① 一阶环节　一阶环节又称惯性环节。

微分方程式
$$T \frac{dy(t)}{dt} + y(t) = Kx(t)$$

传递函数
$$G(s) = \frac{K}{Ts+1} \tag{2-26}$$

② 二阶环节　二阶环节微分方程式的一般形式为

$$T_1 T_2 \frac{d^2 y(t)}{dt^2} + (T_1 + T_2) \frac{dy(t)}{dt} + y(t) = Kx(t)$$

传递函数

$$G(s) = \frac{K}{T_1 T_2 s^2 + (T_1 + T_2) s + 1} \tag{2-27}$$

③ 比例环节　比例环节又称无惯性环节或放大环节。

微分方程式
$$y(t) = Kx(t) \tag{2-28}$$

传递函数
$$G(s) = K \tag{2-29}$$

④ 积分环节

微分方程式
$$T_i \frac{dy(t)}{dt} = Kx(t) \tag{2-30}$$

传递函数
$$G(s) = \frac{K}{T_i s} \tag{2-31}$$

⑤ 微分环节（理想微分）

微分方程式
$$y(t) = T_d \frac{dx(t)}{dt} \tag{2-32}$$

传递函数
$$G(s) = T_d s \tag{2-33}$$

⑥ 纯滞后环节　纯滞后环节又称延迟环节。

微分方程式
$$y(t) = x(t - \tau) \tag{2-34}$$

传递函数
$$G(s) = e^{-\tau s} \tag{2-35}$$

2.2.2 过程控制系统的方块图及其简化

（1）环节基本组合方式及其传递函数

过程控制系统中包含若干个环节，不同系统是由不同的典型环节按不同关系组合起来的。其中常见的基本组合方式有以下三种。

① 串联 环节串联是最常见的一种组合方式，如图 2-3 所示。串联组合方式中，前一环节的输出即为后一环节的输入（后一环节对前一环节的输出没有影响即没有负载效应）。由图 2-3 可得

$$G(s)=\frac{Y(s)}{X(s)}=\frac{Y(s)}{Y_2(s)}\times\frac{Y_2(s)}{Y_1(s)}\times\frac{Y_1(s)}{X(s)} \tag{2-36}$$

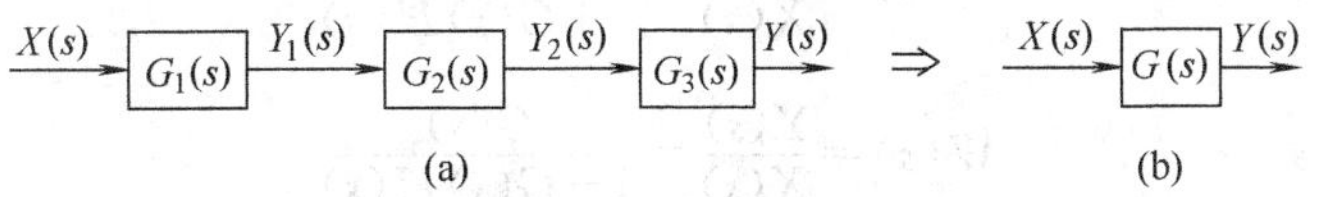

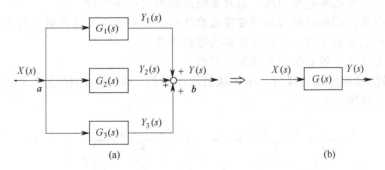

图 2-3 环节串联

可见，环节串联后总的传递函数等于各环节传递函数的乘积。

② 并联 对于并联的各个环节输入都相同，而它们输出的代数和就是环节总的输出，如图 2-4 所示。图 2-4 中 a 点称为"分支点"，表示在这点之后信号分多组传递下去，而回路仍然保持着原来的信号。图 2-4 中 b 点称为"比较点"（也称汇合点），在此处各组信号进行代数和运算。由图 2-4 可得

图 2-4 环节并联

$$G(s)=\frac{Y(s)}{X(s)}=\frac{Y_1(s)+Y_2(s)+Y_3(s)}{X(s)}=G_1(s)+G_2(s)+G_3(s) \tag{2-37}$$

可见，环节并联后总的传递函数等于各环节传递函数的代数和。

③ 反馈连接

如图 2-5 所示，输出 $Y(s)$ 经过一个反馈环节 $H(s)$ 后，反馈信号 $Z(s)$ 与输入 $X(s)$ 相加减，再作用到传递函数为 $G(s)$ 的环节。

在反馈连接方式中，$G(s)$ 称为前向通道环节的传递函数，$H(s)$ 称为反馈通道环节（简称反馈环节）的传递函数。这里 $G(s)$ 和 $H(s)$ 可以是几个环节组合后的传递函数。

由图 2-5 可推导

$$Y(s)=G(s)[X(s)-Z(s)]=G(s)[X(s)-H(s)Y(s)]$$

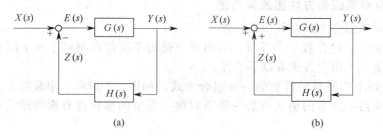

图 2-5　环节反馈

所以，反馈连接后其总的传递函数为

负反馈
$$W(s) = \frac{Y(s)}{X(s)} = \frac{G(s)}{1 + G(s)H(s)} \tag{2-38}$$

正反馈
$$W(s) = \frac{Y(s)}{X(s)} = \frac{G(s)}{1 - G(s)H(s)} \tag{2-39}$$

在上式中，$W(s)$ 称作对 $X(s)$ 的闭环传递函数，$G(s)$　$H(s)$ 称为开环传递函数，它是闭环在前向通道或反馈通道断开后，断开回路总的传递函数。这样，闭环传递函数与开环传递函数之间的关系就看清楚了。

（2）过程控制系统的方块图简化

上面讨论了方块图三种基本组合方式的运算，而系统或环节的方块图并不一定是这三种基本连接的简单的组合，而可能是复杂的连接形式，这就需要对复杂的方块图，经过等效变换，逐步简化为三种基本连接形式，求其系统或环节的传递函数。

所谓等效变换，即经过对方块图变换或简化后，没有改变其传递函数的表达形式，没有改变输入和输出的动态关系，这种变换称为等效变换。

下面介绍方块图等效变换的几条基本规则。

① 各支路信号相加或相减时，与加减的次序无关，即连续的比较点（相加减点）可以任意交换次序，如图 2-6 所示。

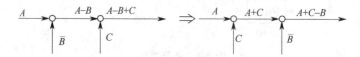

图 2-6　比较点互换

② 在总线路上引出分支点时，与引出次序无关，即连续分支点可以任意交换次序，如图 2-7 所示。

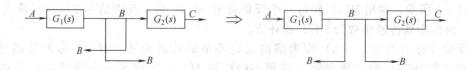

图 2-7　分支点互换

③ 线路上的负号可以在线路前后自由移动，并可越过某环节方块，但它不能越过比较点和分支点，如图 2-8 所示。

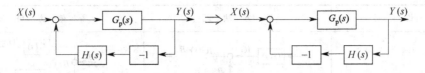

图 2-8 移动负号

④ 比较点的前移或后移，则需乘以或除以所越过的环节传递函数，如图 2-9 所示。

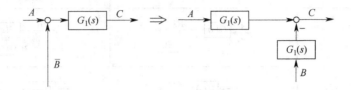

图 2-9 比较点移动

⑤ 分支点的前移或后移，则需乘以或除以越过的环节传递函数，如图 2-10 所示。

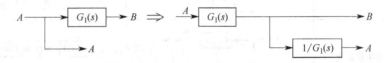

图 2-10 分支点移动

还有一些方块图的变换规则，现列于表 2-1；关于串联、并联和反馈的简化变换也列入表 2-1 中，供化简时参考。

表 2-1 方块图变换规则

序号	说明	原方块图	等效方块图
1	比较点比较与次序无关	$A \xrightarrow{+} A\pm B \xrightarrow{+} A\pm B\pm C$ $\pm B \quad \pm C$	$A \xrightarrow{+} A\pm C \xrightarrow{+} A\pm C\pm B$ $\pm C \quad \pm B$
2		$A \xrightarrow{+} \xrightarrow{+C} A-B+C$ $-B$	$A \xrightarrow{+} A-B \xrightarrow{+} A-B+C$ $B \quad +C$
3	环节串联	$A \to \boxed{G_1(s)} \xrightarrow{AG_1} \boxed{G_2(s)} \xrightarrow{AG_1 AG_2}$ $A \to \boxed{G_2(s)} \xrightarrow{AG_2} \boxed{G_1(s)} \xrightarrow{AG_2 AG_1}$	$A \to \boxed{G_1(s)\,G_2(s)} \xrightarrow{AG_1 G_2}$
4	环节并联	$A \to \boxed{G_1(s)}$ 和 $\boxed{G_2(s)} \xrightarrow{+} A[G_1+G_2]$	$A \to \boxed{G_1(s)+G_2(s)} \xrightarrow{A[G_1+G_2]}$

续表

序号	说　明	原　方　块　图	等　效　方　块　图
5	比较点的移动	$A \to G(s) \to AG \to \ominus \to AG(s)-B$，$B$ 从下方进入	$A \to \ominus B/G \to G(s) \to AG-B$；$B \to 1/G(s) \to B$
6		$A+A-B \to \ominus \to G(s) \to (A-B)G$，$B$ 从下方进入	$A \to G(s) \to \oplus \to (A-B)G$；$B \to G(s)$
7	分支点的移动	$A \to G(s) \to AG$；分支 AG	$A \to G(s) \to AG$；$G(s) \to AG$
8		$A \to G(s) \to AG$；分支 A	$A \to G(s) \to AG$；$1/G(s) \to A$
9		$A \to G_1(s) \to B \to G_2(s) \to C$；分支 B	$A \to G_1(s) \to B \to G_2(s) \to C$；分支 B
10	反馈换成单位反馈	$A \overset{+}{\to} \ominus \to G_1(s) \to B$；$C$，$G_2(s)$ 反馈	$A \to 1/G_2(s) \to \ominus \to G_2(s) \to G_1(s) \to B$
11	"－"号的增添	$A \overset{+}{\to} \ominus \to G_1(s) \to B$；$G_2(s)$ 反馈	$A \overset{+}{\to} \oplus \to G_1(s) \to B$；$G_2(s) \to -1$ 反馈

在进行方块图的等效变换时，还需注意几点。

① 方块图的等效变换其目的是化简方块图，考虑问题时应从如何把一个复杂的方块图通过等效变换，化简成基本的串联、并联、反馈三种组合方式。采用的方法一般是移动比较点或分支点来减少内反馈回路。

② 反馈连接与并联连接要区分清，特别是在复杂方块图中易搞错。反馈是信号从环节的输出端取出引回到环节的输入端；并联是信号从环节的输入端取出引向到环节的输出端。

③ 在基本变换规则中指出，比较点可互换，分支点可互换。但比较点与分支点不能互换次序。

【例 2-3】　图 2-11(a) 所示方块图是互交反馈，等效变换的具体方法是移动比较点 a 或移动分支点 b，图 2-11(b) 和图 2-11(c) 为正确方法，图 2-11(d) 为错误方法。

2.2.3　过程控制系统的传递函数

过程控制系统的典型方块图如图 2-12 所示。根据前面的分析，如果知道了组成过程控制系统的各个环节的传递函数，则通过方块图的运算与等效变换，便可求出系统的开环传递函数、闭环传递函数和偏差传递函数。

（1）系统开环传递函数

当反馈回路断开后，系统便处于开环状态，其反馈信号 $Z(s)$ 与偏差信号 $E(s)$ 之比，称为系统的开环传递函数，即

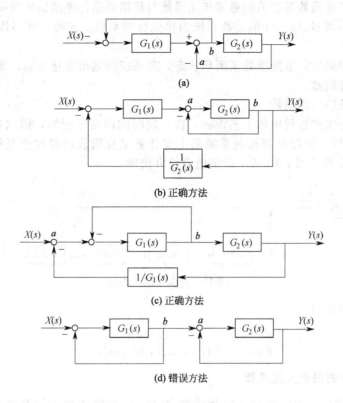

图 2-11 方块图等效变换示例

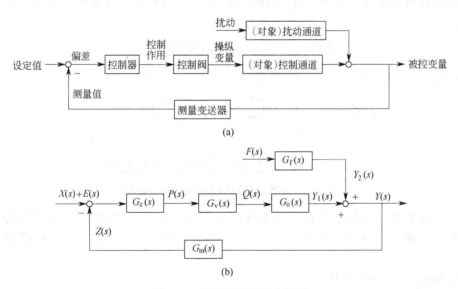

图 2-12 过程控制系统方块图

$$开环传递函数 = \frac{Z(s)}{E(s)} = G_c(s)G_v(s)G_o(s)G_m(s) \tag{2-40}$$

又有

$$前向通道传递函数 = \frac{Y(s)}{E(s)} = G_c(s)G_v(s)G_o(s) \tag{2-41}$$

可见，系统开环传递函数等于前向通道传递函数与反馈回路传递函数的乘积。

当反馈传递函数 $G_m(s)=1$ 时，称系统为单位反馈系统，此时，开环传递函数与前向通道传递函数相同。

当反馈回路接通时，系统便处于闭环状态，其系统的输出变量与输入变量之间的传递函数，称为闭环传递函数。

（2）定值系统的传递函数

由于设定值是生产过程中的工艺指标，在一定时间内是不变的，即 $X(s)=0$（设定值的增量为零），所以，此时过程控制系统的主要任务是克服扰动对被控变量的影响。因此，便将图 2-12（b）变换成图 2-13 所示的定值系统方块图。

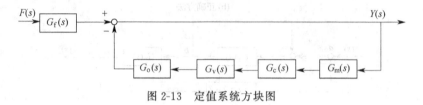

图 2-13　定值系统方块图

其闭环传递函数为

$$\frac{Y(s)}{F(s)}=\frac{G_f(s)}{1+G_c(s)G_v(s)G_o(s)G_m(s)} \tag{2-42}$$

（3）定值系统的偏差传递函数

以偏差信号 $E(s)$ 为输出量，以扰动信号 $F(s)$ 为输入量的闭环传递函数，称为定值系统的偏差传递函数。现将图 2-12（b）变换成图 2-14 所示的形式，则可写出偏差传递函数

$$\frac{E(s)}{F(s)}=\frac{-G_m(s)G_f(s)}{1+G_c(s)G_v(s)G_o(s)G_m(s)} \tag{2-43}$$

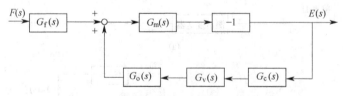

图 2-14　定值系统以偏差为输出的方块图

可见，定值系统的偏差主要由外界扰动所引起。因此，式（2-43）中的负号表明偏差与扰动作用的方向相反（$\Delta e=\Delta x-\Delta z=-\Delta z$），式（2-43）将用于分析定值系统的偏差。

（4）随动系统的传递函数

这类系统是把设定值的变化作为系统的输入变量，只考虑 $X(s)$ 对 $Y(s)$ 的影响，忽略其他扰动作用的影响［即 $F(s)=0$］。因此将图 2-12（b）变换成图 2-15 所示的随动系统方块图。

其传递函数为

$$\frac{Y(s)}{X(s)}=\frac{G_c(s)G_v(s)G_o(s)}{1+G_c(s)G_v(s)G_o(s)G_m(s)} \tag{2-44}$$

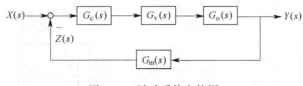

图 2-15 随动系统方块图

（5）随动系统的偏差传递函数

以偏差信号 $E(s)$ 为输出量，以设定值 $X(s)$ 为输入量的闭环传递函数，称为随动系统的偏差传递函数。现将图 2-12（b）变换成图 2-16 所示的形式，则可写出其偏差传递函数

$$\frac{E(s)}{X(s)} = \frac{1}{1 + G_c(s)G_v(s)G_o(s)G_m(s)} \qquad (2\text{-}45)$$

式（2-45）将用于分析随动系统的偏差。

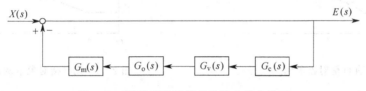

图 2-16 随动系统以偏差为输出的方块图

2.3 被控对象数学模型的实验测取

被控对象或环节数学模型的获得有两种途径，一种是理论推导方法，另一种是用实验测试方法。本章 2.1 节介绍的是理论推导方法，对简单被控对象或环节比较容易，对于工业上多为复杂的被控对象就十分困难，此时往往需要依靠实验方法来得到其数学模型，所以实验方法对工程来说是十分有效的手段。

实验法测取数学模型，就是在实际工作对象上施加典型的试验信号（常用阶跃信号或矩形脉冲信号），测得反映动态特性的反应曲线，经过工程简化、数据处理和计算，便得到表征被控对象或环节动态特性的数学模型。

常用的实验测试方法有阶跃法、矩形脉冲法、频率法和统计相关法等，重点介绍阶跃法的数据处理。

2.3.1 对象的自衡特性

（1）有自衡对象

所谓有自衡对象是当对象受到扰动后，虽然原有平衡状态被破坏，但无需人力或自动控制装置的帮助而能自行重建平衡。有自衡对象示例及其特性如图 2-17 所示。

（2）无自衡对象

对于无自衡对象，它没有自行重建平衡的能力，在扰动的影响下，输出会无限制地变化下去，直至发生事故。无自衡对象示例及其特性如图 2-18 所示。由于无自衡对象受到阶跃作用后，其输出变量很容易超出工艺指标的许可范围。因此，只有在特殊情况下，才允许测取无自衡对象的阶跃反应曲线。

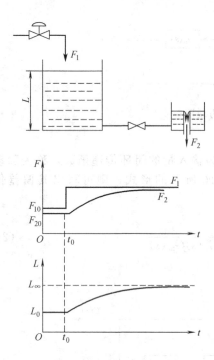

图 2-17　有自衡对象示例及其特性

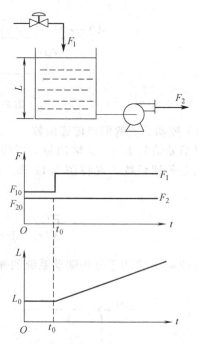

图 2-18　无自衡对象示例及其特性

2.3.2　阶跃法的数据处理

当给对象输入端施加一个阶跃扰动信号后，对象的输出（在测试记录仪或监视器屏幕上）就会出现一条完整的记录曲线，这就是被测对象的阶跃反应曲线，如图 2-19 所示。

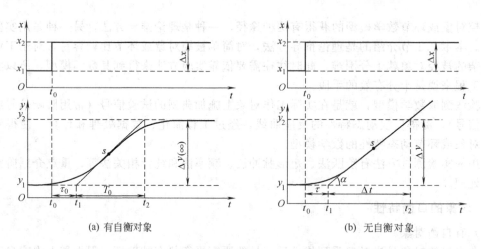

（a）有自衡对象　　　　　　　　　　　（b）无自衡对象

图 2-19　被测对象阶跃反应曲线

在工程上，对于有自衡的工业对象常用一阶或一阶带纯滞后环节的传递函数来近似，即

$$G(s)=\frac{K}{Ts+1} \quad \text{或} \quad G(s)=\frac{K}{Ts+1}\mathrm{e}^{-\tau s} \tag{2-46}$$

对于无自衡的工业对象常用积分环节或具有纯滞后的积分环节的传递函数来近似，即

$$G(s)=\frac{1}{T_{\mathrm{i}}s} \quad \text{或} \quad G(s)=\frac{1}{T_{\mathrm{i}}s}\mathrm{e}^{-\tau s} \tag{2-47}$$

当测取到对象的反应曲线之后，由此便可求取对象的特征参数（K、T、T_i、τ），即得到对象的传递函数。下面介绍求取对象特征参数的方法（反应曲线法）。

（1）由阶跃反应曲线确定一阶特性的特征参数

当对象在阶跃信号作用下，其反应曲线如图 2-20 所示。此对象传递函数可用一阶特性来近似，即 $G(s)=K/(Ts+1)$，为此需确定对象的放大系数 K 与时间常数 T。

① 放大系数 K 可由阶跃反应曲线的稳态值 $y(\infty)$ 除以阶跃作用的幅值 A 求得，即

$$K=\frac{y(\infty)}{A} \qquad (2\text{-}48)$$

② 时间常数 T

a. 作图求 T。时间常数可在阶跃反应曲线于 O 点处作切线，它与 $y(\infty)$ 的渐近线 $[y(\infty)=KA]$ 相交于 n 点，过 n 点向时间轴 t 作垂线，交于 t_1 点，则时间常数 $T=t_1$，如图 2-20 所示。时间常数不仅可以从反应曲线的原点作它的切线求到，也可在 $y(t)$ 的

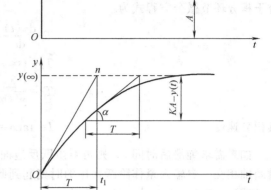

图 2-20　一阶特性时间常数求取

反应曲线上任一点作它的切线，在这切线与 $y(\infty)$ 的交点作垂直与时间轴的垂线，则这切点到这垂线距离即为时间常数 T，如图 2-20 所示。

b. 解析求 T。因为一阶特性所描述的对象其微分方程式为

$$T\frac{\mathrm{d}y(t)}{\mathrm{d}t}+y(t)=Kx(t)$$

在幅度为 A 的阶跃扰动作用下，上式可写成

$$T\frac{\mathrm{d}y(t)}{\mathrm{d}t}+y(t)=KA=y(\infty)$$

或

$$\frac{\mathrm{d}y(t)}{\mathrm{d}t}=\frac{y(\infty)-y(t)}{T}$$

因为 $\mathrm{d}y(t)/\mathrm{d}t$ 在几何上表示曲线 $y=y(t)$ 的切点处的切线斜率，所以

$$\frac{\mathrm{d}y(t)}{\mathrm{d}t}=\tan\alpha=\frac{y(\infty)-y(t)}{T}$$

$$T=\frac{y(\infty)-y(t)}{\tan\alpha} \qquad (2\text{-}49)$$

（2）由阶跃反应曲线来确定带纯滞后的一阶特征参数

在反应曲线测得后，经过近似处理，通常如图 2-19(a) 所示，通过反应曲线的拐点 s（曲线斜率的转折点）作一切线，将实际特性简化，近似为一个纯滞后环节与一阶环节串联。由图 2-19(a) 的标注便可直接求得特征参数。

纯滞后时间　　　　　　　　　　　$\tau=t_1-t_0$

时间常数　　　　　　　　　　　　$T=t_2-t_1$

放大系数　　　　　　　　　　　　$K=\dfrac{\Delta y(\infty)}{\Delta x}$

（3）由阶跃反应曲线确定无自衡对象的特征参数

无自衡对象的传递函数可用

$$G(s)=\frac{1}{T_i s} \quad \text{或} \quad G(s)=\frac{1}{T_i s}\mathrm{e}^{-\tau s}$$

来近似，其阶跃反应曲线在 $t \to \infty$ 时，总是无限增大（或减小），因为在输入量幅值为 Δx 的阶跃作用下，其输出量 $y(t)$ 的变化速度最终不是零，而是趋于一个常数，如图 2-19(b) 所示。故为了从实验测试获得的阶跃反应曲线计算积分时间常数，可先对阶跃反应曲线在变化速度最大处作切线，计算其最大变化速度 $y'(\infty)$，即

$$y'(\infty) = \tan\alpha = \frac{\Delta y(t)}{\Delta t}$$

对于积分环节微分方程式为

$$T_i \frac{dy(t)}{dt} = x(t)$$

$$T_i y'(\infty) = x(\infty) = \Delta x$$

$$T_i = \frac{\Delta x}{y'(\infty)} \tag{2-50}$$

其积分速度

$$I = \tan\alpha = \frac{\Delta y}{\Delta t} \tag{2-51}$$

如果需求纯滞后时间 τ，则可对阶跃反应曲线变化速度最大处作切线，将此切线延长与时间轴相交，自输入量作阶跃作用的时刻起到此相交的时刻为止，这段时间即为纯滞后时间 τ，如图 2-19(b) 中的从 t_0 到 t_1 的时间。

【例 2-4】 已知对某焙烧炉的投料量施加了从 2.5t/h 突变到 2.89t/h 的阶跃扰动，测得焙烧炉出口炉气的温度变化如表 2-2 的记录数据，试求该温度对象的数学模型。

表 2-2　焙烧炉出口温度记录表

时间/s	0	10	20	30	40	50	60	90	120	150	180
温度/℃	797	797	797	799	801	803	805	811	817	823	828
时间/s	240	360	420	540	630						
温度/℃	835	847	851	854	855						

根据记录数据，在坐标纸上画出焙烧炉的出口温度反应曲线，如图 2-21 所示。

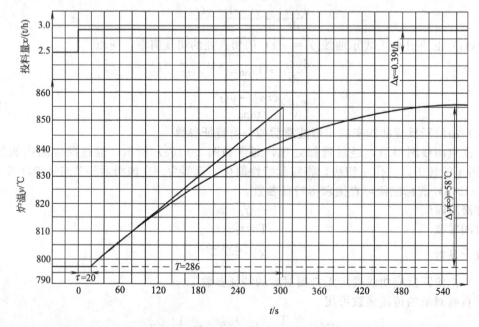

图 2-21　焙烧炉出口温度反应曲线

通过图解近似法，可从反应曲线上求得表征对象特性的特征参数

$$\Delta y(\infty)=855-797=58(℃)$$

$$\Delta x=2.89-2.5=0.39(t/h)$$

则对象的放大系数

$$K=\frac{\Delta y(t)}{\Delta x}=\frac{58}{0.39}=148[℃/(t/h)]$$

纯滞后时间　　　　　　　　　　　　　　　$\tau_0=20s$

时间常数　　　　　　　　　　　　　　　　$T_0=286s$

因此，该对象的数学模型可近似表示为

$$G_o(s)=\frac{K}{T_0s+1}e^{-\tau_0 s}=\frac{148}{286s+1}e^{-20s}$$

或　　　　　$$T_0\frac{dy(t)}{dt}+y(t)=Kx(t-\tau_0)$$

即　　　　　$$286\frac{dy(t)}{dt}+y(t)=148x(t-\tau_0)$$

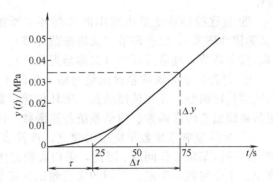

图 2-22　蒸汽总管压力的阶跃反应曲线

【**例 2-5**】　对锅炉机组做了动态特性实验，测取了锅炉机组的蒸汽流量对蒸汽总管压力这个通道特性。当蒸汽流量从 120t/h 突然猛增至 140t/h 的时候，蒸汽总管压力的阶跃反应曲线如图 2-22 所示，写出这个通道的传递函数近似表达式。

首先按式(2-50)计算积分时间常数 T_i，即

$$T_i=\frac{\Delta x}{y'(\infty)}=\frac{20}{35/50}=\frac{20}{0.7}$$
$$=28.60[st/(kPa·h)]$$

求纯滞后时间 τ，可以在阶跃反应曲线的变化速度最大处作切线，将此切线延长与时间轴 t 相交于 25s 处，即得纯滞后时间 $\tau=25s$，因此近似传递函数可表达为

$$G_o(s)=\frac{1}{T_is}e^{-\tau s}=\frac{1}{28.60s}e^{-25s}$$

小　结

(1) 主要内容

① 描述系统（或环节）性能的数学表达式，叫作系统（或环节）的数学模型。数学模型有多种形式：

a. 数学表达式，如微（差）分方程、传递函数等；

b. 图示形式，如方块图等。

常系数线性微分方程是线性系统数学模型的基本形式。

② 建立控制系统的数学模型，关键是建立被控对象（或环节）的微分方程式，其步骤如下：

a. 根据被控对象（或环节）的内在机理，列写基本的物理基本学定律作为原始动态方程式；

b. 根据被控对象（或环节）的结构及工艺生产要求进行具体分析，确定被控对象（或环节）的输入量和输出量；

c. 消去原始方程式的中间变量，最后得到只包含输入量和输出量的方程式，即被控对

象（或环节）的输入输出微分方程式；

d. 若得到的微分方程式是非线性的，则需要进行线性化。

③ 传递函数是常用的一种数学模型。传递函数的定义为：在零初始条件下，系统（或环节）输出变量的拉氏变换 $Y(s)$ 与输入变量的拉氏变换 $X(s)$ 之比，记作 $G(s)$。

④ 方块图是系统（或环节）数学模型的图形表示形式。它们是将系统（或环节）各组成部分的传递函数，依据它们之间的信号传递关系而连接起来的系统（或环节）结构示意图。采用方块图作为系统（或环节）的数学模型，能对系统内部各物理量的变换和信号传递关系有较清晰的反映，而且能通过等效变换和化简求得系统（或环节）的传递函数，运用很方便。

⑤ 过程控制系统是由基本的典型环节所组成的，基本环节一般分为 6 种：一阶环节（又称惯性环节），二阶环节（又称振荡环节），比例环节（又称无惯性或放大环节），积分环节，微分环节，纯滞后环节（又称延迟环节）。

⑥ 过程控制系统根据输出量与输入量的不同有不同形式的传递函数。经常用的有：前向通道传递函数，开环传递函数，闭环传递函数。闭环传递函数又分为定值系统传递函数、定值系统偏差传递函数、随动系统传递函数、随动系统偏差传递函数。

⑦ 实际控制系统数学模型的建立，涉及多学科知识，是复杂且非常重要的，属于自动控制理论的基础工作问题。因此，采用实验方法测试出被控对象或环节的数学模型，对工程来说是十分有效的手段。常用的实验测试方法是阶跃扰动法。

（2）基本要求

① 掌握建立简单的被控对象或环节数学模型的基本方法和步骤，对工作原理和内部机理简单的被控对象，能写出其微分方程式。

② 掌握传递函数的定义；掌握 6 种典型环节的数学模型。

③ 掌握环节串联、并联、反馈三种基本组合方式的传递函数；掌握方块图等效变换求取系统的传递函数。

④ 了解实验测试被控对象的方法，能够用阶跃扰动法的数据处理（反应曲线）获得简单被控对象的工程数学模型。

例题和解答

【例题 2-1】 控制阀是过程控制系统中的执行机构。目前气动薄膜控制阀仍被广泛采用，它是由执行机构和控制阀阀体两部分组成，如图 2-23 所示。图的上半部分是执行机构（也称膜头），用来产生推力，下半部分是控制阀阀体。当来自控制器的输出气压信号 p_1 变化时，膜头内压力 p_2 随之变化，从而引起阀杆和阀芯的上下移动 Δ_1，改变阀门的流通截面积，达到对流体流量 q 的控制作用。

系统（控制阀）输入量为来自控制器输出的气压信号 p_1，输出量为通过控制阀的流量 q_0；F_0 为气压信号输出流量，C 为膜头内容量系数，R 为气压信号引管阻力系数，c_s 为弹簧刚度。试列写出气动薄膜控制阀的输入输出微分方程式。

解 （1）先列写执行机构的气压信号 p_1 与阀杆位移 l 间的微分方程式

① 根据物料平衡关系，建立原始方程式为

$$F_i - F_o = C \frac{dp_2}{dt} \tag{2-52}$$

② 将关系式 $F_i = \dfrac{p_1 - p_2}{R}$，$F_o = 0$（膜头是封闭的），代入上式（2-52）写成

$$RC \frac{dp_2}{dt} + p_2 = p_1 \tag{2-53}$$

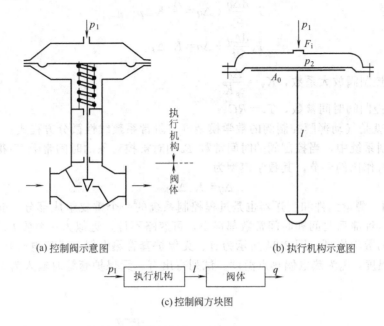

(a) 控制阀示意图　　　　　　(b) 执行机构示意图

$$p_1 \rightarrow \boxed{执行机构} \xrightarrow{l} \boxed{阀体} \xrightarrow{q}$$

(c) 控制阀方块图

图 2-23　气动薄膜控制阀

F_i—气压信号输入流量；A_0—膜片有效面积

③ 将式(2-53) 写成增量形式

$$RC \frac{\mathrm{d}(\Delta p_2 + p_{20})}{\mathrm{d}t} + (\Delta p_2 + p_{20}) = \Delta p_1 + p_{10}$$

当正常工作状态时系统处于平衡，即

$$p_{10} = p_{20}$$

所以

$$RC \frac{\mathrm{d}p_2}{\mathrm{d}t} + \Delta p_2 = \Delta p_1$$

令 $RC = T_v$，则上式可写成

$$T_v \frac{\mathrm{d}p_2}{\mathrm{d}t} + \Delta p_2 = \Delta p_1 \tag{2-54}$$

式(2-54) 就是来自控制器的气压信号 p_1 与膜头内压力 p_2 之间的微分方程式。

④ 假设惯性力和摩擦力可略去不计，当 Δp_2 在膜片上的作用力 $A_0 \Delta p_2$ 与弹簧反作用力 $c_s \Delta l$ 相平衡（虎克定律）时，则有

$$A_0 \Delta p_2 = c_s \Delta l \tag{2-55}$$

将式(2-55) 代入式(2-54)，消去中间变量 Δp_2 得

$$T_v \frac{\mathrm{d}\Delta l}{\mathrm{d}t} + \Delta l = \frac{A_0}{c_s} \Delta p_1 \tag{2-56}$$

这就是首先要得到的执行机构的微分方程式。

（2）然后列写控制阀的气压信号 p_1 与通过控制阀的流量 q 的微分方程式

① 控制阀阀体特征（阀芯位移 l 与流量 q 关系）常用的有线性和对数特性两种。现用线性的控制阀，其流量 q 与阀杆位移 l 间的关系为

$$q = Kl$$

写成增量形式

$$\Delta q = K \Delta l \tag{2-57}$$

② 将式(2-57) 代入式(2-56)，消去中间变量 Δl 得

$$T_v \frac{\mathrm{d}\Delta q}{\mathrm{d}t} + \Delta q = \frac{A_0}{c_s} K \Delta p_1$$

或
$$T_v \frac{\mathrm{d}\Delta q}{\mathrm{d}t} + \Delta q = K_v \Delta p_1 \tag{2-58}$$

式中　K_v——控制阀放大系数，$K_v = \dfrac{A_0}{c_s K}$；

　　　　T_v——控制阀时间常数，$T_v = RC$。

式(2-58)就是气动薄膜控制阀的数学模型（一阶常系数线性微分方程式）。

在过程控制系统中，当控制阀的时间常数 T_v 相对被控对象的时间常数 T_0 很小时，可以将控制阀近似看作比例环节，其数学模型为

$$\Delta q = K_v \Delta p_1 \tag{2-59}$$

【例题 2-2】　测量元件和变送器也是过程控制系统的一个重要组成部分。变送器属于单元组合仪表，其纯滞后时间和时间常数都很小，可忽略不计，近似为一个放大环节。现在来研究测量元件的数学模型。图 2-24 所示为有、无保护套管热电偶（或热电阻）测温示意图，图中 θ_i 为介质温度，θ_o 为热电偶热点温度。试列写出有、无保护套管时输入为 θ_i 输出为 θ_o 的微分方程式。

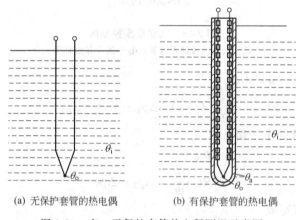

(a) 无保护套管的热电偶　　　　(b) 有保护套管的热电偶

图 2-24　有、无保护套管热电偶测温示意图

解　(1) 无保护套管热电偶的数学模型

① 根据热量平衡原理，建立原始热量平衡方程式为

$$Q_i - Q_o = M_{c1} \frac{\mathrm{d}\theta_o}{\mathrm{d}t} \tag{2-60}$$

式中　Q_i——单位时间内介质传给热电偶热点的热量；

　　　　Q_o——单位时间热电偶散失的热量（视无热损失 $Q_o = 0$）；

　　　M_{c1}——热电偶摩尔热容。

② 因为

$$Q_i = \alpha_1 F_1 (\theta_i - \theta_o) = \frac{\theta_i - \theta_o}{R_1} \tag{2-61}$$

式中　R_1——介质到热电偶热点的热阻，$R_1 = \dfrac{1}{\alpha_1 F_1}$；

　　　　F_1——热电偶热点的表面积；

　　　α_1——介质对热电偶热点的传热系数。

将 $Q_o = 0$ 和式(2-61)代入式(2-60)，消去中间变量 θ_i 并写成增量形式得

$$R_1 M_{c1} \frac{\mathrm{d}\Delta\theta_o}{\mathrm{d}t} + \Delta\theta_o = \Delta\theta_i$$

令 $R_1 M_{c1} = T_1$，则有

$$T_1 \frac{\mathrm{d}\Delta\theta_o}{\mathrm{d}t} + \Delta\theta_o = \Delta\theta_i \qquad (2\text{-}62)$$

可见，无保护套管热电偶是一阶环节。

（2）有保护套管热电偶的数学模型

在实际测温时，为了保护热电偶不致损坏或被腐蚀，常用保护套管加以保护。这样，热电偶传热情况就要复杂，先由介质将热量传给保护套管，再由保护套管传给热电偶。

① 如果忽略热电偶及保护套管的热量损失，保护套管的热量平衡方程式为

$$M_{c2} \frac{\mathrm{d}\theta_a}{\mathrm{d}t} = \alpha_2 F_2 (\theta_i - \theta_a) - \alpha_1 F_1 (\theta_a - \theta_o)$$

$$= \frac{\theta_i - \theta_a}{R_2} - \frac{\theta_a - \theta_o}{R_1} \qquad (2\text{-}63)$$

式中　M_{c2}——保护套管摩尔热容；

　　　　θ_a——保护套管温度；

　　　　α_2——介质对保护套管的传热系数；

　　　　F_2——保护套管传热面积；

　　　　R_2——介质到保护套管的热阻，$R_2 = \dfrac{1}{\alpha_2 F_2}$。

② 因为 $F_2 \gg F_1$，即 $R_1 \gg R_2$，则式（2-63）可简化为

$$M_{c2} \frac{\mathrm{d}\theta_a}{\mathrm{d}t} = \frac{\theta_i - \theta_a}{R_2}$$

经整理写成增量形式为

$$R_2 M_{c2} \frac{\mathrm{d}\Delta\theta_a}{\mathrm{d}t} + \Delta\theta_a = \Delta\theta_i$$

令 $R_2 M_{c2} = T_2$，则有

$$T_2 \frac{\mathrm{d}\Delta\theta_a}{\mathrm{d}t} + \Delta\theta_a = \Delta\theta_i \qquad (2\text{-}64)$$

式（2-64）是介质温度 θ_i 对保护套管温度 θ_a 的微分方程式。

③ 保护套管对热电偶热点传热时，热点的热量平衡方程式为

$$M_{c1} \frac{\mathrm{d}\theta_o}{\mathrm{d}t} = \frac{\theta_a - \theta_o}{R_1} \qquad (2\text{-}65)$$

令 $R_1 M_{c1} = T_1$，并将上式（2-65）写成增量形式

$$T_1 \frac{\mathrm{d}\Delta\theta_o}{\mathrm{d}t} + \Delta\theta_o = \Delta\theta_a \qquad (2\text{-}66)$$

④ 对式（2-66）微分得

$$T_1 \frac{\mathrm{d}^2\Delta\theta_o}{\mathrm{d}t^2} + \frac{\mathrm{d}\Delta\theta_o}{\mathrm{d}t} = \frac{\mathrm{d}\Delta\theta_a}{\mathrm{d}t} \qquad (2\text{-}67)$$

将式（2-66）、式（2-67）代入式（2-64）并整理得

$$T_1 T_2 \frac{\mathrm{d}^2\Delta\theta_o}{\mathrm{d}t^2} + (T_1 + T_2)\frac{\mathrm{d}\Delta\theta_o}{\mathrm{d}t} + \Delta\theta_o = \Delta\theta_i \qquad (2\text{-}68)$$

可见，有保护套管的热电偶是二阶环节。

在实际当中，热电偶的热电时间常数 T_1 较保护套管的时间常数 T_2 要小得多，因而为了处理问题方便，工程中往往将有保护套管的热电偶作为一阶环节近似，即数学模型为

$$T_{\mathrm{m}}\frac{\mathrm{d}\Delta\theta_z}{\mathrm{d}t}+\Delta\theta_z=\Delta\theta \tag{2-69}$$

式中　T_{m}——测温元件的时间常数；

$\quad\quad\theta_z$——测温元件所指示的温度，即被控变量的测量值；

$\quad\quad\theta$——介质温度，即被控变量的真实值。

思考题与习题

2-1　什么是对象控制通道的增量方程式，为什么要建立增量方程式？

2-2　什么是对象的放大系数、时间常数？为什么称放大系数为对象的静特性，时间常数为动特性？

2-3　用反应曲线法测量广义对象特性，获得数据如下：

时间 t/s	0	5	10	15	20	25	30	35	40	…	∞
温度 $\Delta\theta/℃$	0	2.1	4.5	6.3	7.4	8.2	8.8	9.2	9.4	…	10

当阶跃信号幅值 $A=1$ 时，试求广义对象传递函数。

2-4　化简图 2-25 方块图，并求传递函数 $Y(s)/X(s)$。

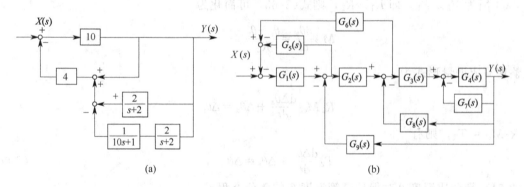

(a)　　　　　　　　　　　　　　(b)

图 2-25　方块图

2-5　化简图 2-26 方块图，并求传递函数 $Y(s)/X(s)$。

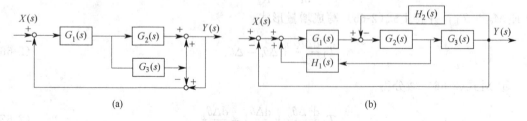

(a)　　　　　　　　　　　　　　(b)

图 2-26　方块图

2-6　化简图 2-27 方块图，并求传递函数 $Y(s)/X(s)$。

2-7　某控制系统的方块图如图 2-28 所示。图中 $W(s)$ 是一个补偿装置，目的是使系统在扰动 $F(s)$ 作用下 $y(t)$ 输出不受影响，求补偿装置的传递函数。

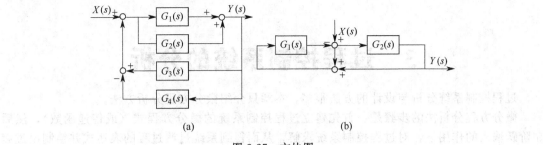

(a)　　　　　　　　　　　　　　　　(b)

图 2-27　方块图

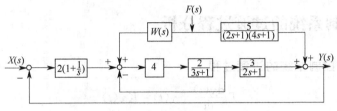

图 2-28　控制系统方块图

3　过程控制系统的分析

过程控制系统分析与设计的方法很多，本章只介绍微分方程分析方法。

微分方程分析法的步骤是：首先建立过程控制系统的微分方程式（或传递函数），然后在阶跃输入的作用下，对过程控制系统求解，从而得到系统过渡过程的表达式并绘制出过渡过程曲线，最后通过对曲线进行质量指标计算，得出关于过程控制系统质量的结论。

3.1　过程控制系统的过渡过程分析

3.1.1　一阶过程控制系统的过渡过程

微分方程式
$$T\frac{\mathrm{d}y(t)}{\mathrm{d}t}+y(t)=Kx(t)$$

传递函数
$$G(s)=\frac{K}{Ts+1}$$

当输入 $x(t)$ 为单位阶跃信号时，在零初始条件下（以后分析如没有特别指明，均理解为初始条件为零），输出 $y(t)$ 称为单位阶跃响应（如图 3-1 所示）

$$y(t)=\mathscr{L}^{-1}[Y(s)]=\mathscr{L}^{-1}[G(s)X(s)]=\mathscr{L}^{-1}\left[\frac{K}{Ts+1}\times\frac{1}{s}\right]=K(1-\mathrm{e}^{-t/T}) \tag{3-1}$$

图 3-1(b) 是一条指数上升曲线，其变化平稳而不做周期波动，故一阶系统的过渡过程为"非周期"过渡过程。一阶系统有两个特征参数。

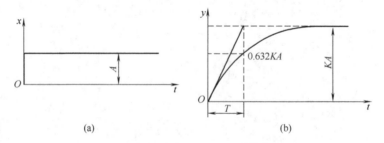

图 3-1　一阶系统过渡过程

（1）放大系数 K

它表示输出变量 $y(t)$ 的稳态值 $y(\infty)$ 与输入变量 $x(t)$ 的稳态值 $x(\infty)$ 之比。

$$K=\frac{y(\infty)}{x(\infty)}$$

可见 K 是系统的静态参数。

在单位阶跃输入时 $x(\infty)=1$，K 的求取

$$K=y(\infty)=\lim_{t\to\infty}y(t)=\lim_{s\to0}sY(s)=\lim_{s\to0}sG(s)X(s)=\lim_{s\to0}G(s)=G(0) \tag{3-2}$$

由于 K 决定了系统在响应结束时的稳定性能，故称 K 为放大系数。

（2）时间常数 T

在阶跃输入信号作用下，系统的输出变量 $y(t)$ 开始上升，当 $y(t)$ 到达最终稳态值的 63.2% 所需要的时间，即为系统的时间常数。

$$y(t)|_{t=T}=K(1-\mathrm{e}^{-t/T})|_{t=T}=K(1-\mathrm{e}^{-1})=0.632K$$

或 $$\frac{y(t)}{K}|_{t=T}=1-\mathrm{e}^{-t/T}=1-\mathrm{e}^{-1}=0.632 \tag{3-3}$$

可见 T 是系统的动态参数，T 越小，$y(t)$ 达到稳态值的时间即过渡过程越短。为了提高系统的响应速度必须减小时间常数 T 的值，如图 3-2 所示。

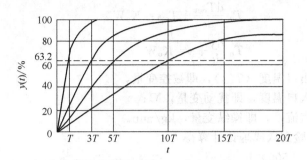

图 3-2 不同时间常数下的过渡过程

3.1.2 二阶过程控制系统的过渡过程

以图 2-1(a) 所示的蒸汽直接加热器出口温度控制系统为例，其原理图和方块图绘成如图 3-3 所示。

在图 3-3(a) 中，蒸汽通过喷嘴与冷流体直接接触，将冷流体加热流出。工艺要求加热器流体出口温度保持在 80℃，并已知：加热器的容积 $V=500\mathrm{L}$，冷流体流量 $F_{\mathrm{in0}}=100\mathrm{kg/min}$，入口温度 $T_{\mathrm{in}}=(20\pm10)℃$，密度 $\rho=1\mathrm{kg/L}$，比热容 $c=4.184\mathrm{kJ/(kg \cdot ℃)}$，蒸汽在 98.1kPa 压力下，冷凝释放的汽化潜热 $\lambda=22594\mathrm{kJ/kg}$。安装在加热器出口处的测温元件为热电阻，经温度变送器将温度信号送至控制器，控制器根据被测的温度信号与设定值（$x=80℃$）信号相比较所得偏差信号，按一定的控制规律输出去驱动控制阀，使加热器蒸汽流量 W 做相应变化，以保证温度控制的需要。

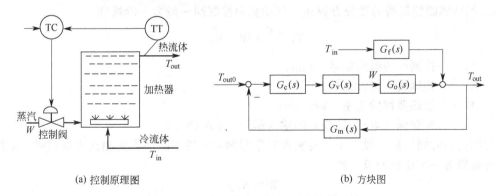

(a) 控制原理图 (b) 方块图

图 3-3 蒸汽直接加热器出口温度控制系统

（1）过程控制系统的微分方程式

① 被控对象的微分方程式 蒸汽直接加热器的数学模型在第 2 章中已求得，其扰动通道的微分方程式为

$$\frac{M_{\mathrm{c}}}{F_{\mathrm{in0}}c}\times\frac{\mathrm{d}T_{\mathrm{out}}}{\mathrm{d}t}+T_{\mathrm{out}}=T_{\mathrm{in}}$$

即 $$T_{\mathrm{o}}\frac{\mathrm{d}T_{\mathrm{out}}}{\mathrm{d}t}+T_{\mathrm{out}}=T_{\mathrm{in}} \tag{3-4a}$$

或
$$T_{o}\frac{\mathrm{d}y}{\mathrm{d}t}+y=K_{f}f \tag{3-4b}$$

控制通道的微分方程式为
$$\frac{M_{c}}{F_{in0}c}\times\frac{\mathrm{d}T_{out}}{\mathrm{d}t}+T_{out}=\frac{\lambda}{F_{in0}c}W$$

即
$$T_{o}\frac{\mathrm{d}T_{out}}{\mathrm{d}t}+T_{out}=K_{o}W \tag{3-5a}$$

或
$$T_{o}\frac{\mathrm{d}y}{\mathrm{d}t}+y=K_{o}W \tag{3-5b}$$

式中　y——加热器出口温度（T_{out}），即被控变量，℃；

$\quad\quad f$——冷流体入口温度，即扰动变量，℃；

$\quad\quad W$——加热蒸汽流量，即操纵变量，kg/min。

式中特征参数通过实验测取或理论计算得

$$T_{o}=\frac{M_{c}}{F_{in0}c}=\frac{500\times1}{100}=5\ (\mathrm{min})\quad\quad（对象的时间常数）$$

$$K_{o}=\frac{\lambda}{F_{in0}c}=\frac{2259.4}{100\times4.184}=5.4\ [\ ℃/(\mathrm{kg/min})]\quad（对象控制通道的放大系数）$$

$$K_{f}=1\ [（无因次）对象扰动通道的放大系数]$$

② 测量元件、变送器的微分方程式　变送器的数学模型前已说明，可视为 $K=1$ 的比例环节。测温元件热电阻的数学模型可视为一阶特性

$$T_{m}\frac{\mathrm{d}z}{\mathrm{d}t}+z=K_{m}y \tag{3-6}$$

式中　T_{m}——热电阻的时间常数，可选取 $T_{m}=2.5\mathrm{min}$；

$\quad\quad K_{m}$——热电阻的放大系数，一般取 $K_{m}=1$（无因次）；

$\quad\quad y$——加热器出口温度，即被控变量真实值，℃；

$\quad\quad z$——热电阻测得经变送器输出的信号所对应的温度，即被控变量的测量值，℃。

③ 气动薄膜控制阀的微分方程式　气动薄膜控制阀一般为一阶特性

$$T_{v}\frac{\mathrm{d}W}{\mathrm{d}t}+W=K_{v}p$$

式中　T_{v}——控制阀的时间常数，min；

$\quad\quad K_{v}$——控制阀的放大系数；

$\quad\quad W$——加热蒸汽的流量，kg/min；

$\quad\quad p$——控制阀（电/气转换）的输入信号，mA DC。

控制阀的时间常数一般很小，与被控对象和测量元件的时间常数相比可以忽略，使控制阀又可近似为一个比例环节，即

$$W=K_{v}p \tag{3-7}$$

式中，控制阀放大系数 K_{v} 可根据输入信号在一定范围变化，与引起通过控制阀的流量变化之比计算而得。

假定采用线性控制阀，则控制阀的放大系数 K_{v} 为常数。显然当输入信号为 4～20mA 时，控制阀开度对应全关和全开（气开阀）。为了使系统对正向或反向的扰动都能进行工作，则可选定静态工作点，即控制器的 $p_{0}=12\mathrm{mA\ DC}$，也就是说，系统在无扰动时，其输出温度为 80℃，控制阀开度达到 50%，通过控制阀的蒸汽流量为 W_{0}。根据热量平衡方程式列出静态方程式

$$\lambda W_{0}=cF_{in0}(T_{out0}-T_{in0})$$

式中，下标"0"表示系统在初始平衡状态下的数值，则

$$W_0 = \frac{cF_{in0}(T_{out0} - T_{in0})}{\lambda} = \frac{4.184 \times 100 \times (80-20)}{2259.4} = 12 \text{ (kg/min)}$$

$$K_v = \frac{\Delta W}{\Delta p} = \frac{12-0}{12-4} = 1.5 \text{ [(kg/min)/mA]}$$

④ 控制器的控制规律 在过程控制系统中常使用的控制器，其控制规律有比例、比例积分和比例积分微分三种，它们的数学模型分别为

比例规律 $\qquad\qquad\qquad p = K_c e$ $\qquad\qquad\qquad$ (3-8)

比例积分规律 $\qquad\qquad p = K_c\left(e + \frac{1}{T_i}\int e\,dt\right)$ $\qquad\qquad$ (3-9)

比例积分微分规律 $\qquad p = K_c\left(e + \frac{1}{T_i}\int e\,dt + T_d\,\frac{de}{dt}\right)$ $\qquad$ (3-10)

式中　p——控制器的输出信号，4～20mA DC；

　　　e——控制器的偏差 $e = x - z$，℃；

　　　K_c——控制器的放大系数，mA/℃。

在这个系统中若选用的是电动比例控制器，则

$$p = K_c e$$

在过程控制仪表中控制器的放大系数 K_c 是通过改变控制器的比例度 δ 来设置的，若采用测量范围（量程）为 50～100℃、输出信号为 4～20 mA DC 的电动温度变送器，并选用电动控制器的比例度 $\delta = 20\%$，于是根据比例度的定义计算出控制器的放大系数是

$$K_c = \frac{1}{\delta} \times \frac{p_{max} - p_{min}}{z_{max} - z_{min}} = \frac{1}{0.2} \times \frac{20-4}{100-50} = 1.6 \text{ (mA/℃)}$$

最后，将加热器出口温度控制系统各组成环节的数学模型重新列写如下

被控对象 $\qquad\qquad\qquad T_o\,\dfrac{dT_{out}}{dt} + T_{out} = T_{in}$

$\qquad\qquad\qquad\qquad\quad 5\,\dfrac{dy}{dt} + y = f$

$\qquad\qquad\qquad\qquad\quad T_o\,\dfrac{dT_{out}}{dt} + T_{out} = K_o W$

$\qquad\qquad\qquad\qquad\quad 5\,\dfrac{dy}{dt} + y = 5.4W$

测量元件 $\qquad\qquad\qquad T_m\,\dfrac{dz}{dt} + z = K_m y$

$\qquad\qquad\qquad\qquad\quad 2.5\,\dfrac{dz}{dt} + z = y$

控制阀 $\qquad\qquad\qquad\quad W = K_v p$

$\qquad\qquad\qquad\qquad\quad W = 1.5p$

控制器 $\qquad\qquad\qquad\quad p = K_c e$

$\qquad\qquad\qquad\qquad\quad p = 1.6e$

因为 $y(t)$ 称为被控变量的真实值，它是客观存在的温度，但是如果不用测量仪表是无法知道的。所以，为使理论计算和实际工作情况相一致，$z(t)$ 称为被控变量的测量值，并作为控制系统的输出变量。

现应用拉氏变换求得各环节的传递函数，则加热器温度控制系统的方块图如图 3-4 所示。

由此便可得到定值控制系统的传递函数

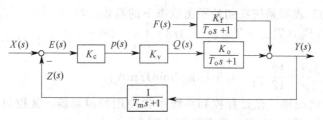

图 3-4 加热器温度控制系统方块图

$$\frac{Z(s)}{F(s)}=\frac{1}{T_o T_m s^2+(T_o+T_m)s+(1+K_c K_v K_o)} \tag{3-11}$$

随动控制系统的传递函数

$$\frac{Z(s)}{X(s)}=\frac{K_c K_v K_o}{T_o T_m s^2+(T_o+T_m)s+(1+K_c K_v K_o)} \tag{3-12}$$

于是加热器出口温度控制系统的微分方程式为

$$T_o T_m \frac{d^2 z}{dt^2}+(T_o+T_m)\frac{dz}{dt}+(1+K_c K_v K_o)z=K_c K_v K_o x+f \tag{3-13}$$

（2）过程控制系统的过渡过程

当过程控制系统的数学模型建立起来之后，下面便是在阶跃信号作用下，求系统的阶跃响应（即过渡过程的解析式）。

① 系统在设定值作用下的阶跃响应 蒸汽直接加热器的出口处温度工艺要求应在 80℃，现调整到 81℃，即控制器的设定值增加 $\Delta x=1℃$，其 $X(S)=1/S$，代入式（3-12）得

$$Z(s)=\frac{K_c K_v K_o}{T_o T_m s^2+(T_o+T_m)s+(1+K_c K_v K_o)}X(s)$$

已知式中　$T_o=5min$，对象的时间常数；

$\quad\quad\quad T_m=2.5min$，热电阻的时间常数；

$\quad\quad\quad K_o=5.4℃kg/min$，对象控制通道的放大系数；

$\quad\quad\quad K_v=1.5kg/min℃$，控制阀的放大系数；

$\quad\quad\quad K_c=1.6mA/℃$，当 $\delta=20\%$ 时控制器的放大系数。

代入上述数据，进行运算整理

$$Z(s)=\frac{1}{s}\times\frac{12.96}{12.5s^2+7.5s+13.96}=\frac{1.037}{s(s^2+0.6s+1.117)}=\frac{1.037}{s(s-s_1)(s-s_2)} \tag{3-14}$$

其中

$$s_1,s_2=\frac{-0.6\pm\sqrt{0.36-4\times1.117}}{2}=-0.3\pm1.013j$$

将 s_1、s_2 值代入式（3-14）得

$$Z(s)=\frac{1.037}{s(s+0.3-1.013j)(s+0.3+1.013j)}=\frac{1.037}{s[(s+0.3)^2+1.013^2]} \tag{3-15}$$

对式（3-15）进行拉氏反变换得

$$z(t)=\mathscr{L}^{-1}[Z(s)]=\mathscr{L}^{-1}\left[\frac{1.037}{s[(s+0.3)^2+1.013^2]}\right]$$

$$=1.037[0.896-0.936e^{-0.3t}\sin(1.013t+73.5°)]$$

$$=0.929-0.97e^{-0.3t}\sin(1.013t+73.5°) \tag{3-16}$$

式（3-16）就是系统在设定作用 $\Delta x=1℃$ 时的阶跃响应，即过渡过程的解析式。前项为系统的稳态响应；后一项为系统的瞬态响应，由于有 $e^{-0.3t}\sin(1.013t+73.5°)$，因此是衰减振荡的过渡过程。

② 系统在扰动作用下的阶跃响应　　当蒸汽直接加热器的出口温度工艺要求仍保持在 80℃不变，而系统扰动来自冷流体温度的波动，由 20℃阶跃上升到 30℃，即 $\Delta f = 10℃$，其 $F(s) = 10/s$，代入式(3-11) 得

$$Z(s) = \frac{10}{s} \times \frac{1}{12.5s^2 + 7.5s + 13.96} = \frac{0.8}{s(s^2 + 0.6s + 1.117)} \tag{3-17}$$

对式(3-17) 进行拉氏反变换得

$$z(t) = \mathscr{L}^{-1}[Z(s)] = \mathscr{L}^{-1}\left\{\frac{0.8}{s[(s+0.3)^2 + 1.013^2]}\right\}$$
$$= 0.717 - 0.74e^{-0.3t}\sin(1.013t + 73.5°) \tag{3-18}$$

式(3-18) 就是系统在扰动作用 $\Delta f = 10℃$ 时的阶跃响应，即过渡过程的解析式，与式(3-16) 相似，也是一个衰减振荡的过渡过程。

(3) 过程控制系统过渡过程曲线

为了能较迅速地绘出过渡过程曲线，一般是先找出曲线上的一些特殊的数值，如曲线与直线（最终稳态值）的交点以及曲线的各个极值点，然后列表，绘制出曲线。

① 绘制阶跃设定作用下的过渡过程曲线

a. 过渡过程曲线与直线 $z(t) = 0.929$ 的交点时间。

曲线与直线相交，表明式(3-16) 等于 0.929，则这时

$$\sin(1.013t + 73.5°) = 0$$

即

$$1.013t + 73.5° = \pi, 2\pi, 3\pi, \cdots, n\pi \ （n 为正整数）$$

所以

$$t = \frac{\pi - 73.5°}{1.013}, \frac{2\pi - 73.5°}{1.013}, \cdots, \frac{n\pi - 73.5°}{1.013}$$

也就是当 $t = 1.83\text{min}$, 4.92min, 8.05min, 11.1min, …的时候，过渡过程曲线与直线 $z(t) = 0.929$ 相交。

b. 过渡过程曲线的各个极值的时间。

对式(3-16) 求一阶导数

$$\frac{dz(t)}{dt} = -0.97[-0.3e^{-0.3t}\sin(1.013t + 73.5°) + 1.013e^{-0.3t}\cos(1.013t + 73.5°)]$$

令 $dz(t)/dt = 0$ 得

$$\frac{\sin(1.013t + 73.5°)}{\cos(1.013t + 73.5°)} = \frac{1.013}{0.3} = \tan 73.5°$$

或

$$\tan(1.013t + 73.5°) = \tan 73.5°$$

也就是当 $1.013t = \pi, 2\pi, 3\pi, \cdots, n\pi$ （n 为正整数）时，过渡过程曲线到达极值，其时间是

$$t = \frac{\pi}{1.013}, \frac{2\pi}{1.013}, \cdots, \frac{n\pi}{1.013}$$

即 $t = 3.10\text{min}$, 6.20min, 9.30min, 12.40min, …。

c. 将上述两种时间代入式(3-16)，就可以求得过渡过程曲线的各个特殊点数值，现将其数值列于表 3-1 中。

根据表 3-1 中数据绘制出的过渡过程曲线如图 3-5 中曲线 1 所示。

② 绘制阶跃扰动作用下的过渡过程曲线　　同理，对于式(3-18) 为了作图方便，利用一些特殊点就能较快地绘制出过渡过程曲线，即当

$$t = \frac{\pi - 73.5°}{1.013}, \frac{2\pi - 73.5°}{1.013}, \cdots, \frac{n\pi - 73.5°}{1.013}$$

时，曲线与直线 $z(t) = 0.717$ 相交。而当

$$t = \frac{\pi}{1.013}, \frac{2\pi}{1.013}, \cdots, \frac{n\pi}{1.013}$$

时曲线有极值点（n 为正整数）。将上述两种 t 值代入式(3-18)，就能求出过渡过程曲线的各个特殊点数值，其数值列入表 3-2 中。

表 3-1　阶跃设定值作用下的过渡过程特殊点数值

t/min	$1.013t+73.5°$	$0.97\sin(1.013t+73.5°)$	$0.97e^{-0.3t}\sin(1.013t+73.5°)$	$z(t)$/℃
0	73.5°	0.929	0.929	0
1.83	π	0	0	0.929
3.10	$\pi+73.5°$	-0.929	-0.366	1.295
4.92	2π	0	0	0.929
6.20	$2\pi+73.5°$	0.929	0.145	0.784
8.05	3π	0	0	0.929
9.30	$3\pi+73.5°$	-0.929	-0.057	0.986
11.10	4π	0	0	0.929
12.40	$4\pi+73.5°$	0.929	0.022	0.907

表 3-2　阶跃扰动作用下的过渡过程特殊点数值

t/min	$1.013t+73.5°$	$0.749\sin(1.013t+73.5°)$	$0.749e^{-0.3t}\sin(1.013t+73.5°)$	$z(t)$/℃
0	73.5°	0.717	0.717	0
1.83	π	0	0	0.717
3.10	$\pi+73.5°$	-0.717	-0.283	1.000
4.92	2π	0	0	0.717
6.20	$2\pi+73.5°$	0.717	0.112	0.605
8.05	3π	0	0	0.717
9.30	$3\pi+73.5°$	-0.717	-0.044	0.761
11.1	4π	0	0	0.717
12.40	$4\pi+73.5°$	0.717	0.017	0.700

根据表 3-2 中数据绘制出过渡过程曲线如图 3-5 中的曲线 2 所示。

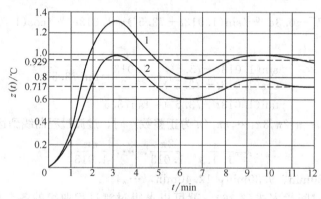

图 3-5　温度控制系统的过渡过程曲线
曲线 1—系统在 $\Delta x = 1℃$ 阶跃设定作用下的过渡过程曲线；
曲线 2—系统在 $\Delta f = 10℃$ 阶跃扰动作用下的过渡过程曲线

3.1.3　过程控制系统过渡过程的质量指标

质量指标是衡量控制系统质量的一些数据。根据分析的方法不同，质量指标也有很多形式。微分方程分析法中常用的是以过渡过程形式表示的质量指标，下面就讨论过程控制系统在阶跃信号作用下的过渡过程质量指标。

（1）最大偏差 A（或超调量 B）

最大偏差等于被控变量的最大指示值与设定值之差。

对于在阶跃扰动作用下的控制系统，过渡过程的最大偏差是被控变量第一个波的峰值与设定值之差，如图 3-6(a) 中的 A 所示。对于在阶跃设定作用下的控制系统，过渡过程的最大偏差如图 3-6(b) 中的 A 所示。

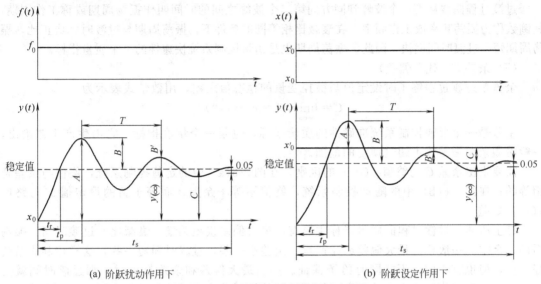

(a) 阶跃扰动作用下　　　　　　　　　(b) 阶跃设定作用下

图 3-6　过渡过程质量指标示意图

最大偏差反映系统在控制过程中被控变量偏离设定值的程度，也可以用超调量 B 表示，如图 3-6 所示。超调量是指过渡过程曲线超出新稳定值的最大值，即

$$B＝最大指示值－新稳定值＝y(t_p)－y(\infty)$$

所以，图 3-6(a) 中 $B＝A－C$，图 3-6(b) 中 $B＝A＋C$。

对于系统在阶跃设定作用下有时用最大百分比超调量（相对超调量）σ 表示，即

$$相对超调量\ \sigma＝\frac{y(t_p)－y(\infty)}{y(\infty)}\times100\%$$

最大偏差或超调量是描述被控变量偏离设定值最大程度的物理量，也是影响过渡过程稳定性的一个动态指标。

（2）衰减比 n

是指过渡过程曲线同方向的前后相邻两个峰值之比，如图 3-6 中 $B/B'＝n$，或习惯表示为 $n:1$。可见 n 愈小，过渡过程的衰减程度越小，意味着控制系统的振荡程度越加剧烈，稳定性也就低，当 $n＝1$ 时，过渡过程为等幅振荡；反之，n 愈大，过渡过程愈接近非振荡过程，相应的稳定性也越高。从对过程控制系统的基本性能要求综合考虑（稳定、迅速），衰减比 n 在 4～10 之间为宜。如以 $n＝4$ 为例，当第一波峰值 $B＝1$ 时，则第二波峰值 B' 为 $1/4B$，第三波峰值为 $1/16B$，可见衰减之快。这样，当被控变量受到扰动之后，可以断定它只需经过几次振荡很快就会稳定下来，不会出现造成事故的异常值。因此，衰减比 n 是表示衰减振荡过渡过程的衰减程度，是反映控制系统稳定程度的一项指标。

（3）上升时间 t_r、峰值时间 t_p 和过渡时间 t_s

① 上升时间 t_r 是过渡过程曲线从零上升至第一次到达新稳定值所需的时间。

② 峰值时间 t_p 是过渡过程曲线到达第一个峰值所需的时间。

③ 过渡时间 t_s 又称控制时间（过渡过程时间）。它是从扰动发生起至被控变量建立起新

的平衡状态止的一段时间。严格地讲，被控变量完全达到新的稳态值需要无限长的时间。实际上从仪表的灵敏度以及工程上规定：过渡过程曲线衰减到与最终稳态值之差不超过±5%时所需要的时间，为过渡过程时间或控制时间 t_s。

上升时间 t_r、峰值时间 t_p 和过渡时间 t_s 都是衡量控制系统快速性的质量指标。

（4）振荡周期 T（或振荡频率 f）

过渡过程曲线从第一个波峰到同方向第二个波峰之间的时间叫作振荡周期或称工作周期，其倒数称为振荡频率或工作频率。在衰减比相等同的条件下，振荡周期与过渡时间成正比，振荡周期短，过渡时间就快。因此，振荡周期也是衡量控制系统快速性的一个质量指标。

（5）余差 C（残余偏差）

余差是过渡过程终了时设定值与被控变量的稳态值之差，用数学式表示为

$$C = \lim_{t \to \infty} e(t) = x - y(\infty)$$

余差是一个反映控制系统准确性的质量指标，也是一个精度指标。它由生产工艺给出，一般希望余差为零或不超过预定的范围。

需要指出余差 C 与终值 $y(\infty)$ 的区别。在图 3-6(a) 中的定值控制系统，终值与余差是相等的；在图 3-6(b) 中的随动控制系统，终值不等于余差，而等于新的设定值 x' 与终值 $y(\infty)$ 之差。

综上所述，过渡过程的质量指标主要有：最大偏差或超调量、衰减比、过渡时间、振荡周期、余差。一般希望最大偏差或超调量、余差小一些，过渡时间短一些，这样控制质量就好一些，但也有矛盾，不能同时给予保证。如当最大偏差和余差都小时，则过渡时间就要长。因此，要根据工艺生产的要求，结合不同的控制系统，对控制质量指标分出主次，区别轻重，优先保证主要控制质量指标。

3.1.4　过程控制系统过渡过程的质量指标评定

以图 3-5 温度控制系统的过渡过程曲线为例。

① 曲线 1 表示的是加热器出口温度控制系统的设定值由 80℃增加到 81℃时，被控变量测量值 $z(t)$ 的变化情况 [并不是 $y(t)$ 的情况，而且纵坐标为增量表示]。由曲线对控制系统的质量指标计算如下

最大偏差　　　　　$A = 81.295 - 81 = 0.3$（℃）

上升时间　　　　　$t_r = 1.83$ min

衰减比　　　　　　$n = 81.295 - 80.929 / 80.986 - 80.929 = 0.366 / 0.057 = 6.42$

过渡过程时间　　　$t_s = 10$min

振荡周期　　　　　$T = 9.30 - 3.10 = 6.2$（min）

余差　　　　　　　$C = x - z = 81 - 80.929 = 0.071$（℃）

② 曲线 2 表示的是加热器冷流体的入口温度由原来的 20℃阶跃增加到 30℃时，被控变量测量值 $z(t)$ 的变化情况。由曲线对控制系统的质量指标计算如下

最大偏差　　　　　$A = 81 - 80 = 1$（℃）

上升时间　　　　　$t_r = 1.83$min

衰减比　　　　　　$n = 81.0 - 80.717 / 80.761 - 80.717 = 0.283 / 0.044 = 6.43$

过渡过程时间　　　$t_s = 10$min

振荡周期　　　　　$T = 9.30 - 3.10 = 6.2$（min）

余差　　　　　　　$C = x - z = 80 - 80.717 = -0.717$（℃）

③ 被控变量的测量值与真实值的质量评定。过程控制系统被控变量的真实值 $y(t)$ 是客观存在却无法得到的，它是通过测量环节为人们所观察到，被控制器所感受，因此，测量值

与真实值之间存有差异，这在系统质量指标评定时必须引起注意。

从图 3-4 所示系统可知，被控变量的测量值对于设定作用的阶跃响应是

$$Z(s) = \frac{K_c K_v K_o}{T_o T_m s^2 + (T_o + T_m)s + (1 + K_c K_v K_o)} X(s)$$

$$z(t) = 0.929 - 0.97 e^{-0.3t} \sin(1.013t + 73.5°)$$

用相同的计算方法得知，被控变量的真实值对于设定作用的阶跃响应是

$$Y(s) = \frac{K_c K_v K_o (T_m s + 1)}{T_o T_m s^2 + (T_o + T_m)s + (1 + K_c K_v K_o)} X(s)$$

$$y(t) = \mathscr{L}^{-1}[Y(s)] = 0.929 - 2.46 e^{-0.3t} \sin(1.013t + 157.8°)$$

$$= 0.929 + 2.4 e^{-0.3t} \sin(1.013t - 22.2°) \tag{3-19}$$

比较 $Z(s)$ 与 $Y(s)$ 的表达式，它们的分母相同，即特征方程相同，则极点相同，传递系数相同，因而过渡过程应具有相同的形式，而过渡过程的幅值将不相同。现将阶跃响应曲线 $z(t)$ 和 $y(t)$ 绘出，如图 3-7 所示。

已知 $z(t)$ 主要质量指标为

最大偏差　　　　　$A = 0.3℃$

衰减比　　　　　　$n = 6.42$

过渡时间　　　　　$t_s = 10\text{min}$

余差　　　　　　　$C = 0.07℃$

而 $y(t)$ 的主要质量指标为

最大偏差　　　　　$A = 1.4℃$

衰减比　　　　　　$n = 6.44$

过渡时间　　　　　$t_s = 10\text{min}$

余差　　　　　　　$C = 0.07℃$

通过对被控变量的测量值与真实值的质量评定比较知道，被控变量的真实值 $y(t)$ 的变化情况要比测量环节反映出来的测量值 $z(t)$ 的变化情况严重，

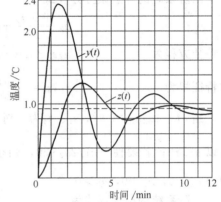

图 3-7　被控变量的测量值和真实值
对设定作用的阶跃响应曲线

两者的差异在最大偏差数值上。而且差异程度取决于测量环节的时间常数 T_m，T_m 越大，$z(t)$ 与 $y(t)$ 的差异越大。该结论说明：在实际工作中要将质量指标留有余地，而且应选择 T_m 较小的测量环节。

3.2　过程控制系统的稳定性

在过程控制系统的分析中，最重要的问题是稳定性问题。因此，对过程控制系统的要求首先必须是稳定的。

3.2.1　过程控制系统稳定的基本条件

为了知道系统稳定的基本条件，先从系统微分方程的特征根与过渡过程的关系讨论。

（1）一阶系统

一阶系统的微分方程式

$$T \frac{dy(t)}{dt} + y(t) = Kx(t)$$

或

$$a_1 \frac{dy(t)}{dt} + a_0 y(t) = bx(t)$$

特征方程式　　　　　　　　　　$T_s + 1 = 0$

传递函数

$$\frac{Y(s)}{X(s)}=\frac{1}{T_s+1}$$

即传递函数的分母等于零就是特征方程式。

特征方程的解为特征根

$$s=-1/T$$

或

$$s=-a_0/a_1$$

一阶系统的单位阶跃响应为

$$y(t)=K(1-e^{-t/T})$$

最终有稳定值，其值为

$$y(\infty)=K$$

所以，一阶系统稳定的基本条件是：

① 特征根为负；

② 微分方程的系数 $a_1>0$，$a_0>0$。

（2）二阶系统

二阶系统的一般微分方程式

$$a_2\frac{d^2y(t)}{dt^2}+a_1\frac{dy(t)}{dt}+a_0y(t)=bx(t)$$

其特征方程为

$$a_2s^2+a_1s+a_0=0$$

故特征根为

$$s_1,s_2=-\frac{a_1}{2a_2}\pm\sqrt{\frac{a_1^2}{4a_2^2}-\frac{a_0}{a_2}}$$

当 $a_1^2-4a_2a_0>0$ 时，s_1、s_2 为一对相异负实根。由于 a_2 在二阶系统中相当于时间常数，所以 $a_2>0$；若要使 $-a_1/2a_2<0$，则须 $a_1>0$；另外还应该保证 $\sqrt{\frac{a_1^2}{4a_2^2}-\frac{a_0}{a_2}}<\frac{a_1}{2a_2}$，$a_0>0$；即须 $a_2>0$，$a_1>0$，$a_0>0$。

二阶系统的标准形式为

$$\frac{d^2y(t)}{dt^2}+2\zeta\omega_0\frac{dy(t)}{dt}+\omega_0^2y(t)=\omega_0^2 \tag{3-20}$$

传递函数

$$G(s)=\frac{\omega_0^2}{s^2+2\zeta\omega_0+\omega_0^2} \tag{3-21}$$

特征方程

$$s^2+2\zeta\omega_0s+\omega_0^2=0$$

特征根

$$s_1,s_2=-\zeta\omega_0\pm\sqrt{(\zeta\omega_0)^2-\omega_0^2}=(-\zeta\pm\sqrt{\zeta^2-1})\omega_0$$

由于自然频率 ω_0 一般取正值有意义，因此二阶系统的衰减系数 ζ 与稳定性的关系可归纳成如表 3-3 所示。

表 3-3　衰减系数 ζ 与稳定性的关系

闭环根分布		过渡过程 $y(t)$		稳定性
$\zeta>1$	两个负实根 $s_{1,2}=-\zeta\omega_0$ $\pm\sqrt{\zeta^2-1}$		非周期过程	稳定
$\zeta=1$	一对相等的负实根 $s_{1,2}=-\zeta\omega_0$		处于开始振荡的边缘	稳定

续表

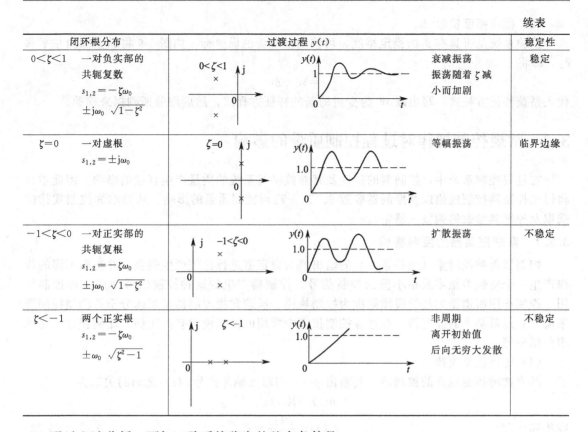

闭环根分布		过渡过程 $y(t)$		稳定性
$0<\zeta<1$	一对负实部的共轭复数 $s_{1,2}=-\zeta\omega_0$ $\pm j\omega_0\sqrt{1-\zeta^2}$		衰减振荡 振荡随着 ζ 减小而加剧	稳定
$\zeta=0$	一对虚根 $s_{1,2}=\pm j\omega_0$		等幅振荡	临界边缘
$-1<\zeta<0$	一对正实部的共轭复根 $s_{1,2}=-\zeta\omega_0$ $\pm j\omega_0\sqrt{1-\zeta^2}$		扩散振荡	不稳定
$\zeta<-1$	两个正实根 $s_{1,2}=-\zeta\omega_0$ $\pm\omega_0\sqrt{\zeta^2-1}$		非周期 离开初始值 后向无穷大发散	不稳定

通过上述分析，可知二阶系统稳定的基本条件是：

① 特征根实数部分为负；

② 微分方程系数均须大于零，即 $a_2>0$，$a_1>0$，$a_0>0$；

③ 衰减系数 $\zeta>0$。

如果从根平面（特征根用复数平面上的点来表示）来看系统稳定的基本条件是：系统的全部特征根都落在根平面的左半平面。如果有一个特征根落在根平面的右半平面或虚轴上，则系统将都是不稳定的。可用图 3-8 表示。

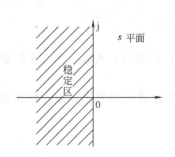

图 3-8　根平面上的稳定区域

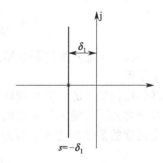

图 3-9　稳定裕度 δ_1

3.2.2　过程控制系统的稳定裕度

（1）稳定裕度

把在根平面上极点（特征根）离虚轴的水平距离大小来表示系统的稳定裕度（用 δ_1 表示），即系统距离稳定边缘有多少余量。如图 3-9 所示。

（2）稳定裕度检验

检验系统是否具有 δ_1 的稳定裕度，可移动根平面的纵坐标，如图 3-9 将纵坐标向左平移 δ_1，即将

$$s = W - \delta_1$$

代入系统特征方程式，写出以 W 为变量的新的特征方程式，然后用劳斯判据来检验。

3.3 常规控制规律对过程控制质量的影响

在过程控制系统中，控制器的特性及其参数将对系统的质量产生直接的影响。因此本节将讨论控制器控制规律以及控制器参数 δ、T_i、T_d 对控制质量的影响，从而掌握控制规律的选取及控制器参数的调整（整定）。

3.3.1 常规控制器的控制规律

控制器将被控对象（也是系统）的输出值与设定值进行比较产生偏差，并按照不同的规律产生一个使偏差至零或很小值的控制信号。控制器产生的这种控制信号作用又称控制作用，控制作用所遵循的数学规律则称为控制规律。所谓常规控制器是指区分于智能型控制器来说，它是最基本的控制器。在过程控制仪表中常用的控制规律有：比例、比例积分、比例积分微分等。

（1）比例控制规律

具有这种控制规律的控制器，其输出 $p(t)$ 与输入偏差信号 $e(t)$ 之间的关系为

$$p(t) = K_c e(t)$$

或传递函数

$$G(s) = \frac{P(s)}{E(s)} = K_c \tag{3-22}$$

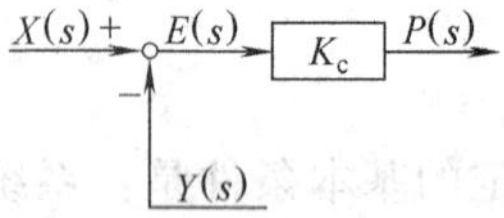

式中，K_c 叫作控制器的比例放大倍数，故比例控制器实际上是一个可调增益（放大倍数）的放大器。在相同输入偏差 $e(t)$ 下，K_c 越大，输出 $p(t)$ 也越大，所以 K_c 是衡量比例控制作用强弱的因素。它的方块图如图 3-10 所示。

图 3-10　比例控制器方块图

在过程控制仪表中，一般用比例度 δ 来表示比例控制作用的强弱。比例度 δ 定义为

$$\delta = \frac{e/(z_{max} - z_{min})}{p/(p_{max} - p_{min})} \times 100\% \tag{3-23}$$

式中，$(z_{max} - z_{min})$ 为控制器输入信号的变化范围，即量程；$p_{max} - p_{min}$ 为控制器输出信号的变化范围。

控制器的比例度 δ 的实质可理解为：要使输出信号做全范围的变化，输入信号必须改变全量程的百分之几。即输入与输出的比例范围。

现将比例度的数学表达式改写为

$$\delta = \left(\frac{p_{max} - p_{min}}{z_{max} - z_{min}} \right) \times \frac{e}{p} \times 100\%$$

令

$$K = \frac{p_{max} - p_{min}}{z_{max} - z_{min}}$$

则得

$$\delta = K \frac{e}{p} \times 100\% = \frac{K}{K_c} \times 100\%$$

又由于在单元组合仪表中，控制器的输入和输出都是统一的标准信号，则系数 $K = 1$，

K_c便是一个无因次的值，这时δ与K_c便互成倒数关系，即

$$\delta = \frac{1}{K_c} \times 100\% \qquad (3\text{-}24)$$

因此，控制器的比例度δ越小，则比例放大倍数K_c越大，比例控制作用也就越强；反之，δ越大，则K_c越小，比例控制作用也就越弱。

图 3-11 是在阶跃偏差作用下比例控制器的开环输出特性。图 3-12 是比例控制器的比例度与输入、输出的关系。比例控制规律是最基本、最主要、也是应用最普遍的控制规律。

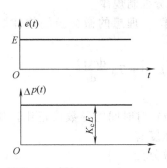

图 3-11　比例控制器特性　　　　　　　图 3-12　比例度与输入、输出的关系

由式(3-22)和图 3-11 可以看出，比例控制器的输出与输入是一一对应的，即不等于零的控制信号，就要求有不等于零的偏差信号；若偏差信号等于零，则控制信号亦为零。这样，在应用比例控制器的控制系统中，为克服扰动所需要的控制作用，只有当控制器的输入信号不为零时才能得到，这就意味着在稳态时系统的输出值与设定值之间有偏差，所以说应用比例作用的控制器构成的过程控制系统，被控变量最终会存有余差。

(2) 比例积分控制规律

具有这种控制规律的控制器，是在比例控制规律的基础上加积分控制规律，其数学表达式为

$$p(t) = K_c e(t) + \frac{K_c}{T_i} \int_0^t e(t)\,\mathrm{d}t$$

其传递函数为

$$G_c(s) = \frac{P(s)}{E(s)} = K_c\left(1 + \frac{1}{T_i s}\right) \qquad (3\text{-}25)$$

式中　K_c——控制器的比例放大倍数；

　　　T_i——控制器的积分时间。

它的方块图如图 3-13 所示。在阶跃偏差作用下，比例积分控制器的开环输出特性如图 3-14 所示。

由式(3-25)和图 3-14 可以看出，比例积分控制器是比例控制作用和积分控制作用的组合。当偏差的阶跃幅值为A时，先是比例输出跃变到$K_c A$，尔后积分输出随时间线性增长，因此输出特性是一条截距为$K_c A$、斜率为$K_c A / T_i$的直线。在K_c和A确定的情况下，直线的斜

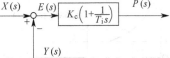

图 3-13　比例积分控制器函数方块图

率取决于积分时间T_i的大小：T_i越大，直线越平坦，说明积分控制作用越弱；反之T_i越小，直线越陡，积分控制作用越强。因此，积分时间T_i是衡量积分作用强弱的一个物理量。T_i

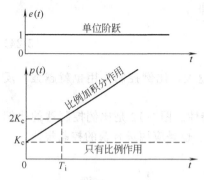

图 3-14　阶跃作用下比例积分
控制器的开环输出特性

的定义（测取）为：在阶跃偏差作用下，控制器的输出达到两倍的比例输出时所经历的时间，就是积分时间 T_i。

另外由图 3-14 还可以看出，只要偏差存在，积分控制作用就一直进行，因此积分控制规律最终能消除控制系统的余差。当偏差为零时，控制器的输出将稳定在输出范围内的任意数值上（控制点）。所以，应用具有积分控制作用的控制器所构成的过程控制系统，控制变量最终将不存有余差，因而又称无差控制系统。

（3）比例积分微分控制规律

① 微分控制规律　理想的微分控制规律数学表达式为

$$p(t) = T_d \frac{de(t)}{dt} \tag{3-26}$$

式中，T_d 为微分时间。

理想微分控制规律是输出信号 $p(t)$ 跟输入信号 $e(t)$ 对时间的导数成正比，如图 3-15 所示。由图 3-15 可见，微分的输出大小与偏差的变化速度有关，而与偏差的存在数值大小无关，偏差为定值时，微分无输出。所以说微分规律具有超前控制作用。

② 比例微分控制规律　理想的比例微分控制规律的数学表达式为

$$p(t) = K_c e(t) + K_c T_d \frac{de(t)}{dt} \tag{3-27}$$

因为理想的比例微分规律在制造上是困难的，所以实际比例微分控制规律的数学表达式为

$$\frac{T_d}{K_d} \times \frac{dp(t)}{dt} + p(t) = K_c e(t) + K_c T_d \frac{de(t)}{dt} \tag{3-28}$$

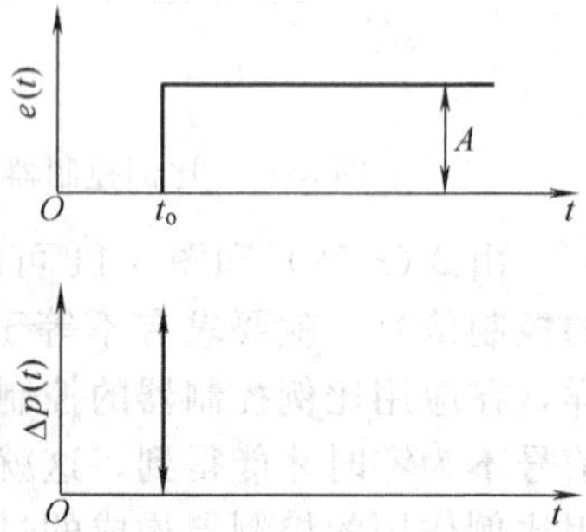

图 3-15　理想微分开环输出特性

式中，K_d 为微分放大倍数（增益）。

微分增益是与具体类型仪表有关的固定常数。当 K_d 较大，T_d/K_d 比值较小时，又可近似处理为理想的比例微分规律式

$$p(t) = K_c e(t) + K_c T_d \frac{de(t)}{dt}$$

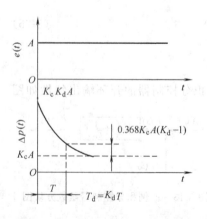

图 3-16　阶跃偏差作用下实际比例
微分的开环输出特性

当幅度为 A 的阶跃偏差信号输入时，实际比例微分控制规律可由式（3-28）求解得

$$p(t) = K_c A + K_c A (K_d - 1) e^{-t/(T_d/K_d)}$$

当 $t = 0+$ 时　　$p(t) = K_c A + K_c A (K_d - 1) = K_c K_d A$

当 $t \to \infty$ 时　　$p(t) = K_c A$

当 $t = T_d/K_d$ 时　$p(t) = K_c A + 0.368 K_c A (K_d - 1)$

因此，实际比例微分控制规律在幅度为 A 的阶跃偏差作用下的开环输出特性，如图3-16所示。微分增益 K_d 越大，微分作用越强；时间常数 T 越大，也反映微分作用越强。所以，微分时间 $T_d = TK_d$。因此微分时间越大，表明微分作用越强。

③ 比例积分微分控制规律　理想的比例、积分、微

分三作用控制器控制规律的数学表达式为

$$p(t) = K_c e(t) + K_c \frac{1}{T_i} \int_0^t e(t) \mathrm{d}t + K_c T_d \frac{\mathrm{d}e(t)}{\mathrm{d}t}$$

其传递函数为

$$G(s) = \frac{P(s)}{E(s)} = K_c \left(1 + \frac{1}{T_i s} + T_d s\right) \tag{3-29}$$

式中，K_c 为比例放大倍数；T_i 为积分时间；T_d 为微分时间。

在幅度为 A 的阶跃偏差作用下，实际三作用控制器的输出信号可看作是比例输出、积分输出和微分输出的叠加，即

$$p(t) = K_c \left[A + \frac{At}{T_i} + A(K_d - 1)\mathrm{e}^{-t/(T_d/K_d)}\right]$$

图 3-17 所示为三作用控制器方块图；图 3-18 所示为在阶跃偏差作用下理想三作用控制器的开环输出特性；图 3-19 所示为实际的三作用控制器开环输出特性。习惯上用 PID 表示比例积分微分控制规律。

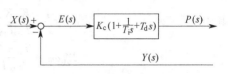

图 3-17　PID 三作用控制器方块图

当有阶跃偏差作用时，微分作用超前动作抑制偏差，同时比例作用动作减小偏差，积分作用最后慢慢地消除偏差。所以，三作用控制器的参数（δ、T_i、T_d）如选择得当，可以充分发挥三种控制规律的优点，而得到较满意的控制质量。

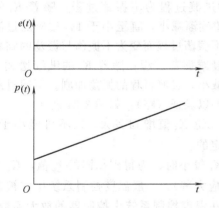

图 3-18　理想 PID 开环输出特性

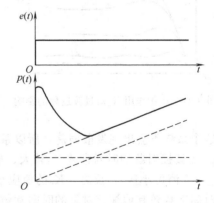

图 3-19　实际 PID 开环输出特性

3.3.2　常规控制器的控制规律对过程控制质量的影响

由上述分析知道了三作用控制器的参数与规律的关系：比例度 δ 越小，比例放大倍数 K_c 越大，表明比例控制作用越强；积分时间 T_i 越小，积分输出的速度越快，表明积分控制作用越强；微分时间 T_d 越大，微分输出保持的就越长，表明微分控制作用越强。下面来分析和讨论控制器的比例度 δ、积分时间 T_i、微分时间 T_d 对过程控制质量的影响，为 PID 三作用控制器在过程控制工程中的参数（δ、T_i、T_d）整定奠定理论基础。

（1）比例控制规律对过程控制质量的影响

仍以图 3-3 蒸汽直接加热器温度控制系统为例，把图 3-4 所示的控制系统方块图改画成定值控制系统（扰动作用下）形式的方块图，如图 3-20 所示。

在扰动作用下 $Z(s)$ 与 $F(s)$ 之间的闭环传递函数为

$$\frac{Z(s)}{F(s)} = \frac{K_f}{T_o T_m s^2 + (T_o + T_m)s + (1 + K_c K_v K_o)} \tag{3-30}$$

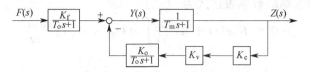

图 3-20　采用比例控制规律时的定值系统方块图

比例控制规律对过程控制质量的影响可以从下面几个方面来讨论。

① 稳定性　控制系统过渡过程的稳定性常用衰减系数 ζ 来衡量。衰减系数 ζ 越大，过渡过程振荡越小，系统就越稳定。对于式(3-30) 所表示的二阶系统，特征方程式是

$$T_o T_m s^2 + (T_o + T_m)s + (1 + K_c K_v K_o) = 0$$

或

$$s^2 + 2\zeta_p \omega_0 s + \omega_0^2 = 0$$

其中

$$\omega_0^2 = \frac{1 + K_c K_v K_o}{T_o T_m}$$

$$2\zeta_p \omega_0 = \frac{T_o + T_m}{T_o T_m}$$

则有

$$\zeta_p = \frac{T_o + T_m}{2\sqrt{T_o T_m (1 + K_c K_v K_o)}} \tag{3-31}$$

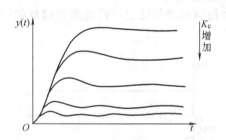

图 3-21　比例作用 K_c 对过渡过程的影响

由式(3-31) 可知系统稳定性与 ζ_p 的关系。

a. 当 K_c 较小时，ζ_p 值较大，并有可能大于 1，这时过渡过程为不振荡过程；随着 K_c 的增加，ζ_p 值逐渐减小，直至小于 1，相应的过渡过程将由不振荡过程而变为不振荡与振荡的临界状况直至衰减振荡过程；随着 K_c 的继续增大，ζ_p 值继续减小，过渡过程的振荡加剧。可通过理论与试验加以验证（略），如图 3-21 所示。

b. 无论 K_c 值增到多大，ζ_p 不可能小于零，因而这个系统不会出现发散振荡，所以系统总是稳定的。

c. 当被控对象的时间常数 T_o 较大、放大系数 K_o 较小时，为得到相同的 ζ_p 值，K_c 可取得大些（δ 值可小些）；反之，K_c 的值应小些（δ 值应大些）。一般温度控制系统中的被控对象其时间常数较其他被控对象的时间常数大，所以在温度控制系统中控制器的放大系数 K_c 一般较其他控制系统大（即 δ 较其他系统小些）。下面这些经验的比例度范围可供参考：压力控制系统 $30\% \sim 70\%$，流量控制系统 $40\% \sim 100\%$，液位控制系统 $20\% \sim 80\%$，温度控制系统 $20\% \sim 60\%$。

② 余差　系统在受到幅值为 A 的阶跃扰动作用后，其余差（稳定值）可应用终值定理求得

$$C = z(\infty) = \lim_{s \to 0} sZ(s)$$

$$= \lim_{s \to 0} s \frac{A}{s} \frac{K_f}{T_o T_m s^2 + (T_o + T_m)s + (1 + K_c K_v K_o)} = \frac{K_f A}{1 + K_c K_v K_o} \tag{3-32}$$

式(3-32) 表明，应用比例控制规律构成的控制系统，被控变量的最终稳定值与设定值之差不为零，即系统有余差。余差随着比例控制作用 K_c 的增大而减小，但是余差不能靠 K_c 的增大而完全消除。为了消除余差，必须引入积分控制作用。

③ 其他质量指标　比例控制规律对其他质量指标的影响，如超调量、最大偏差和上升时间等，可以通过对图 3-21 进行整理，列于表 3-4。

表 3-4 比例作用对过渡过程的影响

放大倍数 K_c 小→大（或比例度 δ 大→小）			
余差 C	大→小	最大偏差 A	大→小
衰减系数 ζ	大→小	超调量 B	小→大
衰减比 n	大→小	上升时间 t_r	大→小
稳定性	逐渐降低	振荡周期 T	大→小

表 3-4 中的结论不仅代表二阶系统，而且也适用于一般控制系统。从表 3-4 中可看出，当 K_c 增大后，除了系统的稳定性下降以外，其他主要质量指标都是变好的趋势。所以在一般情况下（按 4∶1 衰减振荡），在保证系统稳定性的前提下，比例控制规律的比例放大倍数可放得大些。

（2）积分控制规律对过程控制质量的影响

对于图 3-20 所示系统，增加积分控制规律之后，其方块图如图 3-22 所示。此闭环系统的传递函数为：

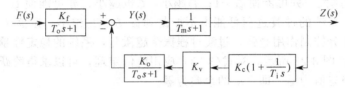

图 3-22 采用比例积分控制规律时的定值系统方块图

$$\frac{Z(s)}{F(s)} = \frac{K_f T_i s}{(T_o s+1)(T_m s+1)T_i s + K_c K_v K_o(T_i s+1)}$$

$$= \frac{K_f s}{T_o T_m s^3 + (T_o+T_m)s^2 + (K_c K_v K_o+1)s + (K_c K_v K_o/T_i)} \tag{3-33}$$

下面仍从几个方面来讨论。

① 稳定性 由式(3-33) 表明，增加积分控制作用后，使原来的二阶系统变为三阶系统。可以给出一组积分时间 T_i 求解出相应的过渡过程，如图 3-23 所示。增加积分控制作用之后，会使系统的稳定性降低。积分作用越强，即积分时间 T_i 越短，振荡过程将加剧，积分作用过强，甚至会使系统成为不稳定的发散振荡过程。

为了能像二阶系统一样用衰减系数 ζ 值的大小来比较系统的稳定性，可对图 3-22 所示

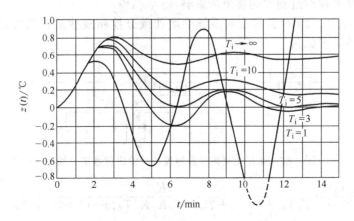

图 3-23 积分时间 T_i 对控制系统过渡过程的影响

的系统进行简化，忽略测量元件的时间常数，则成为如图 3-24 所示的方块图。

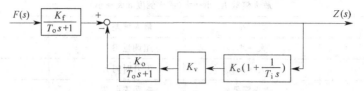

图 3-24　定值控制系统的方块图

该系统的传递函数为

$$\frac{Z(s)}{F(s)}=\frac{K_f T_i s}{T_o T_m s^2+T_i(1+K_c K_v K_o)s+K_c K_v K_o} \tag{3-34}$$

这是二阶系统，其衰减系数为

$$\zeta_i=\frac{1+K_c K_v K_o}{2\sqrt{\dfrac{T_o K_c K_v K_o}{T_i}}} \tag{3-35}$$

显然，T_i 越大，ζ_i 越大，并可能使 $\zeta_i>1$；T_i 越小，ζ_i 也越小，亦可能使 $\zeta_i<1$。这说明当 T_i 由大到小变化时，系统的过渡过程可能由不振荡到振荡，T_i 越小，振荡越加剧。从这个角度也说明了引入积分控制作用越强，过渡过程振荡越激烈，系统的稳定性越差。

② 余差　根据图 3-22 所示，对式(3-33)应用终值定理，可以求得阶跃扰动作用下系统过渡过程的最终稳态值为零，即系统的余差为零。

$$C=z(\infty)=\lim_{s\to 0}sZ(s)$$

$$=\lim_{s\to 0}s\frac{A}{s}\frac{K_f s}{T_o T_m s^3+(T_o+T_m)s^2+(K_c K_v K_o+1)s+(K_c K_v K_o/T_i)}=0 \tag{3-36}$$

所以积分控制作用能消除余差，这是积分控制规律的重要特点。

③ 其他质量指标　可以通过定量解析得知（略），在相同衰减比 n 即稳定性相同的前提下，在比例控制的基础上引入积分控制作用后，最大偏差 A 将加大，上升时间 t_r 延长，振荡周期加长，唯一的优点是余差消除了。究其原因是为了保持与比例控制具有相同衰减比，而牺牲了控制器放大倍数 K_c（K_c 下降，δ 增大）造成其他质量指标变坏。

由于比例积分控制规律除了具有比例和积分两种控制规律的优点之外，比例度 δ 和积分时间 T_i 两个参数还可以在一定的范围内做适当的匹配，以满足控制质量指标的要求，因此比例积分控制规律适用面比较广泛。

（3）微分控制规律对过程控制质量的影响

① 稳定性　在图 3-20 所示的控制系统中增加微分控制规律后，其方块图如图 3-25 所示，系统的闭环传递函数为

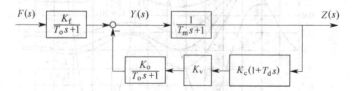

图 3-25　采用比例微分控制规律时的定值系统方块图

$$\frac{Z(s)}{F(s)}=\frac{K_f}{T_o T_m s^2+(T_o+T_m+K_c K_v K_o T_d)s+(1+K_c K_v K_o)} \tag{3-37}$$

这也是个二阶系统，其衰减系数为

$$\zeta_d = \frac{T_o + T_m + K_c K_v K_o T_d}{2\sqrt{T_o T_m(1 + K_c K_v K_o)}}$$ (3-38)

比较式(3-31)与式(3-38)可以看出：两式分母相同，仅是式(3-53)的分子较式(3-31)多了一项 $K_c K_v K_o T_d$。在所研究的稳定系统中，K_c、K_v、K_o、T_d 都为正值，故当 K_c 相同时，$\zeta_d > \zeta_p$，且 T_d 越大，ζ_d 越大。ζ 值的增加，将使系统过渡过程的振荡程度降低（衰减比增大），因而在比例控制规律的基础上增加微分作用就提高了系统的稳定性，这时为了维持原有的衰减比，即与纯比例作用具有相同的衰减系数（使 $\zeta_d = \zeta_p$），须将比例放大倍数 K_c 适当增加，即将比例度 δ 适当减小。由于 δ 的减小，使系统的最大偏差 A 减小，余差 C 减小，振荡周期缩短，将使过渡过程的质量指标全部提高。所以，引入微分控制规律是有好处的。但微分作用又不能加得太大，如果微分时间 T_d 太长，超前控制作用就太强，会引起被控变量大幅度的振荡，这是不利的，应予以注意。

② 余差　对于图3-25的系统，可对式(3-37)应用终值定理，求得在阶跃扰动作用下的余差为

$$C = z(\infty) = \lim_{s \to 0} s Z(s)$$
$$= \lim_{s \to 0} s \frac{A}{s} \frac{K_f}{T_o T_m s^2 + (T_o + T_m + K_c K_v K_o T_d)s + (1 + K_c K_v K_o)}$$
$$= \frac{K_f A}{1 + K_c K_v K_o}$$ (3-39)

可见系统仍有余差。但如上所述，在同样的稳定性情况下，引入微分控制规律，可使 K_c 值比纯比例控制规律时的 K_c 值适当增大，所以余差也比纯比例作用时为小。

(4) 比例积分微分控制规律对过程控制质量的影响

将理想的比例积分微分三作用控制器应用于图3-20所示的控制系统中，方块图如图3-26所示，系统的闭环传递函数为：

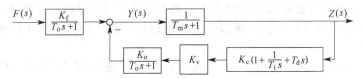

图3-26　采用PID三作用时的定值系统方块图

$$\frac{Z(s)}{F(s)} = \frac{K_f T_i s}{T_o T_m T_i s^3 + T_i(T_o + T_m + K_c K_v K_o T_d)s^2 + T_i(K_c K_v K_o + 1)s + K_c K_v K_o}$$ (3-40)

为了更进一步地理解PID控制规律对系统质量的影响，可以对图3-3所示的蒸汽直接加热器温度控制系统分别绘出采用比例、比例积分、比例积分微分控制规律时的过渡过程曲线，如图3-27所示。

图中三条曲线分别代表着比例控制、比例积分控制、比例积分微分控制的过渡过程曲线。比例控制时 $\delta = 20\%$，衰减比 $n = 6.35$；比例积分控制时 $\delta = 32\%$，$T_i = 5min$，衰减比 $n = 6.05$；比例积分微分控制时 $\delta = 10\%$，$T_i = 5min$，$T_d = 0.2min$，衰减比 $n = 6.7$。三条曲线的衰减比很接近，稳定程度相近。因此通过比较看出，在比例积分控制规律的基础上增加微分规律后，系统的质量可以全面得到提高，即最大偏差减小，振荡周期缩短；而且由于有积分控制规律，系统的余差也将消除。

PID控制规律综合了P、I、D三种控制规律的优点，具有较好的控制性能，在过程控制工程中应用广泛，且将 δ、T_i、T_d 三参数进行最佳匹配（整定），一般情况下都能够满足控制系统质量指标的要求。

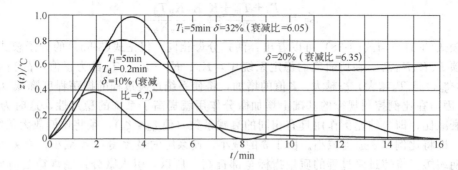

图 3-27　P、PI、PID 三种控制规律时的过渡过程

小　结

（1）主要内容

利用解微分方程求取控制系统输出（被控变量）的时间特性（过渡过程）或时间响应以分析系统性能的方法称为系统的微分方程分析法（又称时域分析法）。

① 微分方程分析法的步骤：

a. 建立过程控制系统的数学模型（微分方程式或传递函数）；

b. 求系统在阶跃输入信号作用下的解（被控变量的过渡过程或阶跃响应）；

c. 把过渡过程解析式绘成曲线即过渡过程曲线（阶跃响应曲线）；

d. 根据曲线评定过程控制系统的质量指标。

② 稳定性是任何控制系统必须具备的基本性能。在时域分析中，系统稳定的必要充分条件是：系统闭环传递函数的所有极点均具有负实部；或系统微分方程式的所有特征根都分布在 s 平面的左半平面上。对于二阶系统则须 $\zeta > 0$，系统才是稳定的。

在根平面上，闭环特征根离虚轴的水平距离大小代表着系统的稳定裕度 δ_1。

③ 控制器（输出信号）产生控制信号的作用称作控制作用，控制作用所遵循的数学规律称为控制规律。

a. 比例（P）控制规律的输出 $p(t)$ 与输入偏差 $e(t)$ 成比例 K_c 关系。K_c 越大，比例控制作用越强。

在控制仪表中控制器是用比例度 δ 来代表比例控制作用的强弱。比例度 δ 是控制器输入与输出的比例范围：使输出信号做全范围的变化，输入信号必须改变全量程的百分之几。在单元组合仪表中，δ 与 K_c 互成倒数，即 $\delta = \dfrac{1}{K_c} \times 100\%$。因此，控制器的 δ 越小（K_c 越大），比例控制作用越强。比例控制作用是基本控制作用。

b. 比例积分（PI）控制规律的输出 $p(t)$ 是由比例部分和积分部分两项构成。积分项输出是与偏差随时间的累积成正比；积分时间 T_i 越短，积分输出的积累越快（积分速度越快），表明积分控制作用越强。

c. 比例积分微分（PID）控制规律的输出 $p(t)$ 是由比例部分、积分部分和微分部分三项构成。微分项输出是与偏差的变化率（一阶导数）成正比；微分时间 T_d 越长，微分输出保持越长（微分输出衰减速度慢），表明微分控制作用越强。

④ 比例控制作用及时，是 PID 三作用控制器的基本控制规律。比例控制作用增强（K_c 增大或 δ 减小），对系统的稳定性有所不利，对系统的准确性和迅速性等质量指标还是有利的。

积分控制作用可以减小或消除系统的余差，对提高系统的准确性（控制精度）是有利的。但是，积分控制作用会使系统的稳定性下降，迅速性变差，除余差外对其他质量指标是不利的。因此，在保持稳定指标的前提下，T_i要放得大些，K_c要放得小些。

微分控制作用具有超前控制特性，对提高系统的稳定性、迅速性及准确性的质量指标都是有利的。另外，注意不要使得微分控制作用太强。

比例积分微分（PID）三作用控制器在过程控制工程中应用广泛，三种控制作用的δ、T_i、T_d三个参数根据不同的被控对象所构成的过程控制系统，进行最佳匹配（参数整定），以满足系统质量指标的要求。

（2）基本要求

① 掌握过程控制系统微分方程分析方法，包括系统模型建立、时间响应的求取、曲线的绘制和质量指标的计算评定。

② 掌握微分方程解的结构形式即传递函数极点与瞬态分量的对应关系、输入信号与稳态分量的对应关系。

③ 了解过程控制系统的稳定性和稳定裕度的概念。

④ 掌握过程控制仪表中控制器的比例（P）、比例积分（PI）、比例微分（PD）和比例积分微分（PID）的控制规律；掌握比例度δ、积分时间T_i和微分时间T_d对过程控制系统质量是如何影响的。

例题和解答

【例题】 有一温度控制系统方块图如图 3-28 所示。已知：$T_o=5min$，$T_m=2.5min$，$K_v=1.5$（kg/min）/mA，$K_o=5.4℃/$（kg/min），$K_f=0.8$，设定值 $x(t)=80℃$。设阶跃扰动 $f(t)=10℃$，试分析：

① 控制器为比例控制，其比例度分别为$\delta=10\%$、20%、50%、100%、200%时，系统的过渡过程；

② 控制器为比例积分控制，其比例度$\delta=20\%$，积分时间分别为$T_i=1min$、$3min$、$5min$、$10min$时，系统的过渡过程；

③ 控制器为比例积分微分控制，其比例度$\delta=10\%$，积分时间$T_i=5min$，微分时间$T_d=0.2min$时，系统的过渡过程。

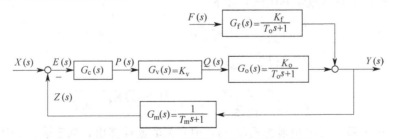

图 3-28 例题 3-1 所示温度控制系统方块图

解 该系统在扰动作用下（定值）的闭环传递函数为

$$\frac{Z(s)}{F(s)}=\frac{K_f}{T_o T_m s^2+(T_o+T_m)s+(1+K_c K_v K_o)} \tag{3-41}$$

① 根据比例度的定义式(3-23)求得对应δ的K_c值

$$K_c=\frac{1}{\delta}\frac{p_{max}-p_{min}}{z_{max}-z_{min}} \text{（mA/℃）}$$

式中

$$p_{max}-p_{min}=20-4=16 \text{（mA）}$$

$$z_{max}-z_{min}=100-50=50 \text{（℃）}$$

由此计算出对应的 K_c 值如表 3-5 所示。

表 3-5 不同 δ 对应的 K_c 值

δ	10%	20%	50%	100%	200%
$K_c/(\text{mA/℃})$	3.2	1.6	0.64	0.32	0.16

将 $\delta=10\%$ 对应的 $K_c=3.2$ 和已知数据代入式(3-41) 得

$$Z(s)=\frac{10}{s}\times\frac{0.8}{12.5s^2+7.5s+26.92}=\frac{0.64}{s(s^2+0.6s+2.154)} \tag{3-42}$$

查附录 1 拉氏变换表第 28 栏得

$$\mathscr{L}^{-1}\left\{\frac{1}{s[(s+\alpha)^2+\beta^2]}\right\}=\frac{1}{\alpha^2+\beta^2}-\frac{1}{\beta\sqrt{\alpha^2+\beta^2}}e^{-\alpha t}\sin(\beta t+\varphi) \tag{3-43}$$

其中

$$\varphi=\arctan\frac{\beta}{\alpha}$$

因为式(3-42) 中

$$s^2+0.6s+2.154=(s+0.3)^2+1.435^2$$

所以

$$\alpha=0.3,\ \beta=1.435$$

$$\frac{1}{\alpha^2+\beta^2}=\frac{1}{0.3^2+1.435^2}=0.465$$

$$\frac{1}{\beta\sqrt{\alpha^2+\beta^2}}=\frac{1}{1.435\sqrt{0.3^2+1.435^2}}=0.475$$

$$\varphi=\arctan\frac{\beta}{\alpha}=\arctan\frac{1.435}{0.3}=78.2°$$

因此，$\delta=10\%$（$K_c=3.2$）时系统的过渡过程为

$$z(t)=\mathscr{L}^{-1}[Z(s)]=0.64[0.465-0.475e^{-0.3t}\sin(1.435t+78.2°)]$$
$$=0.298-0.304e^{-0.3t}\sin(1.435t+78.2°) \tag{3-44}$$

从式(3-41)～式(3-43) 可以看出，K_c 只影响 $Z(s)$ 的 $(1+K_cK_vK_o)$ 项，而与其他各项的系数无关。为了较快求得其他比例度对应的系统过渡过程，现分析知道：α 与 K_c 无关，β 与 K_c 有关，而且关系（数学归纳法）如下

因为

$$\frac{1+K_cK_vK_o}{T_oT_m}=\alpha^2+\beta^2$$

即

$$\frac{1+8.1K_c}{12.5}=\alpha^2+\beta^2$$

所以

$$\beta=\sqrt{\frac{1+8.1K_c}{12.5}-\alpha^2}=\sqrt{\frac{1+8.1K_c}{12.5}-0.3^2} \tag{3-45}$$

根据式(3-45) 的关系，可较快地将式(3-43) 中有关数据计算出，列于表 3-6 中。

根据表 3-6 和式(3-43)，可较快地写出对应于不同比例度 δ 值时的过渡过程，现列于表 3-7 中。

表 3-6 不同 δ 值对应的有关数据

$\delta/\%$	K_c	$\alpha^2+\beta^2$	α	β	$1/(\alpha^2+\beta^2)$	$1/(\beta\sqrt{\alpha^2+\beta^2})$	β/α	$\varphi=\arctan(\beta/\alpha)$
10	3.2	2.15	0.30	1.435	0.465	0.475	4.78	78.2°
20	1.6	1.117	0.30	1.013	0.895	0.935	3.38	73.5°
50	0.64	0.495	0.30	0.636	2.02	2.24	2.12	64.8°
100	0.32	0.287	0.30	0.445	3.48	4.18	1.49	56.2°
200	0.16	0.184	0.30	0.306	5.45	7.62	1.02	45.2°

表 3-7 不同 δ 值对应的过渡过程

$\delta/\%$	K_c	$z(t)$
10	3.2	$z(t)=0.298-0.304e^{-0.3t}\sin(1.435t+78.2°)$
20	1.6	$z(t)=0.573-0.598e^{-0.3t}\sin(1.013t+73.5°)$
50	0.64	$z(t)=1.293-1.434e^{-0.3t}\sin(0.636t+64.8°)$
100	0.32	$z(t)=2.227-2.675e^{-0.3t}\sin(0.445t+56.2°)$
200	0.16	$z(t)=3.488-4.877e^{-0.3t}\sin(0.306t+45.2°)$

将表 3-7 所示的各 $z(t)$ 绘成相应的过渡过程曲线，如图 3-29 所示。可以看出，在满足衰减比（4∶1）时，该温度控制系统在采用比例控制其比例度 $\delta=20\%$ 左右时质量最为理想。

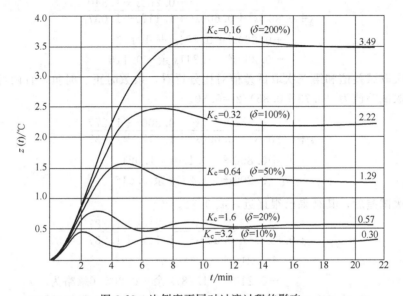

图 3-29 比例度不同对过渡过程的影响

② 将比例积分控制器的传递函数代入方块图图 3-28 中，求得闭环传递函数为

$$\frac{Z(s)}{F(s)}=\frac{K_f T_i s}{T_i s(T_o s+1)(T_m s+1)+K_c K_v K_0(T_i s+1)}$$

系统输出的拉氏变换式为

$$Z(s)=\frac{K_f s F(s)}{T_0 T_m s^3+(T_0+T_m)s^2+(K_c K_v K_o+1)s+\left(\dfrac{K_c K_v K_o}{T_i}\right)} \tag{3-46}$$

将 $\delta=20\%$（$K_c=1.6$）及 $F(s)=10/s$ 和其他已知数据代入式(3-46)得

$$Z(s)=\frac{8}{12.5s^3+7.5s^2+13.96s+\left(\dfrac{12.96}{T_i}\right)}=\frac{0.64}{s^3+0.600s^2+1.117+\left(\dfrac{1.037}{T_i}\right)} \tag{3-47}$$

由式(3-47)可见，$Z(s)$ 的分母令其等于零后是一个三次代数方程式。现将 $T_i=1\text{min}$ 代入上式，用求根试差法，又称为分离系数除法（即综合除法）求方程式的根。代数方程式为

$$s^3+0.600s^2+1.117s+1.037=0 \tag{3-48}$$

因为奇次方程必有一个实根可先求出。为了避免盲目性，先试用方程式最后两项的系数之比为根，即 $1.037/1.117=0.93$ 来进行综合除法。

$$\begin{array}{r}
s^2-0.33s+1.424 \\
s+0.93{\overline{\smash{\big)}\,s^3+0.600s^2+1.117s+1.037}} \\
+0.930s^2-0.307s+1.324 \\
-0.330s^2\quad 1.424s\quad 余-0.287
\end{array}$$

经第一次试差后，余数为负值，在第二次试差时取 $1.037/1.424=0.73$。

$$\begin{array}{r}
s^2-0.130s+1.212 \\
s+0.73{\overline{\smash{\big)}\,s^3+0.600s^2+1.117s+1.037}} \\
+0.730s^2-0.095s+0.885 \\
-0.130s^2\ 1.212s\ 余\ 0.152
\end{array}$$

经第二次试差后，余数为正值，在第三次试差时取 $1.037/1.212=0.86$。

$$\begin{array}{r}
s^2-0.260s+1.340 \\
s+0.86{\overline{\smash{\big)}\,s^3+0.600s^2+1.117s+1.037}} \\
+0.860s^2-0.224s+1.153 \\
-0.260s^2\quad 1.341s\ 余-0.116
\end{array}$$

从第二次取试差值和第三次取试差值对比分析看，余数时正、时负，且两者相接近，所以在第四次取试差值为 $(0.73+0.86)/2=0.80$。

$$\begin{array}{r}
s^2-0.200s+1.277 \\
s+0.80{\overline{\smash{\big)}\,s^3+0.600s^2+1.117s+1.037}} \\
+0.800s^2-0.160s+1.021 \\
-0.200s^2\quad 1.277s\ 余\ 0.016
\end{array}$$

经第四次试差后，其结果已很接近，取 0.81。

$$\begin{array}{r}
s^2-0.210s+1.287 \\
s+0.81{\overline{\smash{\big)}\,s^3+0.600s^2+1.117s+1.037}} \\
+0.810s^2-0.170s+1.042 \\
-0.210s^2\quad 1.287s\ 余-0.005\ （忽略为零）
\end{array}$$

这样 $s=-0.81$ 是三次方程式(3-48) 的一个实根，因此该方程便可写为

$$s^3+0.600s^2+1.117s+1.037=(s+0.81)(s^2-0.21s+1.287)$$
$$=(s+0.81)[(s-0.105)^2+1.13^2]=0$$

查附录 1 拉氏变换表第 29 栏得

$$\mathcal{L}^{-1}\left\{\frac{1}{(s+\gamma)[(s+\alpha)^2+\beta^2]}\right\}=\frac{\mathrm{e}^{-\gamma t}}{(\gamma-\alpha)^2-\beta^2}+\frac{\mathrm{e}^{-\alpha t}\sin(\beta t-\varphi)}{\beta\sqrt{(\gamma-\alpha)^2+\beta^2}}$$

其中
$$\varphi=\arctan\frac{\beta}{\gamma-\alpha} \tag{3-49}$$

现将 $T_i=1\mathrm{min}$、$3\mathrm{min}$、$5\mathrm{min}$、$10\mathrm{min}$ 数据代入式(3-47)，用上述方法计算出式(3-49) 有关数据列于表 3-8 中。

表 3-8 不同 T_i 值对应的有关数据

T_i/min	γ	α	β	$1/[(\gamma-\alpha)^2+\beta^2]$	$1/(\gamma-\alpha)$	$\dfrac{1}{\beta\sqrt{(\gamma-\alpha)^2+\beta^2}}$	$\varphi=\arctan[\beta/(\gamma-\alpha)]$
1	0.81	−0.105	1.13	0.473	1.23	0.608	51°
3	0.336	0.132	1.02	0.925	5.00	0.945	78.5°
5	0.20	0.20	1.00	1.00	∞	1.00	90°
10	0.10	0.25	1.00	0.977	−6.16	0.987	98.5°

　　根据表 3-8 和式 (3-49) 可得到比例积分控制器其比例度 $\delta=20\%$，积分时间为 4 种不同情况下系统的过渡过程，现列于表 3-9 中。

表 3-9　不同 T_i 值对应的过渡过程

δ	T_i/min	$z(t)$
20% $(K_c=1.6)$	1	$z(t)=0.303e^{-0.810t}+0.389e^{0.105t}\sin(1.13t-51°)$
	3	$z(t)=0.614e^{-0.336t}+0.627e^{-0.132t}\sin(1.02t-78.5°)$
	5	$z(t)=0.640e^{-0.20t}+0.640e^{-0.20t}\sin(t-90°)$
	10	$z(t)=0.625e^{-0.10t}-0.632e^{-0.25t}\sin(t+98.5°)$

　　将表 3-9 所示的各 $z(t)$ 绘成相应的过渡过程曲线，如图 3-30 所示，为便于比较，把无积分作用（即纯比例作用，$T_i\to\infty$）时的过渡过程也绘于图中。可以看出，在比例控制的基础上，增加积分控制作用后，唯一的优点可以消除余差，但其他指标如最大偏差加大，上升时间延长，振荡周期加长，系统稳定性下降，在积分作用太强后系统甚至成为不稳定的发散振荡过程。

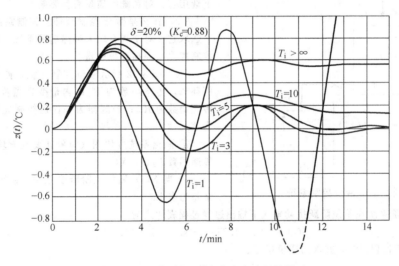

图 3-30　积分时间不同对过渡过程的影响

　　③ 将比例积分微分控制器的传递函数代入方块图图 3-28 中，求得闭环传递函数为

$$\frac{Z(s)}{F(s)}=\frac{K_f T_i s}{T_o T_m T_i s^3+T_i(T_o+T_m+K_c K_v K_o T_d)s^2+T_i(1+K_c K_v K_o)s+K_c K_v K_o} \tag{3-50}$$

　　将 $\delta=10\%$（$K_c=3.2$），$T_i=5\text{min}$，$T_d=0.2\text{min}$ 及 $F(s)=10/s$ 和其他已知数据代入式 (3-50) 得

$$Z(s)=\frac{8\times5}{(12.5s^3+12.6s^2+26.9s+5.18)\times5}=\frac{0.64}{s^3+1.01s^2+2.15s+0.415} \tag{3-51}$$

其过渡过程为

$$z(t)=\mathscr{L}^{-1}[Z(s)]=0.345e^{-0.2t}+0.348e^{-0.4t}\sin(1.35t-82°) \tag{3-52}$$

　　为便于比较分析，现将比例控制器 $\delta=20\%$；比例积分控制器 $\delta=32\%$、$T_i=5\text{min}$；比例积分微分控制器 $\delta=10\%$、$T_i=5\text{min}$、$T_d=0.2\text{min}$ 三种情况下的过渡过程曲线绘于图 3-31 中。可以看出，在比例积分的基础上增加微分控制作用后，系统的质量全面得到提高。PID 三作用控制器具有较好的控制性能，δ、T_i 和 T_d 三参数可供选择匹配，适用范围广，在温度控制系统中得到广泛的应用。

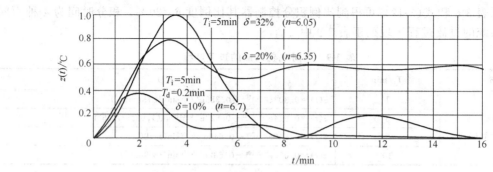

图 3-31　三种控制规律下的过渡过程曲线

思考题与习题

3-1　用微分方程分析方法，求解过渡过程及其分析质量指标的步骤是什么？

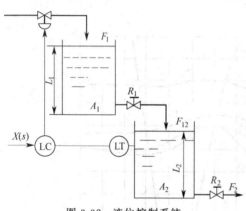

图 3-32　液位控制系统

3-2　什么是积分控制规律？控制系统在什么情况下选用它？对系统的质量有何影响？

3-3　什么是微分控制规律？控制系统在什么情况下选取它？对于具有较大纯滞后的系统，能否选用微分控制规律来提高系统质量？

3-4　图 3-32 所示液位控制系统，控制阀近似为比例环节，传递函数为 K_v；测量变送器亦为比例环节，传递函数为 K_m；控制器为纯比例控制规律，放大系数为 K_c。

① 画出系统方块图（对象亦要画方块图），并求出传递函数 $L_2(s)/X(s)$；

② 当 $X(s)$ 做单位阶跃变化时，系统是否有余差？余差为多少？

3-5　设二阶系统在单位阶跃扰动输入下输出过渡过程表达式为

$$y(t) = 10[1 - 1.25e^{-1.2t}\sin(1.6t + 53.1°)]$$

试绘出过渡过程曲线，并求出质量指标。

第二篇　过程控制技术工程应用部分

4　单回路控制系统

随着石油、化工、冶金、电力等工业现代化、信息化的迅速发展，对工业生产过程自动化控制技术不断提出新的要求，所以工业生产自动化、信息化水平也日益提高，过程控制系统的应用也越来越多。但是不管怎样高度自动化的工厂，单回路控制系统在工业生产过程中占有相当大的比例（占80％以上），它是工业生产过程控制中应用最广泛的一种控制系统，因此可以把它看成是过程控制技术学习的核心。

单回路控制系统也是构成其他类型控制系统如串级、比值、前馈、均匀、分程等控制系统的基础，学会与掌握了单回路控制系统的操作应用、系统分析与设计、工程实施等应用，将会给后继其他类型控制系统的学习打下坚实的基础。在本章中，将要介绍单回路控制系统的基本结构、系统的运行调试、方案设计、工程实施应用中的基础内容。

4.1　单回路控制系统的结构组成及工作原理

单回路控制系统是一种结构相对简单的控制系统，也称为简单控制系统。它是由一个被控对象、一个测量元件与变送器、一个控制器和一个执行器（控制阀）所组成的闭环负反馈控制系统。单回路控制系统中所研究的问题，在其他类型的控制系统也基本适用。

4.1.1　单回路控制系统的结构组成

图 4-1 所示的热交换器的温度控制系统就是一个典型的单回路控制系统。该控制系统的基本结构组成是：被控对象是一个换热器，测量部分是一个温度测量及变送器（图 4-1 中用 TT 表示），一个控制器（图 4-1 中用 TC 表示），执行器环节是一个控制阀。该控制系统的控制目标是：控制某工业生产工艺过程的一个换热器设备中冷流体被加热后成为热流体输出的物料温度的大小，控制方法是通过操纵载热体的流量变化来克服干扰的影响，保持被控变量（热流体温度），满足工艺要求。

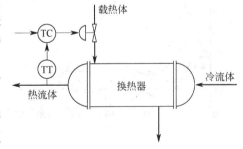

图 4-1　单回路温度控制系统

4.1.2　单回路控制系统的工作原理

从单回路控制系统的方块图看，单回路控制系统基本结构只是一个负反馈闭环回路，如图 4-2 所示。它也是一个定值控制系统，当换热器在运行过程中受到干扰的影响下，如冷流体流量的变化、入口温度的变化等，这时其出口物料的热流体的温度（被控变量）就会变化，通过测量变送器的测量值输入至控制器与设定值比较后的偏差值不为零，这时控制器根据偏差值的大小和控制规律运算，输出一个控制信号至控制阀，通过适当改变载热体（操纵变量）的流量来克服干扰对被控变量（热流体温度）的影响，让测量值等于设定值，控制系统稳定，换热器的物料出口热液体的温度保持在工艺要求之内。

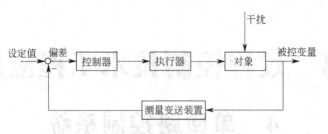

图 4-2　单回路控制系统的方块图

单回路控制系统根据被控变量的类型不同，可分为温度控制系统、压力控制系统、流量控制系统、液位控制系统等。虽然这些控制系统的名称不同，但是它们的基本结构是相同的，它们都可以用相同的方块图来进行描述与分析其工作过程，这就便于对它们的共性进行分析并应用。

单回路控制系统的特点是：系统结构比较简单，所需的自动化仪表等自动化装置少，投资比较少，系统调试较简单，操作维护也较方便，而且一般情况下能满足大多数工艺生产中对控制质量的要求。因此，单回路控制系统在工业生产过程中获得了广泛应用。

4.2　单回路控制系统的运行与调试方法

4.2.1　控制器 PID 控制规律与正反作用的选择方法

4.2.1.1　控制器控制规律的选择方法

在单回路控制系统中，对于控制器控制规律的可以有多种，如纯比例控制规律、比例积分控制规律、比例微分控制规律、比例积分微分控制规律等。为了提高控制系统的运行可靠性和控制质量，我们在选择控制器的控制规律时，首先应从工艺设备的操作机理入手，根据被控对象的特性、生产负荷变化的特征、控制系统运行时的主要扰动和系统控制要求等具体情况分析，同时还应考虑系统的经济性以及系统投运、调试的可行性等。

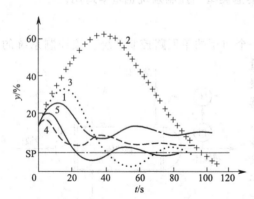

图 4-3　各种控制规律对应的响应过程
1—比例控制；2—积分控制；3—比例积分控制；
4—比例微分控制；5—比例积分微分控制

图 4-3 所示为同一结构组成的单回路控制系统中，在相同的阶跃扰动影响下，控制器采用不同组合的控制规律后，通过试验获得的过渡过程响应曲线。图 4-3 中各过渡过程响应曲线的衰减比 n 相等，我们可以用前面学过的有关过程控制系统质量指标去评判它们的控制质量优劣。显然，采用 PID 三作用时的控制效果（曲线 5）最佳，曲线最终稳定在设定值 SP 上。但这并不意味着在任何情况下采用 PID 三作用控制都是合理的，因为三作用控制器有比例度 δ、积分时间 T_i、微分时间 T_d 三个参数需要整定，如果这些参数设置不合适，控制器的控制规律不仅不能发挥各种控制动作应有的良好作用而保证控制质量，反而适得其反。

通常，在单回路控制系统中选择控制器控制规律的原则可归纳为以下几点。

① 广义对象控制通道时间常数较大或容量迟延较大时，应引入微分作用。如工艺要求允许有余差，可选比例微分控制规律；如工艺要求被控变量精确无余差时，则选用比例积

分微分控制规律。例如温度控制系统、成分、pH 值控制系统等。对于滞后很小或噪声较严重的控制系统，应避免引入微分作用，否则会由于被控变量的快速变化引起控制作用的操纵变量频繁变化，严重时会导致控制系统不稳定而无法实现自动控制。

② 当广义对象控制通道时间常数较小、负荷变化也不大、而工艺要求被控变量精确无余差时，可选择比例积分控制规律。例如管道压力控制系统和流量控制系统。

③ 当广义对象控制通道时间数较小，生产负荷变化较小，工艺要求控制精度不高时，可选择比例控制规律，例如储罐压力控制系统、液位的控制系统和不太重要的蒸汽压力的控制系统等。

④ 如广义对象控制通道时间常数或容量迟延很大，生产负荷变化亦很大时，当单回路控制系统已不能满足工艺要求的控制质量时，应把控制系统设计为控制能力更强更精确的串级控制系统。

⑤ 如果被控对象传递函数可用 $G_0(s)=\dfrac{K}{Ts+1}\mathrm{e}^{-\tau s}$ 近似，则可根据对象的可控比选控制器的动作规律。当 $\tau/T<0.2$ 时，选择比例或比例积分动作；当 $0.2<\tau/T\leqslant1.0$ 时，选择比例微分或比例积分微分动作；当 $\tau/T>1.0$ 时，采用单回路控制系统往往不能满足控制要求，应选用如串级控制系统、前馈-反馈控制系统等有针对性的控制系统结构，这些结构更复杂的控制系统结构设计复杂，控制能力更强。

目前我国自动化仪表公司生产的模拟式和数字式控制器一般都同时具有比例、积分、微分三种作用。只要将其中的微分时间 T_d 置于 0，就成了比例积分控制器；如果再将积分时间 T_i 置于为最大值，便成了比例控制器；控制规律的选择十分方便。同样在如 DCS、PLC 等计算机控制系统中选择控制规律也是十分方便的。

4.2.1.2　控制器正反作用的选择方法分析

在单回路控制系统中，控制器正反作用确定原则是：控制器正反作用形式取决于被控对象正反作用、控制阀的正反作用、测量变送器的正反作用。单回路控制系统各环节的正反作用可用各环节特性的静态放大系数 K 的符号表示。如图 4-2 所示，单回路控制系统要能够正常工作，则组成系统各个环节的静态放大系数相"与"必须为负极性（即 $K_m K_0 K_v K_c<0$），即形成控制系统的负反馈回路。

单回路控制系统各环节放大系数符号的确定方法如下。

① 被控对象的正负作用的确定方法

a. 正作用被控对象：对象的输入量（操纵变量）增加（或减少），其输出量（被控变量）亦增加（或减少），$K_0>0$。见图 4-2。

b. 负作用被控对象：对象的输入量（操纵变量）增加（或减少），其输出量（被控变量）亦减少（或增加），$K_0<0$。

② 控制阀正负作用的确定方法

a. 控制阀正作用：控制阀是气（电）开型，$K_v>0$。

b. 控制阀负作用：控制阀是气（电）关型，$K_v<0$。

③ 控制器的正反作用的确定方法

a. 控制器正作用：控制器测量值增加（或减少），其输出值亦增加（或减少），$K_c>0$。

b. 控制器反作用：控制器测量值增加（或减少），其输出值减少（或增加），$K_c<0$。

④ 变送器的作用的确定方法　测量变送器的静态放大系数通常为正，即 $K_m>0$，测量变送器是正作用。

单回路控制系统各环节放大系数符号的确定方法可以找出一个便于记忆的规律是：当输入量增加时，输出量也随着增加的环节，其放大系数为正极性；当输入量减少时，输出量随着减少的环节，其放大系数为负极性。

4.2.1.3 控制器正反作用的确定步骤

根据单回路控制系统一定是一个负反馈系统的原则（$K_mK_oK_vK_c<0$），控制器的放大系数 K_c 的符号决定控制器的正、反作用。其确定步骤如下。

① 首先选择控制阀的气（电）开、气（电）关形式，确定 K_v 的符号；

② 再根据被控对象的正反作用，确定 K_o 的符号；

③ 最后，根据确定原则确定 $K_mK_oK_vK_c<0$ 时 K_c 的符号，即确定了控制器的正、反作用形式。

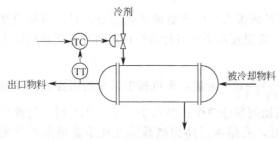

图 4-4　换热器温度控制

【例 4-1】 图 4-4 所示为系统中控制阀根据工艺操作的要求选择气开形式，试确定控制器的正、反作用（图 4-4 为一冷却器出口物料温度控制系统，要求物料温度不能太低，否则容易结晶）。

解 ① 首先分析被控对象的正反作用，当冷剂流量增大时，被冷却物料出口温度是下降的，故该对象为"－"作用方向的；而气开阀是"＋"作用方向的，温度测量与变送器也是"＋"作用。

② 控制器正反作用的确定：为使整个系统能起负反馈作用，系统中各环节相"与"应用为"－"，即 $K_mK_oK_vK_c<0$，故该系统中控制器应选"＋"作用的。

③ 验证：当换热器受到干扰的影响物料出口温度增加时，测量值随之增加，控制器的输出也增加，使控制阀开大，增加冷剂流量，从而自动地使出口温度下降，起到负反馈的作用。

以上这种确定控制器正、反作用的方法称为"符号法"。用"符号法"确定的是否准确，可以用分析单回路控制系统的工作过程的方法来检验。如果单回路控制系统的控制作用过程能克服干扰的影响，则说明控制器正反作用的选择是对了，否则是选择错了。

4.2.2 单回路控制系统的运行

单回路控制系统是由自动化装置和工艺设备两大部分组成，控制系统的自动化装置运行首先用于工艺设备的运行。不论是自动化装置新建成或改建完成，或在自动化装置全面检修之后，对工业生产过程的每个控制系统，在开车前必须做好下列检查工作。

① 检测元件、变送器、控制器、显示仪表、控制阀等必须通过校验，保证精确度要求。作为系统维护情况检查，还可以对自动化仪表进行一些现场校验。

② 自动化仪表等装置的各种接线和导管必须经过检查，保证连接正确，例如，孔板的上下游引压导管要与差压变送器的正负压室输入端极性一致，热电偶的正负端与相应的补偿导线正负极连接，并与温度变送器的正负输入端极性一致等。除了极性不得接反以外，对号位置都不应接错。现场压力（差）仪表的引压导管、阀门、管件等和气动导管必须畅通，保证在工作过程中间也不得堵塞、泄漏。

③ 对流量测量中采用隔离液的系统，要在清洗好引压导管以后，灌入隔离液（封液）。

④ 控制器能否正确工作，要进行检查。对控制的工作状态（手动或自动）、对正反作用、内外给定等开关要设置在正确位置。

⑤ 控制阀与阀门定位器能否正确工作，也须检查。旁路阀及上下游截断阀应该关闭或打开，要搞正确。

⑥ 进行控制系统联校，要保证各个环节能够组成一个合适的反馈控制系统。例如，在

变送器的输入端施加信号,观测显示仪表和控制器是否正常工作,再观察控制阀是否正确动作。采用 DCS、PLC 等计算机控制系统时,操作情况与采用常规自动化仪表控制器时的相似。

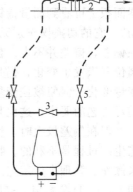

配合工艺开车的过程,控制系统各组成部分的投运次序一般如下。

(1) 现场检测仪表投入运行

温度、压力等检测仪表的投运比较简单,开表方便。而对采用差压变送器的流量或液位仪表,仪表信号引出端的根部阀和差压变送器侧的平衡阀组,应按如下顺序开启(参看图 4-5):

① 打开根部阀 1、2;

② 平衡阀 3 原来是开着的,引压阀 4 和 5 是关着的,打开正压室引压管的阀门 4,使变送器内膜片两侧受到相同的静压;

③ 关闭平衡阀 3,然后再开阀门 5。

图 4-5 差压变送器的连接阀及管路

这样做能保证变送器不会受到突然的压力冲击,差压变送器的测量膜片不会单向受压,既保证了仪表不被损坏,又保证了引压管隔离液不被冲走。

(2) 手动遥控阀门

手动遥控阀门实际上是在控制室中的人工操作。是操作人员在控制室中,根据显示仪表显示被控变量的情况,直接调节控制阀开度的一种操作,由于操作人员可脱离现场,用自动化仪表或计算机系统进行操作,所以手动遥控很受人们的欢迎,在一些比较稳定的装置上,手动遥控控制阀门开度操作工艺生产的应用也较常见。

过去有人认为宜先用手动操作开启旁路阀,然后转入控制阀手动遥控。实际上完全可以一开始就进行手动遥控控制阀,这样操作要方便得多。在控制室操作的过程中,可以方便地了解控制阀在正常工况下的开度。

自动化仪表组成的单回路控制系统的手动遥控控制阀和控制器的手动、自动切换操作都是在控制器面板上进行的。如图 4-6 所示,将手、自动切换开关置于软手操 M 位置(或者硬手操 H 位置),用手操增加键(或减少键)改变手动输出电流,并由输出指示表显示输出信号(阀位示值)百分值的大小。为了防止误操作,软操作设有慢速和快速两挡。慢速挡全行程时间为 100s;若继续往里按,为快速挡,全行程时间为 6s,输出变化很快。用控制器的手动输出电流控制控制阀的开度,改变操纵变量,并尽量使被控变量接近工艺设定值,当控制系统中的测量值稳定或趋同于设定值时,生产过程比较稳定且扰动较小时,可投入自动。

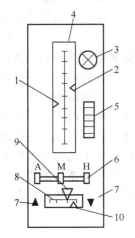

图 4-6 DTZ-2100S 全刻度指示控制器面板示意图
1—内设定指示(黑针);2—测量信号指示(红针);3—外设定指示灯;4—测量指示、设定指示标尺;5—内设定拨盘;6—硬手动H、软手动M、自动A切换开关;7—软手动增加、减少键;8—输出指示标尺;9—硬手动拨针;10—输出指示($I_{出}$)

20 世纪末(80 年代后)我国的自动化仪表公司生产Ⅲ型电动控制器采用了集成运算放大器,并在切换过程中采用浮空技术和自保持特性,极大地改善了手动、自动时的切换性能,即Ⅲ型控制器在"自动↔软手操",以及"硬手操→软手操"具有无扰动切换。我国现代生产的自动化仪表和计算机控制系统均具有同样或更先进的操作功能,更符合生产的需要和人们的操作。

(3) 控制器投运

完成了以上两步,已能满足工艺开车的需要。等到各个回路的工况稍为平稳后,可考虑逐一切入自动。

在切换前存在两种情况。第一种是被控变量完全和工艺设定值相等，称无偏差，在控制器面板上可看到测量指针和设定指针在一条直线上，此时可将"手自动切换开关"拨向"自动"，它的切换操作是无扰动切换。第二种情况是被控变量接近但不等于设定值时，此时存在偏差，偏差并不大。仍然可将手自动切换开关切入"自动"。在切换瞬间，控制器输出和阀位并未发生变化，仍是无扰动切换。但由于偏差的存在，自动输出将发生变化，并令操纵变量变化、促使被控变量向着设定值方向趋近，如选用比例积分控制规律，测量等于设定，满足工艺的要求，这也是一种正确的操作。

但在偏差较大时，切换以后，将会造成控制阀阀位的较大波动，引入较大的扰动，对工艺生产过程是不利的。特别强调指出的是：手动遥控操作是由工艺操作人员控制控制阀开度来操作、管理生产工艺流程的过程；而在投入自动后，操作人员要通过改变控制器的设定值和 P、I、D 参数值，来间接管理生产工艺过程，两者的性质是完全不同的。

因此，要在控制器手动切入自动状态前做好以下准备工作：

① 要仔细检查控制器正（反）作用开关位置是否正确；

② 控制器的比例度 δ、积分时间 T_i 和微分时间 T_d 的值，在扰动作用下，与被控变量的过渡过程有相当密切的关系。

由于控制器控制点偏差的存在，可以观察到，设定值指针和测量值指针不在一条直线上，即实际上是有偏差的，当控制器放大倍数较大和存在较强的微分作用时，控制系统都会产生较大的扰动，造成控制系统投运失败。

正确的方法是：关闭微分作用（即 $T_d=0$），比例度旋钮置于比正常值大一些的位置，积分时间 T_i 置于比正常值大一些的刻度上，并完成手动到自动的切换。切入自动后，观察控制过程曲线，如不够理想，对控制器参数继续修正，直到控制系统运行品质指标满意为止。

但是，也可能遇到控制品质指示达不到预定工艺指标的情况，这可能是由于在开车运行控制前对系统的自动化装置检查不细，有些组件的功能不合格，也有可能是系统设计上的问题，例如控制阀口径过大或过小，或是单回路控制系统结构不能满足具体工艺生产过程的需要。这时只好切回手动遥控操作生产过程，并分析、改进控制系统的结构等技改措施。

相反，当工艺生产过程受到较大的扰动，被控变量控制不稳定时，需要控制系统退出自动运行，改为手动遥控，即自动切向手动，也需要无扰动切换。

4.2.3　单回路控制系统的调试方法

单回路控制系统的调试是以工程的方法解决控制系统在运行过程中控制质量的工程问题。一个自动控制系统的过渡过程或者控制质量，与被控对象、干扰形式、干扰量的大小、控制方案的确定、控制规律和控制器参数设置有着密切的关系。在控制方案、广义对象的特性、控制规律都已确定的情况下，单回路控制系统运行的控制质量主要就取决于控制器参数的整定。所谓控制器参数的整定，就是按照已定的控制方案，求取使控制质量最好的控制器参数值。具体来说，就是确定控制器最合适的比例度 δ、积分时间 T_i 和微分时间 T_d。当然，这里所谓最好的控制质量不是绝对的，是根据工艺生产的要求而提出的所期望的控制质量。例如，对于单回路控制系统，一般工艺生产过程希望控制系统的过渡过程的衰减比 n 指标呈现 4∶1（或 10∶1）的衰减振荡过程。

单回路控制系统的控制器参数整定的方法有若干种，主要有两大类，一类是理论计算的方法，另一类是工程整定法。

理论计算的方法是根据已知的广义对象特性及控制质量的要求，通过理论计算出控制器的最佳参数。这种方法由于比较繁琐、工作量大，计算结果有时与生产过程的实际情况不甚符合，故在工程实践中没有得到长期的推广和应用。

　　工程整定法是在已经投入运行的实际单回路控制系统中，通过试验或经验探索，来确定控制器的最佳参数。这种方法是在工业生产现场经常得到应用的。下面介绍几种常用的控制器参数的工程整定法。

4.2.3.1　经验凑试法

　　单回路控制系统运行过程中采用经验凑试法整定控制器参数，是先将控制器的整定参数根据经验（见表 4-1）设置在某一数值上，然后在闭环系统中人为输入定向定量的扰动，观察控制系统过渡过程的曲线形状。若曲线不够理想，通过采用过程控制理论分析控制器 P、I、D 参数对系统过渡过程的影响方向和强弱为依据，按照先比例（P）、后积分（I）、最后微分（D）的顺序，将控制器参数逐个进行反复经验凑试，使控制质量指标逐步趋好，直到获得满意的控制质量。

表 4-1　经验凑试法控制器参数范围

被控变量	控制系统特点	比例度 δ/%	积分时间 T_i/s	微分时间 T_d/s
流量	对象时间常数小，并有噪声。不应用微分，比例度应较大，积分 T_i 较小	40～100	0.1～1	
温度	对象多容量，滞后较大，应加微分	20～60	3～10	0.5～3.0
压力	对象时间常数一般不大，不用微分	30～70	0.4～3.0	
液位	一般液位质量要求并不高	20～80	—	—

　　控制器 P、I、D 参数的具体整定步骤如下。

　　① 置控制器积分时间 $T_i = \infty$，微分时间 $T_d = 0$，根据被控对象的特性，把比例度 δ 按经验设置的初值条件下，将控制系统投入运行，整定控制器的比例度 δ。若曲线振荡频繁，则加大比例度 δ；若曲线超调量大，且趋于非周期过程，则减小比例度 δ，直到获得满意的衰减比 $n:1 = 4:1$ 或者 $10:1$ 的过渡过程曲线。

　　② 引入积分作用（此时应将上述比例度 δ 置为 1.2 倍）。将 T_i 由大到小进行整定。若曲线波动较大，则应增大积分时间 T_i；若曲线偏离设定值后长时间不能消除余差，则需减小 T_i，以求得较好的过渡过程曲线。

　　③ 当超调量指标过大需要引入微分作用时，则应将 T_d 按经验值或按 $T_d = \left(\dfrac{1}{3} \sim \dfrac{1}{4}\right) T_i$ 设置，并由小到大逐步修正。若曲线超调量大而衰减慢，则需增大 T_d；若曲线振荡厉害，则应减小 T_d。观察曲线，再适当修正控制器参数 δ 和 T_i，反复调试直到求得满意的过渡过程曲线为止。

　　需要指出，有人认为比例度 δ 与积分时间 T_i 可以在一定范围内匹配，若减小 δ 可以用增大 T_i 来补偿，若需引入微分作用，可按以上所述进行调试。也可将控制器的 P、I、D 的参数一次性设置后逐个进行反复凑试，直至获得满意的控制质量的系统过渡过程曲线。

4.2.3.2　衰减曲线法

　　对于要求控制系统的过渡过程质量指标达到 $n:1 = 4:1$ 衰减的整定步骤如下。

表 4-2　4:1 衰减曲线法整定计算公式

控制规律　＼　控制器参数	δ/%	T_i/min	T_d/min
P	δ_s		
PI	$1.2\delta_s$	$0.5T_s$	
PID	$0.8\delta_s$	$0.3T_s$	$0.1T_s$

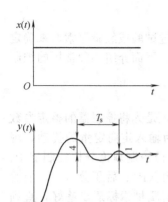

图 4-7 4：1衰减过程曲线

① 把单回路控制系统中控制器参数置成纯比例作用（$T_i=\infty$，$T_d=0$），使控制系统投入运行。再把比例度 δ 从大逐渐调小，直到出现如图 4-7 所示的 $n：1=4：1$ 衰减振荡过程曲线。此时的比例度为 $n：1=4：1$ 衰减比例度 δ_s，两个相邻波峰间的时间间隔，称为 4：1 衰减振荡周期 T_s。

② 根据 δ_s 和 T_s，使用表 4-2 所示的公式，即可计算出控制器的各个 PID 参数值。

③ 按"先 P 后 I 再 D"的控制器参数调试操作程序，将求得的 PID 参数设置在控制器上。再观察运行的过渡过程曲线，若不太理想，还可做适当修正。

应用 $n：1=4：1$ 衰减曲线法整定控制器参数时，需注意以下情况。

① 对于反应较快的如流量、管道压力及小容量的液位控制系统，要在记录曲线上认定 $n：1=4：1$ 衰减曲线和读出 T_s 比较困难，此时，可用记录指针来回摆动两次就达到稳定作为 $n：1=4：1$ 衰减振荡过渡过程。

② 在工业生产过程中，生产负荷变化会影响对象特性，因而会影响 4：1 衰减法的整定 PID 参数值。当负荷变化较大时，必须重新整定控制器 PID 参数值，才能满足控制系统的质量指标。

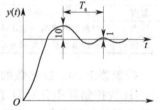

图 4-8 10：1衰减过程曲线

③ 如上所述，对于多数过程控制系统，4：1 衰减过程认为是最佳过程。但是，如热电厂的锅炉燃烧控制系统，却认为 4：1 衰减太慢，宜应用 $n：1=10：1$ 衰减振荡过程，如图 4-8 所示为 10：1 衰减曲线。

对于 $n：1=10：1$ 衰减曲线法整定控制器参数的步骤与上述完全相同，仅仅是采用的计算公式有些不同，见表 4-3。表 4-3 中 δ'_s 为衰减比例度，t_r 为达到第一个波峰时的响应时间。

表 4-3 10：1衰减法整定计算公式

整定参数 控制规律	$\delta/\%$	T_i/min	T_d/min
P	δ'_s		
PI	$1.2\delta'_s$	$2t_r$	
PID	$0.8\delta'_s$	$1.2t_r$	$0.4t_r$

【例 4-2】 某温度控制系统，采用 4：1 衰减曲线法整定控制器参数，得 $\delta_s=20\%$；$T_s=10\text{min}$，当控制器分别为比例作用、比例积分作用、比例积分微分作用时，试求其整定参数值。

解 应用表 4-2 中的经验公式，可得

① 比例控制器

$$\delta=\delta_s=20\%$$

② 比例积分控制器

$$\delta=1.2\delta_s=1.2\times20\%=24\%$$
$$T_i=0.5T_s=0.5\times10=5\text{min}$$

③ 比例积分微分控制器

$$\delta=0.8\delta_s=0.8\times20\%=16\%$$

$$T_i = 0.3T_s = 0.3 \times 10 = 3\text{min}$$
$$T_d = 0.1T_s = 1\text{min}$$

4.2.3.3 看曲线调试参数

在一般情况下，单回路控制系统的调试可按照上述方法整定控制器的 PID 参数。但有时仅从作用方向还难以判断应调整哪一个参数，这时，需要根据曲线形状进一步地判断。

如控制系统的过渡过程曲线过度振荡，可能的原因有：比例度过小、积分时间过小和微分时间过大等。这时，优先调整哪一个参数就是一个问题。图 4-9 表示了这三种原因引起的振荡的区别：

① 由积分时间过小引起的振荡，周期较大，如图 4-9 中 a 曲线所示；

② 比例度过小引起的振荡，周期较短，如图 4-9 中 b 曲线所示；

③ 由微分时间过大引起的振荡周期最短，如图 4-9 中 c 曲线所示。

通过看曲线，判明原因后，对 PID 参数做相应的调整即可。

再如比例度过大或积分时间过大，都可使过渡过程变化较缓慢，也需正确判断再做调整。图 4-10 表示了这两种原因引起的波动曲线：

① 积分时间过大时，曲线呈非周期变化，缓慢地回到设定值，如图 4-10 中 d 曲线所示；

② 比例度过大时，曲线虽不很规则，但波浪的周期性较为明显，如图 4-10 中 e 曲线所示。

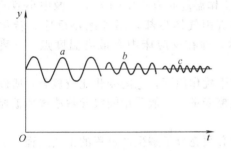 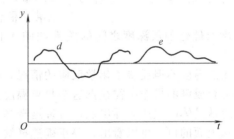

图 4-9　三种振荡曲线比较　　　图 4-10　比例度过大、积分时间过大时的曲线

控制器 PID 参数的整定是控制系统的运行与调试工作中非常重要的一个组成部分，但是不能把 PID 参数整定看作是控制质量调试的唯一方法，控制器 PID 参数整定最多只是在所设计的控制系统中寻求一种相对的最佳过程；如果没有把控制系统中组成系统各个环节的仪表性能调整好，正确地做好系统投运的各项准备工作，那么再好的方案也是无法实现的。

所以，一个控制系统能否满足工艺生产的要求，关键在于控制系统的设计方案的是否合理、一旦控制方案确定了，在实施时一定要做好自动化仪表的调校和系统投运准备工作，在这些工作的基础上，控制器参数的整定工作才是改进控制系统质量的重要内容。

4.3　单回路控制系统的设计方案分析

4.3.1　被控变量与操纵变量的选择

4.3.1.1　被控变量的选择

单回路控制系统的被控变量应该是一个能够最好地反映工艺生产状态的参数，所以它的选择是控制方案设计中的重要一环，对于保证生产稳定、高产、优质、低耗和安全运行起着决定性的作用。若被控变量选择不当，则无论组成什么样的控制系统，选用多么先进的自动化仪器仪表或先进的 DCS 装置，均不能达到预期的控制效果。

首先，被控变量应是可测量的，否则构不成闭环回路。对于反映工艺生产状态所需的参数，有些是可测量的，例如温度、压力、液位、流量等；有些则测量困难或无法测量，例如组分（某物质含量）、转化率等，所以被控变量选择方法有两种。

（1）直接参数法

选择能直接反映生产过程中产品产量和质量又易于测量的参数作为被控变量，称为直接参数法。例如图 4-1 所示的温度控制系统，工艺生产要求介质的出口温度保持稳定，所以被控变量就直接选取介质的出口温度，一般来说这种方法较易确定获得。

（2）间接参数法

在测量技术还不能较好进行系统控制要求的直接参数测量时，应选择那些能间接反映产品产量和质量又与直接参数有单值对应关系、又易于测量的参数作为被控变量，称为间接参数法。

例如，氨合成塔的控制，在合成塔中进行的化学反应是

$$N_2 + 3H_2 \rightleftharpoons 2NH_3 + Q$$

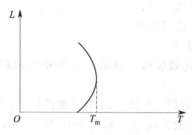

图 4-11　催化剂层深度与温度关系
L—催化剂层深度；T—合成塔内温度

这是一个可逆反应，在达到平衡时，只能有一部分的氢氮转化为氨。因而这个反应主要由平衡条件控制，即要把合成塔操作好，就必须要控制一定的转化率。转化率不能直接测量，但它和工作温度间有一定的关系。像中小型的合成塔中催化剂层所用气体冷却，属外绝热反应，转化率和温度及催化剂层深度之间的关系如图 4-11 所示，即在反应床中有最高温度点——热点温度。

热点温度不但反映了化学反应的情况，而且在干扰作用下，它的变化比较显著，所以在中小型合成塔的操作中往往把这个热点温度选作被控变量。一般采用间接参数法选择被控变量，应从具体的生产实际出发，合理地选择。

从上面的例子可以看出，要正确选择被控变量必须充分了解生产过程的工艺过程、工艺特点及对控制的要求，在这个基础上，可归纳出选择被控变量的原则。

① 选择对产品的产量和质量、安全生产、经济运行和环境保护具有决定性作用的、可直接测量的工艺参数为被控变量。

② 当不能用直接参数作为被控变量时，可选择一个与直接参数有单值函数关系并满足如下条件的间接参数作为被控变量：

a. 满足工艺的合理性；

b. 具有尽可能大的灵敏度且线性好；

c. 测量变送装置的滞后小。

4.3.1.2　操纵变量的选择

生产过程中的被控变量之所以要控制，就是因为生产工艺操作中存在着影响被控变量偏离设定值的干扰。所谓选择操纵变量，就是从诸多影响被控变量的输入参数（见图 4-2，对象方块的输入参数）中，选择一个对被控变量影响显著而且可控性良好的输入参数作为操纵变量，而其余未被选中的所有输入量则视为控制系统的干扰量。通过改变操纵变量去克服干扰的影响，使被控变量回到设定值。

被控对象特性可由两条通道来进行描述，即控制通道（操纵变量对被控变量影响的通道）和干扰通道（干扰变量对被控变量影响的通道）。在生产过程中可能有多个操纵变量可供选择，这就需要通过分析、比较不同的控制通道和不同的扰动通道对控制质量的影响而做出合理地选择，所以操纵变量的选择问题，实质上是组成什么样的被控对象的问题。因而在

讨论操纵变量如何选择之前，先来分析被控对象特性对控制质量的影响。

被控对象特性有静态特性和动态特性。下面分析讨论它们对控制质量的影响。

（1）被控对象静态特性对控制质量的影响

对象静态特性可用放大倍数进行描述。设控制通道放大倍数为 K_0，扰动通道放大倍数为 K_f。在选择操纵变量构成单回路控制系统时，一般希望 K_0 要大些，这是因为 K_0 的大小表征了操纵变量对被控变量的影响程度。K_0 大表明操纵变量对被控变量的影响显著，控制作用强，这是控制系统所希望的。但当 K_0 过大，控制过于灵敏，超出控制器比例度所能补偿的范围时，会使控制系统不稳定，所以 K_0 应适当大些。

另一方面扰动通道放大倍数 K_f 则越小越好。K_f 小表示扰动对被控变量的影响小，系统的可控性就好。

所以在选择操纵变量构成控制系统时，从静态角度考虑，在工艺合理性的前提下，扰动通道的放大倍数 K_f 越小越好，而控制通道放大倍数 K_0 希望适当大些为好，以使控制通道灵敏一些。

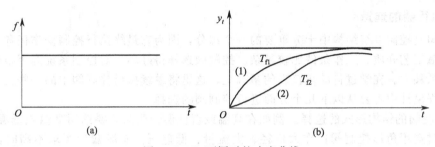

图 4-12　T_f 不同时的响应曲线

（2）被控对象动态特性对控制质量的影响

对象的动态特性一般可由时间常数 T 和纯滞后时间 τ 来描述。设扰动通道时间常数为 T_f，纯滞后时间为 τ_f，控制通道的时间常数为 T_0，纯滞后时间为 τ_0，下面分别进行讨论。

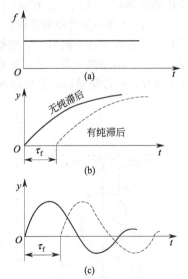

① 扰动通道特性的影响　首先讨论 T_f 对控制质量的影响。当扰动输入为阶跃形式时，扰动通道的输出随 T_f 的不同其响应曲线如图 4-12 所示，图中 $T_{f1} < T_{f2}$。

由图 4-12 可知，曲线（1）的形式影响较大，曲线（2）的形式影响小。因而可以认为扰动通道时间常数 T_f 越大，干扰对被控变量的影响越缓慢，即对控制质量的影响越小。

下面讨论纯滞后时间 τ_f 对控制质量的影响。同一输入对象有无纯滞后，对其输出特性曲线的形状无影响，只是滞后一段时间 τ_f，如图 4-13 所示。由图 4-13 可知，扰动通道中存在纯滞后时不影响控制质量。

图 4-13　τ_f 对响应曲线的影响

② 控制通道的影响　控制通道中时间常数 T_0 小，反应灵敏，控制及时，有利于克服干扰的影响，但时间常数过小（与控制阀和测量变送器时间常数相接近），容易引起过渡的振荡。时间常数过大，造成控制作用迟缓，使被控变量的超调量加大，过渡过程时间增长。

由于能量和物料的输送需要一定的时间，所以在控制通道中往往存在纯滞后时间 τ_0。τ_0 的存在使操纵变量对被控变量的作用推迟了一段时间。由于控制作用的推迟，不但使被控变量的超调量加大，还使过渡过程振荡加剧，结果过渡时间也增长。τ_0 越大，这种现象越显著，控制质量就越坏。

所以在选择操纵变量构成控制系统时，应使对象控制通道中的 τ_0 尽量小些，并且设法减小 τ_0。

（3）操纵变量的选择原则

由于控制系统中的干扰是影响生产正常进行的破坏性因素，所以希望它对被控变量的影响越小越慢越好。而操纵变量是克服干扰影响，使生产重新平稳运行的因素，因而希望它能及时克服干扰的影响。通过以上的分析可以总结出操纵变量的选择原则有以下几条。

① 设计构成的控制系统的被控对象，其控制通道特性应具有足够大的放大系数、比较小的时间常数及尽可能小的纯滞后时间。

② 控制系统主要扰动通道特性应具有尽可能大的时间常数和尽可能小的放大系数。

③ 应考虑工艺上的合理性。如果生产负荷直接关系到产品的质量，那么就不宜选为操纵变量。

4.3.2 执行器的选择

控制阀是控制系统结构中十分重要的一个部分，因为它最终执行控制操作任务，且控制阀直接接触工艺介质，工作条件比较复杂。控制阀选择得好坏，对控制系统能否很好地起控制作用关系甚大。在学过自动化仪表的基础上，这里将继续探讨控制阀中的一些工程应用问题。在工程设计中主要从以下几个方面进行控制阀的选择。

① 控制阀的结构形式的选择。例如在高温或者低温介质时，要选用高温或低温控制阀；在高压差时选用角形控制阀；在大口径、大流量、低差压，而泄漏量要求不高时，选用蝶阀，并配用角行程执行机构；在控制强腐蚀性、或易结晶介质时，选用隔膜控制阀；在分流或合流控制时，选用三通控制阀等。

② 控制阀公称直径的选择。控制阀的机械尺寸是以公称直径 DN 来表示的，它和工艺管道的公称直径不是一回事。应根据工艺生产过程所提供的常用流量或者最大流量、以及控制阀在工作时，两端的压差，正常流量下的压差或者最大流量下的最小压差，通过控制阀流量系数 C 的计算，经过圆整后，从控制阀产品手册中查取流量系数 C_{100}，进而得到控制阀的公称直径。如果直接套用工艺管道的机械尺寸，将使控制系统正常运行时控制质量变坏，甚至不能正常运行。

③ 控制阀的公称压力 p_N 的选择。一般为 1.6MPa、4.0MPa、6.4MPa、16.0MPa 和大于 16.0MPa 几种等级，它应和工艺管道的压力等级相同。如果选择趋于保守，将造成投资急剧上升，控制阀十分笨重，于安装维护不利。

④ 控制阀气开、气关的选择。

⑤ 控制阀流量特性的选择。

⑥ 控制阀阀芯与阀座材质的选择等。

如图 4-14 所示，常用的气动薄膜控制阀由两部分组成，即气动薄膜执行机构和控制阀，前者接受控制器的输出信号，获得能量使阀杆移动，后者通过阀门开度的变化来改变通过阀门的流量。气动薄膜控制阀的特性，一般可以用一阶惯性环节 $G_v(s) = \dfrac{K_v}{T_v s + 1}$ 的形式来表示。

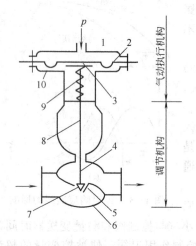

图 4-14 气动薄膜控制阀内部结构图
1—上盖；2—薄膜；3—托板；4—阀杆；
5—阀座；6—阀体；7—阀芯；8—推杆；
9—平衡弹簧；10—下盖

放大系数 K_v 是阀的静特性，时间常数 T_v 是阀的动特性。为了克服负荷变化对控制质量的影响，要认真分析控制阀特性。

4.3.2.1　控制阀的流量特性

控制阀的流量特性，是指流体通过阀门的相对流量，与阀门相对开度之间的关系为

$$\frac{Q}{Q_{\max}} = f\left(\frac{l}{L}\right) \tag{4-1}$$

式中　$Q/Q_{\max}$——相对流量，是指控制阀在某一开度下的流量与最大流量的比值；

　　　　l/L——相对开度，即控制阀在某一开度下的行程与全行程之比。

一般来说，改变控制阀的阀芯、阀座间的节流面积，便可以控制流量。但实际上由于各种因素的影响，如在节流面积改变的同时还会引起阀前、后差压的变化，而差压的变化也会引起流量的变化，因此为了分析方便，假设阀前、后差压是固定的，即

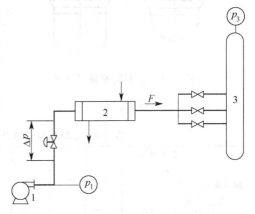

图 4-15　精馏塔进料系统
1—进料泵；2—换热器；3—精馏塔

$$\Delta p = 常数$$

这时得到的流量特性关系，称为理想流量特性，理想流量特性是控制阀固有的特性。它是由产品的设计决定的。当控制阀制造完成后，理想流量特性就确定了。控制阀在实际工作时，例如精馏塔进料流量控制阀，如图 4-15 所示进料流量由泵送出，经控制阀、换热器后进入塔内，一般来说工艺操作要精馏塔压力基本保持不变，而泵出口压力变化也很小，因此，当阀门全关时，流量 F 为零，则 $\Delta p = p_1 - p_3$ 达到最大值；随着流量增加，管路及换热器中的压力损失随之增加，因此控制阀两端压差减小，直到控制阀全开时流量最大，而控制阀两端压差为最小，即 Δp 不为常数时，控制阀的流量特性称为工作流量特性。工作流量特性是由理想流量特性演变而来的，下面先讨论理想特性，再讨论工作流量特性。

4.3.2.2　控制阀理想流量特性

一般理想流量特性是由阀芯的形状确定的。图 4-16 所示的四种阀芯，分别对应着四种典型的理想流量特性，它们是直线、等百分比、快开和抛物线四种流量特性。图 4-17 所示的是它们的流量特性曲线图。表 4-4 列出了曲线图中以 l/L 为变量、间隔为 10% 对应的 $Q/Q_{\max}$ 数值。

直线流量特性和对数流量特性控制阀是工业上最常用的两种流量特性，下面重点介绍这两种阀流量特性的特点。

（1）直线流量特性

直线流量特性是指控制阀的相对开度与相对流量间成直线关系，其数学表达式为

$$\frac{\mathrm{d}(Q/Q_{\max})}{\mathrm{d}(l/L)} = K \tag{4-2}$$

式中，K 为常数。

阀门放大系数在全行程范围内为一定值。从图 4-17 可知，当控制阀相对开度 l/L 变化 10% 引起的流量变化总是 10%。而实际上对于控制作用有意义的是流量相对变化值（$Q/Q_{\max}$ 的变化量 β）。我们可以从图上任意取三点数值，如阀相对开度 l/L 分别在 10%、50% 和 80% 时变化 10% 所引起的流量相对变化值为例进行说明，由表 4-4 查得数据做如下计算：

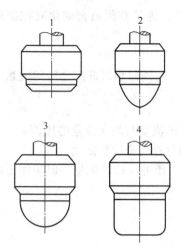

图 4-16 控制阀的阀芯形状

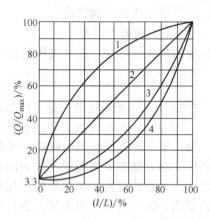

图 4-17 控制阀的四种理想流量特性曲线
1—快开流量特性；2—直线流量特性；
3—抛物线流量特性；4—等百分比流量特性

表 4-4 控制阀的相对开度与相对流量 （可调比 $R=30$）

相对流量 $(Q/Q_{max})/\%$ ＼ 相对开度 $(l/L)/\%$	0	10	20	30	40	50	60	70	80	90	100
直线流量特性	3.3	13.0	22.7	32.3	42.0	51.7	61.3	71.0	80.6	90.3	100
等百分比流量特性	3.3	4.67	6.58	9.26	13.0	18.3	25.6	36.2	50.8	71.2	100
快开流量特性	3.3	21.7	38.1	52.6	65.2	75.8	84.5	91.3	96.13	99.03	100
抛物线流量特性	3.3	7.3	12	18	26	35	45	57	70	84	100

当相对开度 l/L 从 10% 变化到 20% 时

$$\beta_1 = \frac{22.7-13}{13} \times 100\% \approx 75\%$$

当相对开度 l/L 从 50% 变化到 60% 时

$$\beta_2 = \frac{61.3-51.7}{51.7} \times 100\% \approx 19\%$$

当相对开度 l/L 从 80% 变化到 90% 时

$$\beta_3 = \frac{90.3-80.6}{80.6} \times 100\% \approx 12\%$$

从上述计算结果可见，直线流量特性的控制阀在小开度时，其相对流量变化大，控制作用太强，易引起超调，产生振荡；而在大开度工作时，其相对流量的变化小，控制作用太弱，会造成控制作用不够及时。因此，在使用直线流量特性的调节阀时，应尽量避免调节阀工作在此区域内。

（2）等百分比（对数）流量特性

等百分比流量特性是指单位相对位移变化所引起的相对流量变化与该点的相对流量成正比。数学表达式为

$$\frac{\mathrm{d}(Q/Q_{max})}{\mathrm{d}(l/L)} = K\left(\frac{Q}{Q_{max}}\right) \tag{4-3}$$

式中，K 为常数。

控制阀放大系数与流过控制阀介质流量 Q 成正比。

为了与直线流量特性的控制阀相比较，我们同样由表 4-4 取三点数值，如 10％、50％和 80％为例说明。

当相对开度 l/L 从 10％变化到 20％时

$$\beta_1 = \frac{6.58-4.67}{4.67} \times 100\% \approx 40\%$$

当相对开度 l/L 从 50％变化到 60％时

$$\beta_2 = \frac{25.6-18.3}{18.3} \times 100\% \approx 40\%$$

当相对开度 l/L 从 80％变化到 90％时

$$\beta_3 = \frac{71.2-50.8}{50.8} \times 100\% \approx 40\%$$

从上述计算结果可见，等百分比流量特性的控制阀相对开度变化时引起的 Q/Q_{max} 增量 β 总是相等的，因而称为"等百分比"。等百分比型流量特性控制阀相对流量和相对行程的关系是非线性的，相对开度较小时，流量变化较小；在相对开度较大时，流量变化较大。因此它在全行程范围内相对流量的百分比变化率相同。所以控制过程平稳，适用范围较广。

控制阀的静态放大系数随行程的增加而增加，这对某些随负荷增加，放大系数变小的对象来讲，能在一定程度上起补偿作用。

（3）快开流量特性

快开流量特性是指单位相对位移的变化所引起的相对流量变化与该点相对流量值的倒数成正比关系。数学表达式为

$$\frac{\mathrm{d}(Q/Q_{max})}{\mathrm{d}(l/L)} = K\left(\frac{Q}{Q_{max}}\right)^{-1} \tag{4-4}$$

式中，K 为常数。

流量特性如图 4-17 曲线 1 所示。控制阀在小开度时流量已经很大，随着行程的增加，流量迅速接近最大值，接近全开状态，因而称为"快开阀"。具有快开特性的阀芯形状是平板形的，其有效位移很小。所以这种流量特性主要适用于两位式开关控制的程序控制系统中。

（4）抛物线流量特性

抛物线流量特性是指单位相对位移变化所引起的相对流量变化与该点相对流量值的平方根成正比。数学表达式为

$$\frac{\mathrm{d}(Q/Q_{max})}{\mathrm{d}(l/L)} = K\left(\frac{Q}{Q_{max}}\right)^{1/2} \tag{4-5}$$

式中，K 为常数。

流量特性曲线如图 4-17 曲线 3 所示。介于线性控制阀和等百分比控制阀之间。这种流量特性主要用于三通控制阀及其他特殊场合。

四种控制阀的阀芯形状如图 4-16 所示。可见快开控制阀为平板结构，直线流量特性控制阀和等百分比流量特性控制阀都为曲面形状，直线流量特性控制阀阀芯曲面形状较瘦，等百分比阀芯曲面形状较胖。因此，当被控介质含有固体悬浮物、容易造成磨损、影响控制阀的使用寿命时，宜选择直线流量特性控制阀。

4.3.2.3 控制阀工作流量特性

在实际生产中，同控制阀一起串联着的设备、阀门、管道等，都是阻力元件。因此当流量变化时控制阀两端的压差是变化的。在这种情况下，控制阀的相对开度和相对流量之间的关系，称为工作流量特性。为了表明工艺配管对控制阀流量特性的影响，定义一个称为阻力比的系数 s 值。它的意义是控制阀全开时阀门上的压力降与包括控制阀在内的整个管路系统的压力降的比值。

$$s = \frac{(p_1 - p_2)_{全开}}{p_1 - p_3} = \frac{\Delta p_{阀全开}}{\Delta p_{总}} \tag{4-6}$$

式中　$\Delta p_{阀全开}$——控制阀全开时阀上的压力降；

　　　$\Delta p_{总}$——包括控制阀在内的全部管路系统总的压力降。

系数 $s=1.0$，管道阻力损失为零，系统的总压力降全部降落在控制阀的两端，则控制阀的工作流量特性就是理想流量特性。随着 s 值的下降，管道阻力损失随之增加，不仅控制阀全开时的流量减小，而且理想流量特性发生畸变。串联管道时控制阀的工作流量特性如图 4-18 所示。

从图 4-18 可见，工作流量特性曲线和 s 值有关。直线流量控制阀畸变为快开型特性控制阀，且 s 值越小，畸变程度越严重；等百分比流量控制阀畸变为直线流量控制阀，严重影响自动控制系统质量。因此，在实际使用中，希望 s 值大些为好，但 s 值过大，则增加了能量损失，于节能不利。

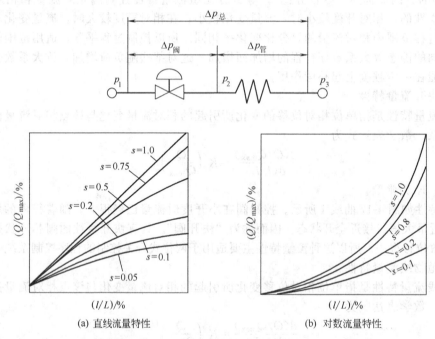

图 4-18 　串联管道时控制阀的工作流量特性

4.3.2.4　控制阀流量特性的选择

（1）根据对象特性选择控制阀的流量特性

在实际生产中，生产负荷往往是会发生变化的，而负荷的变化又往往会导致对象特性发生变化。如图 4-19 所示的换热器，被加热液体的出口温度是通过改变蒸汽量来保持的，其设备负荷为被加热的液体流量。

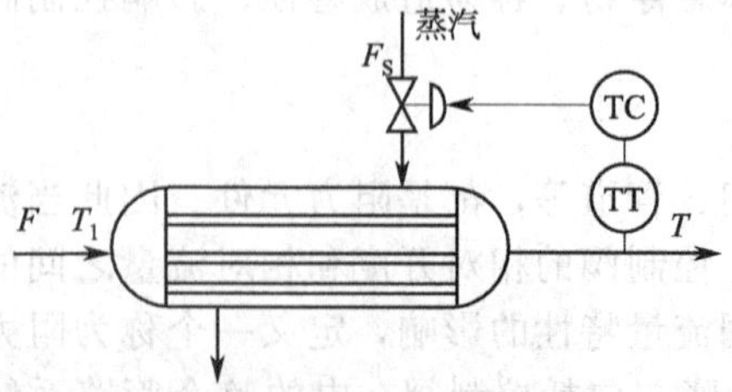

先讨论负荷对静特性的影响。该换热器的静态平衡关系由热量平衡方程而得。

$$F_S \Delta H = Fc(T - T_1) \tag{4-7}$$

图 4-19 　换热器出口温度控制系统

式中　F_S——蒸汽量；

　　　ΔH——蒸汽冷凝热；

　　　F——被加热液体的质量流量；

　　　c——该液体比热容；

T，T_1——液体出口及进口温度。

由式(4-7) 得

$$T - T_1 = \frac{\Delta H F_s}{F c}$$

$$T = \frac{\Delta H}{c} \times \frac{F_s}{F} + T_1$$

所以

$$\frac{\mathrm{d}T}{\mathrm{d}F_s} \propto \frac{1}{F} \tag{4-8}$$

由式(4-8) 可见，对象放大系数 $\dfrac{\mathrm{d}T}{\mathrm{d}F_s}$ 与负荷流量有关，负荷流量 F 变化，对象放大系数 $\dfrac{\mathrm{d}T}{\mathrm{d}F_s}$ 也随之成反比的变化；对象放大系数 $\dfrac{\mathrm{d}T}{\mathrm{d}F_s}$ 与负荷进口温度 T_1 无关，只要流量 F 不变，无论 T_1 如何变化，对象放大系数 $\dfrac{\mathrm{d}T}{\mathrm{d}F_s}$ 总保持常数不变。

对于一个换热器来说，当被加热的液体流量（即生产负荷）增大时，其通过热交换器的时间将会缩短，纯滞后时间因此会减小。同时，由于流速增大，传热效果变好。于是容量滞后，时间常数也会减小。

从这一例子可以说明，在生产过程中负荷的变化将可能导致对象的放大系数、纯滞后及时间常数的变化。也就是说，负荷的变化将可能导致对象的静、动特性的变化。

控制器参数是根据具体的对象特性整定得到的，其中主要包括比例度 δ、积分时间 T_i 和微分时间 T_d。对于一个确定的具体对象，就有一组控制器参数（δ、T_i、T_d）与其相适应。如果对象特性改变了，原先的控制器参数就不能适应。这时不去修正控制器的参数，系统的控制性能指标就会降低。在负荷变化不可知的情况下，解决的办法就是采用自整定控制器，它能根据负荷的变化及时修正控制器的参数，以适应变化了的新情况。如果在负荷变化有一定规律的情况下，采取的解决办法就是选择控制阀的流量特性来补偿对象特性的变化，使得广义对象（包括控制阀、对象及测量变送器）的特性在负荷变化时保持不变。这样，就不必考虑当负荷变化时，修正控制器参数的问题。

由于目前我国生产的控制阀，只有直线、等百分比、快开三种流量特性，并且对于快开特性，一般应用于双位和程序控制系统，因此，控制阀流量特性的选择，实际上是如何选择直线和等百分比流量特性。

如果忽略对象动特性的变化，则控制阀流量特性的选取的原则是：使广义对象总的放大系数为常数，即广义对象的静特性呈线性。也就是适当选择阀的特性，以阀的放大系数变化来补偿对象放大系数的变化，从而保持广义对象总的放大系数不变。若控制对象为线性时，控制阀可以采用直线工作特性；而对于那些放大系数随负荷而变化具有非线性的工业对象，控制阀应选非线性工作特性。如图 4-20 所示。

例如本节所列举的换热器温度控制系统，当负荷流量为主要干扰时，可选等百分比阀；当负荷入口温度为主要干扰时，可选线性阀。

实际上，负荷以外的干扰对控制对象的特性也有影响，因此流量特性选择时应考虑所有外加干扰的作用，应以经常遇到的、影响最大的干扰为主要干扰。

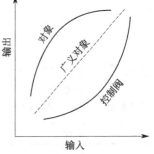

图 4-20 控制阀特性补偿

(2) 根据 s 值选择控制阀的流量特性

在控制工程设计中，要解决理想特性的选型，也要考虑 s 值的选取问题。

控制阀流量特性的选择通常分两步进行，先依据控制系统被控对象特性的要求，确定控制阀流量特性；再依据流量特性的畸变程度，确定理想特性，作为向制造厂定货的规格内容。

当 s 值大于 0.6 时，比较接近于 1 时，可以认为理想特性与工作特性的曲线形状相近，此时如工作特性选什么类型，理想特性就选相同的类型。

当 s 值小于 0.6 时，理想特性是直线特性的畸变为快开特性，理想特性是对数特性的畸变为抛物线以至直线流量特性。因此，当选择的工作特性为线性时，理想特性应采用对数型；当选择的工作特性为快开型时，理想特性应采用线性型；当选择的工作特性为对数型时，由于受现有产品的限制，理想特性仍用对数型。还可以考虑采用阀门定位器进一步加以补偿。

（3）特殊情况的考虑

① 从控制阀正常工作时阀门开度考虑。工艺提供的控制阀数据中，正常工作流量和最大流量相差较大时，为满足最大流量需要阀门口径选择偏大。而正常工作时，由于流量较小，若选择直线流量的控制阀，则在小开度时，控制作用太强，控制系统过于灵敏，振荡剧烈，使阀芯和阀座经常摩擦和撞击造成磨损，从而影响控制阀的使用寿命。如果选择等百分比特性控制阀，在小负荷时保证平滑缓和地控制，延长使用寿命。因此对于工艺参数不能准确确定的新工艺装置，或者控制阀计算数据过于保守的场合，选用等百分比流量特性具有较强的适应性。

② 当控制阀经常工作在小开度时，如前所述，宜选用等百分比流量特性的控制阀；当流过控制阀介质中含有固体悬浮物等，易造成阀芯、阀座磨损而影响控制阀的使用寿命时，由于直线型控制阀阀芯曲面形状较瘦，流线性好不易磨损，宜选用直线流量特性控制阀；在非常稳定的控制系统中，控制阀的阀位变化很小，阀特性对控制质量影响甚微，或者在正常工作时，控制阀开度较大，此时选用直线型控制阀或者等百分比控制阀均可。

在总结经验的基础上，已归纳出一些结论，使我们可以直接依据被控变量与有关情况选择控制阀的理想特性。这方面的建议性资料很多，表 4-5 是较为简单和可靠的。

表 4-5　建议选用的控制阀特性

被控变量	有关情况	选用理想特性
液位	$\Delta p_{阀}$ 恒定	线性型
	$(\Delta p_{阀})q_{max} < 0.2(\Delta p_{阀})q_{min}$	等百分比型
	$(\Delta p_{阀})q_{max} > 2(\Delta p_{阀})q_{min}$	快开型
压力	快过程	等百分比型
	慢过程，$\Delta p_{阀}$ 恒定	线性型
	$(\Delta p_{阀})q_{max} < 0.2(\Delta p_{阀})q_{min}$	等百分比型
流量 （变送器输出信号与 q 成正比时）	设定值变化	线性型
	负荷变化	等百分比型
流量 （变送器输出信号与 q^2 成正比时）	串级，设定值变化	线性型
	串级，负荷变化	等百分比型
	旁路连接	等百分比型
温度		等百分比型

4.3.2.5　s 值的选择

从控制特性上看 s 值接近于 1，或是取比较大的数值。肯定可以减少阀门流量特性的畸变，这是有益的。然而，我们还必须考虑如下一些其他因素。

① 有时由于流体输送机械的能力限制，能够留给控制阀的压降值很小，阀必须在低 s

值下运行。

② 由于结构上的原因，阀两端的压降不能超过一定的限值，高压差（如数 10MPa）的减压阀很容易磨损，这时往往须加装限流孔板，适当进行分压，使 Δp_V 不超过预定的限值，s 值也必须降低。

③ 近年来，节能问题已受重视，不少情况下阀门造成的摩擦损失耗用了可贵的能量，减小 s 值可以节约能耗。为了节能，阀的低 s 值运行已经提到议事日程。

在过去，人们一般认为 s 值应不低于 0.3，通常 s 值的取值范围为 0.3～0.6。现在这条界限已被打破了。s 值究竟低到什么程度系统仍能正常工作，需做分析。低 s 值（如 0.1）经证实是可以在有些场合下使用的。

低 s 值会使阀的流量特性产生严重的畸变，可考虑以下办法来解决。

① 改变阀芯的型面，使其理想特性曲线比对数型凹得更甚，这样在低 s 值下仍能有合适的工作特性。而在采用阀门定位器时可利用凸轮形状来改变其理想特性。

② 采用下一章中介绍的串级控制系统，用一个流量控制副回路代替单一的控制阀，这时候只要将这个副主路整定得可以正常工作就行，阀的流量特性对主被控变量的过渡过程将不起显著影响。

4.3.2.6　控制阀气开、气关形式的选择

气开阀是指输入气压信号 $p>0.02$MPa 时，控制阀开始打开，也就是说"有气"时阀打开。当输入气压信号 $p=0.1$MPa 时，控制阀全开。当气压信号消失或等于 0.02MPa 时，控制阀处于全关闭状态。

气关阀是指输入气压信号 $p>0.02$MPa 时，控制阀开始关闭，也就是说"有气"时阀关闭。当 $p=0.1$MPa 时，控制阀全关。当气压信号消失或等于 0.02MPa 时，控制阀处于全开状态。

由于执行机构有正、反两种作用形式，控制阀也有正装和反装两种形式。因此，实现控制阀气开、气关有四种组合，见图 4-21。

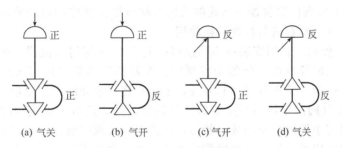

图 4-21　气开、气关阀示意图

对于一个具体的控制系统来说，究竟选气开阀还是气关阀，即在阀的气源信号发生故障或控制系统某环节失灵时，阀处于全开的位置安全，还是处于全关的位置安全，要由具体的生产工艺来决定，经常根据以下几条原则进行选择。

① 首先要从生产安全出发，即当气源供气中断，或控制器出故障而无输出，或控制阀膜片破裂而漏气等而使控制阀无法正常工作以致阀芯回复到无能源的初始状态（气开阀回复到全关，气关阀回复到全开），应能确保生产工艺设备的安全，不至于发生事故。如生产蒸汽的锅炉水位控制系统中的给水控制阀，为了保证发生上述情况时不至于把锅炉烧坏，控制阀应选气关式。

② 从保证产品质量出发，当发生控制阀处于无能源状态而回复到初始位置时，不应降低产品的质量，如精馏塔回流量控制阀常采用气关式，一旦发生事故，控制阀全开，使生产处于全回流状态，防止不合格产品送出，从而保证塔顶产品的质量。

③ 从降低原料、成品、动力消耗来考虑。如控制精馏塔进料的控制阀就常采用气开型，一旦控制阀失去能源即处于全关状态，不再给塔进料，以免造成浪费。

④ 从介质的特点考虑。精馏塔塔釜加热蒸汽控制阀一般选气开型，以保证在控制阀失去能源时能处于全关状态，避免蒸汽的浪费，但是如果釜液是易凝、易结晶、易聚合的物料时，控制阀则应选气关式，以防控制阀失去能源时阀门关闭，停止蒸汽进入而导致釜内液体的结晶和凝聚。

4.3.2.7　阀门定位器的应用

电-气阀门定位器是气动执行器的一种重要辅助装置，通常与气动执行机构配套使用，安装在控制阀的支架上。见图 4-22，它直接接收控制器输出的电信号，并产生与之成比例的气压信号，推动阀杆带动阀芯动作，从而达到控制阀门开度的目的。

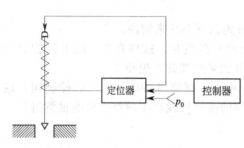

图 4-22　定位器与执行器连接示意图

电-气阀门定位器具有以下的主要功能。

① 将输入的标准电信号（4～20mA）成比例地转换成气压信号（0.02～0.1MPa）。电-气阀门定位器需要压缩空气（0.14MPa）作为工作气源。

② 可用来改善控制阀的定位精度。电-气阀门定位器能以较大功率克服杠杆的摩擦和消除介质不平衡力等影响，使控制阀能够按照控制器的输出准确定位。

③ 可以改善阀门的动态特性。它可以减小控制信号的传送滞后，加快执行机构的执行速度，尽快克服干扰或负荷的变化，减小控制系统的超调量。

④ 可以改变阀门的动作方向。通过改变电-气阀门定位器中凸轮的转动方向，可以方便地将气开型阀门改为气关型阀门。

⑤ 通过改变电-气阀门定位器中凸轮的几何形状可以改变控制阀的流量特性，即可使控制阀的直线流量特性、对数流量特性互换使用。

⑥ 可用于分程控制。利用安装在不同控制阀上的电-气阀门定位器，实现用一个控制器控制两个或两个以上的控制阀，使每个控制阀在控制器输出信号的不同范围内做全行程移动，从而实现分程控制。关于分程控制系统，下一章将详细介绍工作原理。

控制阀除了电-气阀门定位器是重要的辅助装置之外，还有手轮机构和空气过滤减压器等。手轮机构一般用于控制系统的故障状态，如停电、气源中断、控制器无输出或执行机构失灵等情况，此时可用手轮机构直接操作控制阀，维持生产正常进行。空气过滤减压器安装在供气管路上，用于为控制阀提供清洁和标准的压缩空气。

4.3.3　检测仪表的选择分析

4.3.3.1　检测过程的误差分析

控制系统中检测仪表及变送器的作用，是把工艺变量的值检测出来并转换成电（或气）信号，实时传送至控制器，并传输至显示仪表把被控变量的值进行实时显示或记录，测量变送器的输出就是被控变量的测量值。目前大多数测量变送器的输出信号是模拟量，这些信号可以是电或气的标准信号，如 4～20mA、1～5V、0～10mA 或 0.02～0.1MPa 等，也有一些是非标准信号，如热电偶 mV 信号、热电阻信号等。图 4-23 是它们的原理框图。

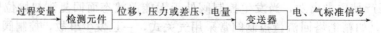

图 4-23　检测元件及变送器的原理框图

过程控制系统中经常遇到的被控变量有压力、流量、温度、液位以及物性和成分变量等，而且不同的检测仪表有各式各样的测量范围和使用环境，检测仪表和变送器的类型极为繁多。然而，从它们的输入输出关系来看，可统一表述为

$$z(t) = f[y(t), t] \qquad (4-9)$$

即把被控变量 $y(t)$ 转换为测量值 $z(t)$。在可以线性化的情况下，检测元件及变送器的传递函数常可写成

$$H_m(s) = K_m \frac{e^{-\tau_m}}{T_m s + 1} \qquad (4-10)$$

式中，K_m、T_m 及 τ_m 分别是增益、时间常数和时滞（纯滞后时间）。

对检测仪表及变送器的基本要求是能够可靠、正确和迅速地完成由 $y(t)$ 至 $z(t)$ 的转换，为此需要考虑的三个主要问题是：

① 仪表在现场工作环境条件下能否可靠地长期工作；

② 测量误差是否不超过工艺规定的界限；

③ 测量信号的动态响应是否迅速。

为解决第一个问题，自动化工程技术人员已经积累了不少有效的办法和经验措施。在控制系统运行过程中，会遇到高温、低温、高压、腐蚀性介质等各种现场环境条件，需要在检测元件材质和防护措施上设法保证长期安全使用。例如，测量高温常选用铂铑-铂热电偶，当介质中有氢气存在时，氢分子会渗透穿过保护套管而使热电偶丝变脆断裂，须设法解决，所以有些地方采用吹氮气热电偶，保证保护套管内维持正压，阻止氢的渗入。又如，用于腐蚀性介质的液位或流量测量仪表，可采用非接触测量方法、用耐蚀材质的测量元件或隔离性介质。又如，在现场易燃易爆环境中测量工艺参数，必须采用本安型防爆仪表并组成本安型防爆检测回路。

为解决第二个问题，即如何有效减少测量误差的问题，必须先对测量误差的性质和根源做分析，然后有针对性地采取措施。如果只是单一地看重仪表的精确度等级，而没考虑到信号的取源、安装条件、信号防干扰等因素，最终控制系统的测量值将会存在较大的误差。通常现场的检测仪表在工作过程中主要存在的测量误差由以下三个部分组成。

（1）测量仪表本身的误差

仪表出厂时的精确度等级，反映了它在校验条件下存在的最大引用误差和变差的上限，如 0.5 级就表示最大引用误差和变差都不超过 0.5%。随着使用时间的推移，测量仪表的性能会逐渐变化，因此测量仪表必须按国家标准或产品标准定期校验。根据现场工艺要求对测量仪表的精确度等级应做恰当的选择，由于系统误差的存在，测量仪表本身的精确度选择要求不需要太高，否则也没有意义。工业上一般取 0.5～1 级，物性及成分仪表可再放宽些。

与此相关的一个问题是量程选择。因为精确度是按全量程的最大百分误差来定义的，所以在量程越宽时，误差的绝对数值越大。例如，同样是一个 0.5 级的测温仪表，当测量范围为 0～1100℃时，可能出现的最大误差是 ±5.5℃；如果改为 500～600℃。最大误差将不超过 ±0.5℃。因此，测量仪表的量程应该选择得窄一些，这当然也有限度，一方面是仪表产品本身的限制；另一方面是不能够对使用带来不方便。要注意到，缩小测量仪表的量程，就是使增益 K_m 加大，在设计控制系统时要考虑到这个因素。

（2）现场环境条件引起的误差

例如热电偶的冷端温度补偿得不理想，热电阻连接导线的电阻值有较大变动，或是孔板安装得不完全合乎要求等，这些因测量仪表使用、安装不当都会引起误差。另外，流量测量信号不准也有可能是因为流体重度发生了变化。还有，电源电压和环境温度的波动也会使有些测量仪表产生测量误差。

在以上两类误差分析中，有些误差是确定性的，如有的直接取决于 $y(t)$ 值，有些误差却是随机性的；有些误差是定常的，有些误差却是时变的。确定性的、定常的可设法补偿，随机性的、时变的却无法消除，例如，由于测量元件老化或其他因素引起的零点漂移就是无法消除的，只能更换仪表。

（3）测量过程中的动态误差

当被控变量 $y(t)$ 随时间而变化时，如果仪表在测量过程的动态响应比较迟缓，测量值 $z(t)$ 出现滞后而不能实时反映被控变量的真实值，这两者间的差别就表现为动态误差。

当输入信号做正弦波变化时，相对来说，输出信号的稳态响应也一定是正弦波，线性环节。但幅值可能衰减，相角可能会滞后。如把检测元件及变送器作为一个一阶环节看待，则在环节的时间常数越大时，幅值和相角两方面的差值越大，动态误差也越大。

例如，在某一聚合釜的温度控制中，记录曲线的波动并不剧烈，幅值不大，但产品质量很差，最后发现在测温元件表面上积聚了高聚物，传热阻力大，因而时间常数大，实际温度的波动远比记录曲线剧烈得多。

总之，对测量仪表正确选型、精心地进行维护、规范化地安装和排除信号干扰是用好测量仪表、保证测量仪表的输出信号能真实反映被控变量的关键。

4.3.3.2　测量过程的动态特性

上面提到的第三个问题是测量过程的动态响应要比较迅速。原因之一是为了减少测量值的动态误差，同样重要的是为了改善广义对象特性，使广义对象的纯滞后时间 τ_0 与时间常数 T_0 之比（τ_0/T_0）能够小些，也使控制系统中各个环节的时间常数值配置得更好一些。检测元件及变送器的传递函数 $H_m(s)$ 常可用有纯滞后的一阶环节来近似，见式(4-10)。

（1）检测元件及变送器的时滞 τ_m

τ_m 通常是一种传输滞后，也称为纯滞后。是设计控制系统中最为头痛的事，因为测量变送环节中的纯滞后，将不能及时地把生产过程中被控变量变化的信号传输给控制器，使得控制器仍然依据过时的测量值信号发出控制信号指挥控制系统的动作，从而造成控制质量的下降。在工业生产过程被控变量的测量中，温度和成分等物性参数的测量最容易引入纯滞后。如图 4-24 所示是一个酸碱度的控制系统，酸碱度的测量采用工业酸度计，它由安装在现场的 pH 电极和变送器共同组成。pH 计的 pH 电极不能置于流速变化较大的主管道上，而专门设置为 pH 分析用的支管道，因此 pH 值的测量将引入两项纯滞后

$$\tau_1 = \frac{L_1}{v_1}$$

$$\tau_2 = \frac{L_2}{v_2}$$

式中　L_1，L_2——主管道、支管道的长度；

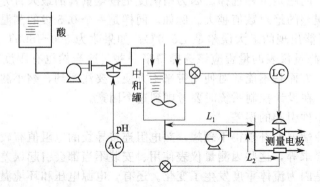

图 4-24　酸碱度控制系统

v_1，v_2——在主管道、支管道内流体的流速。

其中支管道的距离比较长，且分析管道的管径较细，其流速较小，从而使 τ_2 较大，因此，测量过程中由于测量元件所引入的纯滞后为

$$\tau_m = \tau_1 + \tau_2$$

由测量元件安装位置所引入的纯滞后，是难以避免的，但应在设计、安装时力求缩小。对信号传送速度 v_1、v_2，需作正确理解。当被测变量为温度、浓度等物性参数时，v_1、v_2 就是流体流速，因此，检测仪表的安装位置不能离设备太远，管道流速不能太低。例如，在气体成分测量系统中，试样引出导管要尽量短些，气流量要尽量大些，宁可让大部分旁路返回系统或放空。但当被测变量为流量和压力时，信号传送速度并不等于流体流速，而要快得多。例如，对于充满管道的液体，由于介质几乎不可压缩，流量和压力的信号传输在瞬时内即可完成，所以在用节流装置测量液体流速时，节流装置离设备稍远，引压导管稍长，都不会引起显著的时滞。

有时测量仪表本身也会引入纯滞后，这是因为成分仪表要求较高，仪表内部设置被测介质的净化过滤系统，有时还设有恒温换热器等。这也是目前不少在线分析仪表难以投入闭环运行使用的原因之一。

微分作用对于纯滞后是无能为力的。为了消除纯滞后的影响，只有合理选择测量元件及其安装位置，尽量减小纯滞后。从过程控制系统设计来说，纯滞后愈小愈好。当过程参数测量引起的纯滞后较大时，单回路控制系统很难满足生产工艺要求，此时，就需设计其他的控制方案。

（2）检测元件及变送器的时间常数 T_m

T_m 是另一个影响测量值的动态参数。T_m 过大引起测量滞后。在前面章节详细讨论了被控变量测量值和被控变量真实值的关系，在稳态时两者是相同的，在动态变化时，两者有区别，如图 4-25 所示。众所周知，一阶惯性环节在电工学中是由 RC 电路组成的滤波器，将真实值中交流脉动

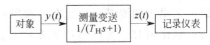

图 4-25　被控变量的测量值和真实值

成分滤除，保留直流分量，从而造成两者的不同。如图 4-26 所示，某化工厂有一反应器温度自动控制系统，参加反应的物料 A 和 B 在反应器内进行反应，需吸收热量，生成产品 C。工艺上对产品质量要求较高，由于直接测量该产品质量的仪表无法解决，因此采用温度参数来间接地控制产品质量。经过多次验证，只要反应温度的波动范围不超过 ±3℃，产品质量就符合要求。

最初，用一个铠装热电偶作测温元件，配 PI 控制器，组成控制系统，如图 4-26 所示，该系统实际工作一段时间以后，产品的合格率始终很低，曾经认为主要原因是控制通道滞后较大，反应不灵敏所致，其记录曲线如图 4-27(a) 曲线所示，从而使反应温度波动较大。因此，用反应曲线法对控制通道进行现场动态特性测试，并经过数据分析，控制通道特性可用两个一阶滞后环节来表达，$T_{01}=50\text{s}$，$T_{02}=75\text{s}$。

后来，考虑到控制通道的滞后，又选用了比例积分微分控制器，使系统重新投入运行，对控制器参数整定后，得到图 4-27 所示的记录曲线（b），从图 4-27 中的记录曲线看，控制质量大有改善，温度波动范围为 ±2℃，但是，产品质量仍不符合要求。最后对测量元件进行动态测试，发现由于热电偶保护套管表面结焦严重，再加上它本身的滞后又比较大，所以热电偶的时间常数竟达 100s。于是用一支时间常数为 3s

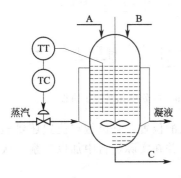

图 4-26　反应器温度控制系统

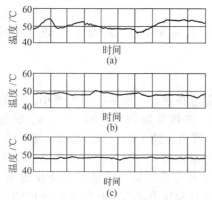

图 4-27 控制过程记录曲线

的快速热电偶代替铠装热电偶，并对控制器参数重新进行整定，控制系统能够平稳运行，反应温度波动不超过±2℃，如图 4-27 所示曲线（c），产品质量合格。

比较曲线（b）和（c），它们的记录曲线相差并不大，前者的产品质量不合格，完全是由于铠装热电偶保护套管表面结焦后时间常数太大，造成被控变量真实值已经远远超过±3℃的变化，而被控变量的测量值仍然较好的假象。

克服测量滞后主要有以下三种方法。

① 选择快速的测量元件　克服测量滞后的根本办法就是合理选择快速的测量元件。所谓合理，不能单纯追求测量滞后要小，而同时要考虑测量精度，自动化的投资和测量元件的供应情况，大体上选择测量元件的时间常数为控制通道的时间常数的十分之一以下为宜。

② 正确选择安装位置　在自动控制系统中，以温度控制系统的测温元件和质量控制系统的采样装置所引起的测量滞后为最大，它与元件外围物料的流动状态、流体的性质和停滞层厚度有关，如果把测量元件安装在死角、容易挂料、结焦的地方，将大大增加测量滞后。因此，设计控制系统时，要合理选择测量元件的安装位置，应千方百计安装在对被控变量的变化反应较灵敏的位置。

如硫酸生产中的沸腾焙烧炉，如图 4-28 所示，硫铁矿经过焙烧炉生成二氧化硫气体，工艺上要求在最高烧出率下保持二氧化硫浓度不变。一般工厂选择炉膛温度作为被控变量来满足工艺提出的要求。因此在一次风量、含硫量、含水量、投矿量等不变的条件下，炉膛温度与二氧化硫有一定的对应关系，只要使炉膛温度保持平稳，就可以保证二氧化硫浓度不变。焙烧炉的炉膛很大，需要认真选择测温元件安装位置，以便使其具有较高的灵敏度。某硫酸厂经长期操作观察，发现第四点温度最灵敏，当投矿量有一阶跃变化时，第四点温度的纯滞后为 10s，测量滞后为 30s，且该点温度能准确地反映出二氧化硫的变化情况。而其他各点则不能代替二氧化硫浓度的变化，有时还会出现相反的情况。由此可见，如果把测量元件安装在其他位置，就不可能得到较好的控制质量。

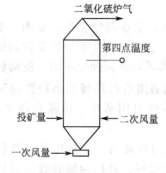

图 4-28 焙烧炉灵敏点示意图

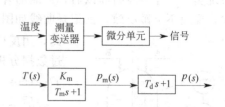

图 4-29 微分单元联接示意图

在工艺和自控设计过程中，不可能预先精确地给出灵敏点的位置，且灵敏点位置还要随负荷和工艺条件而变化，这就需要安装一定数量的测温元件，并在实际运行中加以考察，认真总结才能确定。

因此，在合理选择测温元件的基础上，要进一步选择安装位置，不仅可以减少测量滞后，还可以缩短纯滞后，对于改善控制系统的质量是十分重要的。

③ 正确使用微分单元 对于测量滞后大的系统，引入微分作用也是有效的办法。微分作用相当于在偏差产生的初期，控制器的输出使执行机构产生一个多于应调的位移，出现暂时的过调，然后在比例或者比例积分控制规律作用下，进行进一步的控制，而最终使执行机构慢慢地回复到平衡位置。用微分作用来克服测量滞后，或者对象控制通道的滞后，会大大改善控制质量。如图 4-29 所示，在测量元件以后，接入正微分单元组合仪表后，其输入与输出间的关系为

$$\frac{p(s)}{T(s)} = \frac{K_m}{T_m s + 1}(T_d s + 1) \tag{4-11}$$

式中　K_m——测量元件和变送器放大倍数；

　　　T_m——测量元件时间常数；

　　　T_d——微分时间。

由式(4-11) 可知，若

$$T_d = T_m$$

则

$$p(s) = K_m T(s) \tag{4-12a}$$

或者

$$p(t) = K_m T(t) \tag{4-12b}$$

式(4-12b) 表明，在理想补偿情况下变送器的输出信号和温度的变化直接成正比关系，消除了因测量元件时间常数而产生的动态误差，并将温度的变化及时传送到控制器，从而提高控制系统的质量。

除有特殊要求需要在变送器后配接微分单元外，一般直接利用控制器中的微分作用，这样可以减少一块仪表，而从控制作用来看，在定值控制系统中，两种情况具有相同的作用，如图 4-30 和图 4-31 所示。

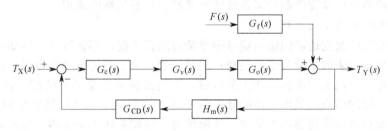

图 4-30　微分单元置于变送器后

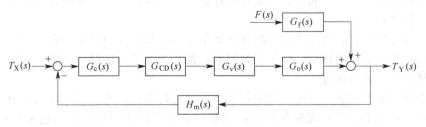

图 4-31　微分单元置于控制器后

当微分单元接在测量变送器之后时（图 4-30），有

$$\frac{T_Y(s)}{F(s)} = \frac{G_f(s)}{1 + G_c(s)G_v(s)G_o(s)H_m(s)G_{CD}(s)} \tag{4-13}$$

当微分单元接在控制器之后时（图 4-31），有

$$\frac{T_Y(s)}{F(s)} = \frac{G_f(s)}{1+G_c(s)G_v(s)G_o(s)H_m(s)G_{CD}(s)} \tag{4-14}$$

比较式(4-13)、式(4-14)，它们是完全一致的。

但在改变设定值时，两者就有差异，其随动系统的闭环传递函数如下

微分单元置于变送器后

$$\frac{T_Y(s)}{T_X(s)} = \frac{G_c(s)G_v(s)G_o(s)}{1+G_c(s)G_v(s)G_o(s)H_m(s)G_{CD}(s)} \tag{4-15}$$

微分单元置于控制器后

$$\frac{T_Y(s)}{T_X(s)} = \frac{G_c(s)G_{CD}(s)G_v(s)G_o(s)}{1+G_c(s)G_v(s)G_o(s)H_m(s)G_{CD}(s)} \tag{4-16}$$

比较式(4-15)和式(4-16)，其分母完全相同，而式(4-16)的分子却增加了微分环节引入的零点，起加快控制的作用。为此在工程上，常将微分作用直接纳入控制器之中，构成PID三作用控制器。

从整个广义对象的特性来看，关键不完全在于 T_m 的绝对值，主要应考虑它与被控对象的时间常数 T_p 之比。当 T_p 大时，T_m 稍大一些不要紧，如 T_p 为 5～10min，则 T_m 不论是10s 或 30s，对广义对象特性同样不起决定性的影响。反之，T_p 小时，T_m 必须很小，才能把两个时间常数拉开，选用小惯性的检测元件是一条可取的途径。

然而，有时也可采用看来截然相反的做法。如 T_p 本身实在太小，T_m 取得比它大一个数量级，反而比两者为同一个数量级好些，此时 T_m 成为广义对象的主要时间常数，这样过程比较平稳，广义对象的 τ_0/T_0 也可小些。对流量控制系统有时就这样做，在变送器输出端跨接一个较大的电容，在气动变送器则用气容。

总之，对检测元件及变送器动态特性的重要性，应有足够的认识。

4.3.3.3 测量信号的滤波处理

有时，检测元件及变送器的输出信号中混杂有随机干扰，亦称噪声。例如，用节流装置测量流量时，显示仪表的指针会来回晃动；用弹簧管压力表测量脉动压力时，指针会跳动不停。又如，水在锅炉汽包中沸腾而产生蒸汽时，汽包液位测量变送器的信号同样带有噪声，或者产生高频的脉动信号。当周期性的脉动信号送入控制器中，经控制器控制规律运算后，控制器输出，使控制阀做周期性的运动，从而使自动控制系统中变送器、显示记录仪、控制阀等频繁的动作，加速仪表的磨损，影响控制系统的使用寿命。另外控制阀的周期性运动对自控系统的控制质量也是不利的。所以在设计过程中，发现测量信号中含有脉动信号时，应采取措施予以解决。

在测量信号中含有脉动信号或者高频脉动信号时，如果控制器采用微分控制规律，则微分器的输出会产生更大的脉动，作用于控制阀，经控制通道后使控制系统的稳定性变差。严重影响控制系统的正常运行。

在电动单元组合仪表中，电动阻尼器就是为此目的而设计的。它实际上是有源的 RC 电路，是一阶惯性环节，其时间常数是可以调整的，它广泛应用于锅炉汽包液位的控制系统中。如图 4-32 所示，液位变送器输出接阻尼器，阻尼器输出接记录和控制器，通过合理地选择阻尼作用，以削弱高频噪声。但任何事物都是一分为二的，若阻尼作用过强，则有效信号同时被削弱，对控制是不利的。

另一种常见的方法，是在变送器输出端并联较大容量的电解电容器，利用电容器的充放电来吸收脉动信号。

当被控变量具有脉动信号时，如前述的流量控制系统，控制器的控制规律就不能选择有

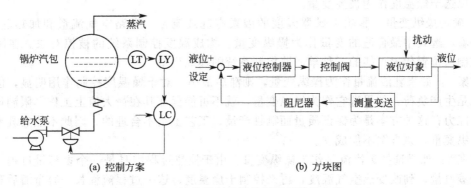

图 4-32　液位控制系统采用阻尼器的方案

微分作用，当采用比例控制规律时，为保证较小的余差，要求控制器的放大倍数较大（即比例度较小）。控制器在对偏差信号放大的同时，对脉动信号所引起的偏差也进行放大，这样会严重影响控制系统的稳定性，因此，常利用增加积分作用的办法，即选择比例积分控制规律，利用积分能消除余差，对脉动信号不敏感的特点进行控制，而在整定控制器参数时，比例积分控制器中的比例度可取得更大一些。这样系统的余差被削弱或者消除了，而系统的稳定性反而得到提高。

　　而在计算机控制时，测量信号是采样输入的，随机干扰的危害性将更为严重。遇到这些情况，必须进行滤波，滤去高频干扰。

4.4　单回路控制系统的工程实施方案

4.4.1　单回路控制系统的工程应用设计

　　现在我们以奶粉生产过程的喷雾式干燥设备控制系统初步设计为项目，选用常规控制仪表作为控制系统的自动化装置，组成单回路控制的工程设计的设计步骤如下。

　　（1）生产工艺概况

　　图 4-33 所示是喷雾式干燥器温度控制流程示意图，工艺要求将浓缩的乳液用热空气干燥成奶粉。乳液从高位槽流下，经过滤器进入干燥器从喷嘴喷出。空气由鼓风机送到热交换器，通过蒸汽加热。热空气与鼓风机直接送来的空气混合以后，经风管进入干燥器，乳液中的水分被蒸发，成为奶粉，并随湿空气一起送出。干燥后的奶粉含水量不能波动太大，否则影响奶粉质量等。

　　在实际的工业生产过程控制系统设计中，还要全面收集工艺生产的操作条件和工艺要求等数据，给控制系统的工程设计提供充分的依据。

　　（2）单回路控制系统方案设计

　　① 确定被控变量　从工艺概况可知需要

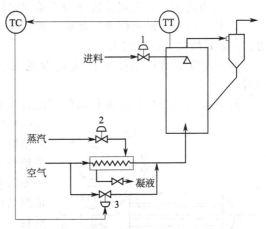

图 4-33　干燥器温度控制流程示意图

控制奶粉含水量。由于测水分的仪表精度不太高，因此不能直接选奶粉含水量作为被控变量。实际上，奶粉含水量与干燥温度密切相关，只要控制住干燥温度就能控制住奶粉含水量。所以选干燥温度作为被控变量。

② 确定操纵变量 影响干燥器温度的因素有乳液流量、旁路空气流量和加热蒸汽量。粗略一看，选其中最合适的变量作为操纵变量，构成温度控制系统的被控对象。在图 4-33 中用控制阀位置代表可能的三种单回路控制系统的操纵变量。

方案 1：如果乳液流量作为操纵变量，则滞后最小，对干燥温度控制作用明显，但是乳液流量是生产负荷，如果选它作为操纵变量，就不可能保证其在最大值上工作，限制该装置的生产能力；这种方案是为保证质量而牺牲产量，工艺上是不合理的，因此不能选乳液流量作为操纵变量，该方案不能成立。

方案 2：如果选择蒸汽流量作为操纵变量，由于换热过程本身是一个多容量过程，因此从改变蒸汽量，到改变热空气温度，再来控制干燥温度，这一过程流程长，容量滞后和时滞太大，控制效果差。

方案 3：如果选择旁路空气流量作为操纵变量，旁路空气量与热风量的混合后经风管进入干燥器，其控制通道的时滞虽比方案 1 的滞后大，但比方案 2 的滞后小。

综合比较之后，确定将旁路控制流量作为操纵变量较为理想。其控制流程见图 4-33。

（3）过程检测与控制仪表的选型

根据生产工艺和用户要求选用电动单元组合仪表组成单回路控制系统。

① 由于被控温度在 600℃ 以下，选用热电阻作为测温元件，配用温度变送器。现场仪表的型号规格、测量范围、精度、安装形式等依据工艺操作条件来确定、选型。

② 根据过程特性和控制要求，选用对数流量特性的气动薄膜控制阀。根据生产工艺安全原则和被控介质特点，控制阀应为气关型，控制阀的结构形式、材质、口径等可根据工艺操作条件，通过分析、计算后确定。

③ 为减小滞后，控制器选用 PID 控制规律。控制器正反作用选择时，可假设干燥温度偏高（即乳液中水分减少），则要求减少热空气流量，由于控制阀是气关型，因此要求控制器输出增加，这样控制器选择正作用。

④ 显示单元和辅助单元的自动化仪表依据控制系统的其他功能进行选型。

4.4.2 单回路控制系统的工程实施方案

单回路控制的工程应用设计方案实施，主要任务如下。

① 仪表选型，即确定并选择构成单回路控制系统全部的仪表（包括辅助性质的仪表）；

② 以选择好自动化仪表为基础，根据控制系统的结构，设计绘制带控制点的工艺流程图、控制系统接线图并实施。

本书仅以电动Ⅲ型仪表构成较常见的控制系统实施方案简略举例，供大家参考与探讨。

图 4-34 所示为列管式换热器的温度控制方案。换热器采用蒸汽为加热介质，被加热介质的出口温度为（350±5）℃，温度要求记录，并对上限报警，被加热介质无腐蚀性，采用电动Ⅲ型仪表，并组成本质安全防爆的控制系统。图 4-34 是在工艺流程图的基础上，又清楚地标明了自动控制系统，称为带控制点工艺流程图，它是自控工程中极重要的一份资料。

当控制方案确定以后，紧接着的设计工作称为仪表选型，也就是根据工艺条件和工艺数据，选择合适的仪表组成控制系统。以上海自动化仪表集团公司的

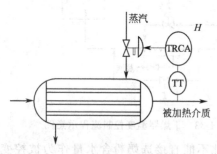

图 4-34 换热器的温度控制系统

产品为例，做如下选择。

① 测温一次元件的选择，依据控制温度为 350℃，宜采用铂热电阻测温。若采用图 4-35 的安装方式，其产品型号为 WZP-210，$L=200$mm，碳钢保护套管，分度号为 Pt100。

② 温度变送器为 DBW-4230，测温范围为 0～500℃，分度号为 Pt100（应和一次元件相配套）；

③ 单笔记录仪型号为 DXJ-1010S，输入为 1～5V DC，标尺为 0～500℃；应注意和一次仪表、变送器相配套。

④ 电动配电器型号为 DFP-2100。

⑤ 电动指示控制器型号为 DTZ-2100S，PID 控制规律，选定正反作用位置，并将其置入。

⑥ 操作端安全栅型号为 DFA-3300。

⑦ 电气阀门定位器型号为 ZPD-1111-H Ⅲ e。

⑧ 报警给定仪型号为 DGJ-1100（用于上限报警设定）。

⑨ 闪光报警仪型号为 XXS-01。

⑩ 气动薄膜控制阀，如 ZMAP-16$^{K}_{B}$DNXX。

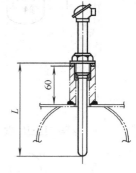

图 4-35　热电阻的安装

⑪ 若温度变送器放置现场，则需添加输入端的安全栅 DFA-3100。若现场仪表采用压力变送器、差压变送器组成压力自动控制系统、流量自动控制系统，其基本组成同上，仅做适当修改即可。

当自动化仪表选定以后，可设计绘制方块图和接线图，方块图是一种最基本的形式，另一种是辅以仪表接线端子组成接线图，在这两种图中一般只表示控制系统的信号流向，而不考虑电源的去向和供给，控制系统的接线图在工程设计中是制订其他图纸的基础。图 4-36 和图 4-37 是温度控制系统的组成方框图和接线图。图中共有三个信号回路：

① 为热电阻和温度变送器输入端的信号回路，热电阻采用四线制连接；

② 温度变送器和测量记录仪、控制器的输入回路，温度变送器经检测端安全栅，其信号为 4～20mA，在配电器中，转换为 1～5V DC 的信号，送到报警单元、记录仪表和控制器输入端，它们采用并联接法；

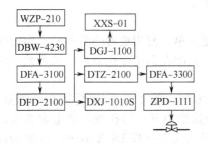

图 4-36　温度控制系统组成方框图

③ 控制器的输出回路，控制器输出，经输出安全栅，送到电气阀门定位器，转换成 0.02～0.1MPa 的输出，推动气动薄膜控制阀动作。

上述安全火花型的系统若使用在非本质安全防爆的场合，即工程中降低防爆等级时，只取消输入端和输出端的安全栅即可，图 4-37 的接线图中，没有为 Ⅲ 型仪表提供 24V 电源，可单独使用电源箱。

特别强调的是现场的安全火花仪表经过防爆审核机关检验和批准确认方可使用，但只能与本厂生产的安全栅配套使用，不同仪表制造厂制造的安全火花型仪表和安全栅不能互用和混用，这是因为未经防爆试验的缘故。

在日本横河仪表厂生产的 Ⅰ 系列仪表中，组成安全火花型的系统则应使用安全栅的仪表，用安全栅来限制通向现场的信号线和控制器输出信号线的能量。当发生短路、接地和其他各种故障时，可能产生的火花不足以使爆炸性气体产生爆炸危险。同时，如组成非安全火花型的系统，则应选用配电器对现场仪表供电。读者要注意各仪表制造厂仪表配套的区别，切不可盲目套用。

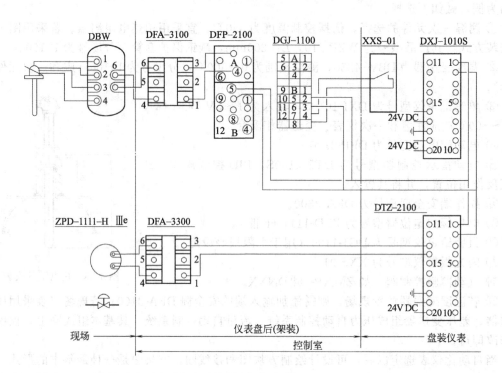

图 4-37   温度控制系统接线图

　　人们在总结仪表使用经验的基础上，不断推出结构更简单、使用更方便的各种类型的仪器。因此，如温度变送器、安全栅部分用一块电路构成，并附在温度变送器内，选择此种仪表时，控制室内不用安全栅，直接可用配电器来供电。

　　【例 4-3】图 4-38 是流量指示、积算、控制系统的方案。图 4-38 中流量用孔板测量，流量孔板装于控制阀前，采用 DDZ-Ⅲ型仪表构成，仪表选型如下：①孔板；②电容式电动差压变送器 CECC；③电动开方积算仪表 DXS-2300S；④输入安全栅 DFA-3100；⑤电动配电器 DFP-2100S；⑥流量指示仪（可选数显表或者动圈式仪表）；⑦电动指示控制仪 DTZ-2100S，PI 控制规律；⑧输出安全栅 DFA-3300；⑨电气阀门定位器 ZPD-1111-H Ⅲe；⑩气动控制阀。

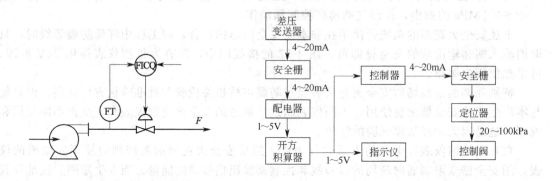

图 4-38   流量控制系统方案　　　　　　　　图 4-39   流量控制系统方框图

　　图 4-39 是流量控制系统的方框图；图 4-40 是它的接线图。

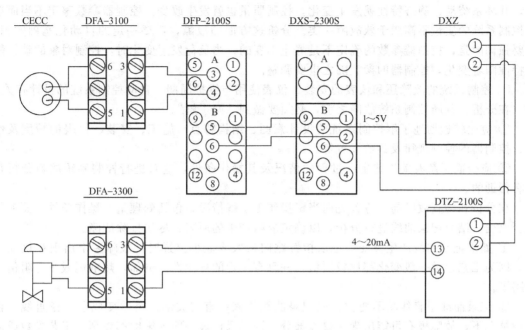

图 4-40　流量控制系统接线图

4.5　单回路控制系统的故障及排除故障方法

4.5.1　单回路控制系统一般性故障的判断

控制系统在线运行时，不能满足控制质量指标的要求，或者记录仪表上所标明的记录曲线偏离控制质量指标的要求，这说明方案设计合理的控制系统存在故障，需要及时处理，排除故障。一般来说，控制系统开车运行初期或停车阶段，由于工艺生产过程不正常、不稳定，各类故障较多。当然，这种故障不一定都出自控制系统和仪表本身，也可能来自工艺流程部分。判断自动控制系统的故障是一个较为复杂的问题，涉及面也较广，大致可以归纳为如下几方面。

① 工艺过程设计不合理或者工艺本身不稳定，从而在客观上造成控制系统扰动频繁、扰动幅度变化很大，自控系统在调整过程中不断受到新的扰动，使控制系统的工作复杂化，从而反映在记录曲线上的控制质量不够理想，这时需要工艺和仪表，同心协力、共同分析，才能排除故障。尤其在生产过程中，缺少一定的检测手段，较难判断故障原因。可以在对控制系统中各仪表进行认真检查，并确认可靠的基础上，将自动切换为手动。在开环情况下运行，若生产工艺操作频繁，参数不易稳定，调整困难，则一般可以判断是由于工艺过程设计不合理或者工艺本身不稳定引起的。

② 自动控制系统的故障也可能是控制系统中个别仪表造成的。例如仪表灵敏度的下降，精度不高，尤其安装在现场的控制阀，由于腐蚀、磨损、填料的干涩而造成阀杆摩擦力增加，使控制阀的性能变坏，它的记录曲线如图 4-42(f) 所示。据资料分析统计，自动控制系统的故障大多数是控制阀造成的。这是因为对于除控制阀以外的仪表，如控制器、显示记录仪表，维护、检修比较方便。目前，在大中型的化工厂中，一般设有专门的控制阀维护人员，承担全厂范围控制阀的维护检修，并积累了不少成功经验。

③ 自动控制系统的故障与控制器参数的整定是否恰当有关。众所周知，控制器参数不

同，开环系统动、静态特性就发生变化，控制质量也就发生改变。控制器参数整定不当而造成控制系统的质量不高属于软故障一类。分析这方面的故障，需要一定的自动化基础知识。需要强调的是，控制器参数的确定不是静止不变的，当负荷发生变化时，控制对象的动、静态特性随着变化，控制器的参数随之也要调整。

④ 控制系统的故障还和仪表的安装、仪表使用与维护周期、自动控制系统的设计有关。

在分析、判断控制系统故障之前，必须要做到"两了解"。

① 应比较透彻地了解控制系统的设计意图、结构特点、施工、安装、仪表的精度及性能、控制器的控制规律及参数设置等。

② 应全面了解有关工艺生产过程的情况及其操作条件，这对进行控制系统故障分析是极有帮助的。

在分析和检查故障前，应首先向当班操作工了解情况，包括处理量、操作条件、原料等是否改变，结合记录曲线进行分析，以确定故障产生的原因，尽快排除故障。

① 如果记录曲线产生突变，记录指针跑向最大或最小位置时，故障多半出现在仪表部分，因为工艺参数一般变化都比较缓慢，并且有一定的规律性。例如，热电偶或热电阻信号断路了。

② 记录曲线呈直线状不变化，或记录曲线原来一直有波动，突然变成了一条直线。在这种情况下，故障极有可能出现在仪表部分。因记录仪表一般灵敏度都较高，工艺参数或多或少的变化都应该在记录仪上反映出来。必要时可以人为地改变一下工艺条件，如果记录仍无反应，则是检测系统仪表出了故障。例如，差压变送器的导压管堵塞了。

③ 记录曲线一直较正常，有波动，但以后记录曲线逐渐变得无规则，使系统自动控制运行很困难，甚至切入手动控制后也没有办法使之稳定，此类故障有可能出于工艺部分。例如，工艺负荷突变。

4.5.2 排除故障的分析法

控制系统发生故障，常用的分析方法是"层层排除法"。简单控制系统由四部分组成，无论故障发生在哪部分，首先检查最容易出故障的部分；然后再根据故障现象，逐一检查各部分、各环节工作状况。在层层排查的过程中，终究会发现故障出现在哪个部分、哪个位置，即找出了故障的原因。处理系统故障最难的是找到故障原因，一旦故障原因找到了，其处理故障的办法就迎刃而解了。

为了进一步说明这种分析查找控制系统故障的"层层排除法"，用生产中的具体实例加以阐述。

【例 4-4】 有一流量自动控制系统，二次仪表记录值跑到最小值，如何判别故障在哪一部分？

答：检查程序如图 4-41 所示。

【例 4-5】 单参数流量控制系统，操作人员反映流量波动大，要进行改进，如何判断问题出在何处？

答：① 观察控制器偏差指示是否波动，若偏差指示稳定而显示仪表示值波动，则是显示仪表故障。

② 若显示仪表示值和控制器偏差指示同时波动，则是变送器输出波动，这时控制器改为手动遥控，若是示值稳定，则是控制器自控不稳定，控制器自控故障或参数需重新整定。

③ 控制器改手动遥控，变送器输出仍波动，则应观察控制器的手动电流是否稳定，若不稳定，则是控制器手动控制故障；若稳定，应观察控制阀气压表；若示值波动，控制阀阀杆上下动作，则是电气转换器或电气阀门定位器故障；也可能它们受外来震动而使输出

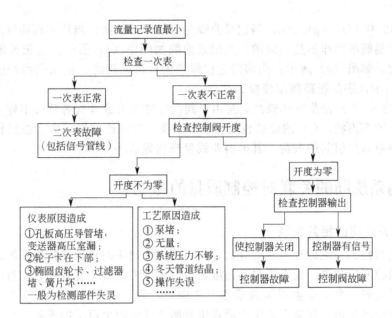

图 4-41　流量控制系统故障检查程序框图

波动。

④ 控制器改手动后，控制阀气压稳定，阀杆位置不变，变送器输出仍波动，这时应和工艺人员商量，使变送器停用。关闭二次阀，打开平衡阀，检查变送器工作电流是否正常，若正常，将变送器输出迁移到正常生产时的输出值。此时，观察其输出是否稳定，若不稳定则是变送器故障，或变送器输出回路接触不良；若变送器输出稳定，此时取消迁移量，启动差压变送器后输出仍波动，则是变送器导压管内有气阻或液阻，将气阻、液阻排除后，变送器输出仍波动，则是工艺流量自身波动，与操作人员共同分析加以解决。

【例 4-6】　自动控制系统的记录曲线如图 4-42 所示几种情况：

① 记录曲线呈现周期长，周期短和周期性振荡如图 4-42(a)、(b)、(c) 所示；

② 记录曲线偏离设定值后上下波动，如图 4-42 中的 (d)、(e) 所示；

③ 记录曲线有呆滞或有规律振荡，如图 4-42 中 (f)、(g)、(h) 所示；

④ 记录曲线有狭窄的锯齿状临界振荡状况，如图 4-42 中 (i)、(j) 所示。

试判断系统不正常的原因。

答：① 图 4-42 中 (a)、(b)、(c) 是控制器参数整定不当而造成被控变量发生振荡，造成振荡曲线周期的不同，积分时间 T_i 太小，则振荡周期较长；比例度太小，即比例作用过强，其振荡周期次之；微分作用过强，也就是微分时间太大，造成振荡周期过小，则振荡幅值也较小。

② 图 4-42 中 (d) 和 (e) 是记录曲线发生漂移的情况，(d) 是比例度过大，控制作用很弱所致；(e) 为积分时间太大，记录曲线回复到平

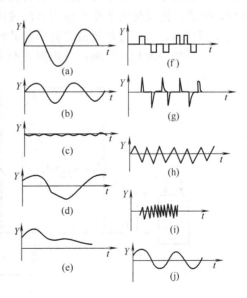

图 4-42　控制系统故障记录曲线

稳位置很慢。

③ 图 4-42 中 (f)、(g)、(h) 是记录曲线为有规则的振荡，当控制阀阀杆由于摩擦或存在死区时，控制阀的动作不是连续的，其记录曲线如图中 (f) 所示；当记录笔被卡住或者记录笔挂住时，如图 (g) 所示；当阀门定位器产生自持振荡时，记录曲线产生三角形的振荡，它和 (i) 的区别是振荡频率较慢。

④ 图 4-42 中 (i) 振荡频率较高，是由于阀门尺寸太大或者阀芯特性不好，所引起的振荡曲线呈狭窄的锯齿状。(j) 的曲线也是振荡，主要产生在比例度很大、控制作用极其微弱的、由工艺参数本身引起的振荡，其振荡曲线呈现临界状态。

4.6　控制系统间的关联对控制质量的影响

4.6.1　控制系统间的相互关联

为了简化对控制系统运行问题的分析，前面我们所讨论的单回路控制系统的控制方案大多是从单一被控变量和单一操纵变量的角度出发，很少考虑多个变量在控制过程中相互之间的影响。但是任何一个工业生产装置或者工艺生产过程，很少只有一个独立控制系统的情况。任何工业生产过程，如果工艺生产流程中有两个或者两个以上的控制系统，控制系统之间就会有可能产生相互影响、相互关联，简称关联。在单回路控制系统设计时，一般依据工艺生产过程由前向后独立制定自动控制方案，很少考虑它们前后的相互影响，所以有时会出现局部可行，而从整体来看相互矛盾、甚至冲突的情况，为此在设计控制系统的方案时还应具有全局观点，要从整体方案上仔细地审理一下是否合适，防止因相互影响而使控制系统不能正常使用。

例如，某化工厂有一套并联运行的吸收塔，如图 4-43 所示。被处理物料在送往吸收塔前要经过一个混合器，混合器出口压力 p_0 基本上是稳定的。起初手动操作，后模拟手动操作设计一套液位控制系统，并投入自动运行，在取得经验的基础上，另两套同样安装液位控制系统。然而，发现三套投入自动时，则因相互影响，以致最后引起发散振荡，都不能正常工作。分析其原因，主要因为是总管管径太细，导致当各塔流量发生变化时，p_1 与 p_2、p_3 之间的差压，随流量的变化有较明显的波动，并且控制对象特性接近，工作频率相近，因此一旦受到扰动，过渡过程就很容易引起共振，甚至无法工作。

控制系统间的相互影响，可用图 4-44 的方块图表示，为了清楚起见，图 4-44 中仅取塔

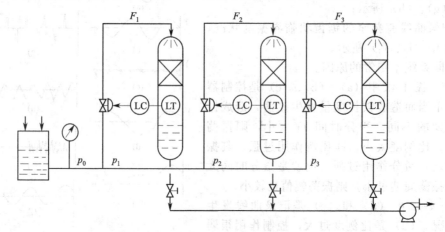

图 4-43　三个并联运行的吸收塔的液位控制方案

1 和塔 2 两个控制系统。由于总管的管径太细，塔 1 的液位控制系统，使流量 F_1 发生变化时，F_1 对塔 2 的影响是通过扰动通道 $G_{f3}(s)$ 影响 p_2，再经扰动通道 $G_{f2}(s)$ 影响到流量 F_2；同时，当 F_2 流量变化时，反过来又影响到流量 F_1，从而破坏了各自的操作，起着相互干扰的作用。很明显，要使相互关联消除，只要切断 $G_{f3}(s)$、$G_{f4}(s)$ 两个扰动通道就可以了。

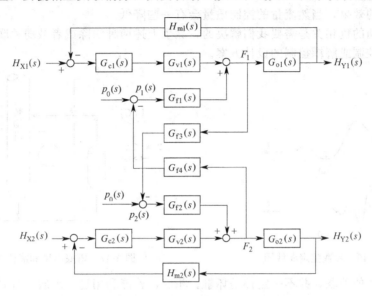

图 4-44　两个并联运行的液位控制系统相关方块图

4.6.2　相互关联对控制质量的影响及消除方法

为消除控制系统间关联的影响，可采用两种办法：一是从工艺上加以改进，通过对工艺的分析，认识到控制系统关联是因为总管管径过细所致，在更换总管、扩大管径后，使 p_1 和 p_2 两点间压力几乎保持不变，于是扰动通道 $G_{f3}(s)$ 和 $G_{f4}(s)$ 就不复存在了。因此这三套系统可以单独工作，问题得到了根本的解决。另一种是把第二套液位控制系统改为手控，以减少第一套和第三套的影响，这是一种应急的临时措施，它是以牺牲一套控制系统而求得另两套的成功为代价的。总的来说，在方案设计时，考虑欠周详是控制系统设计运行失败的一个原因。

在控制系统的方案设计中，有时两套控制系统间的关联无法从工艺上消除，也可以通过控制器参数的工程整定，削弱两套控制系统间的关联程度，而获得运行成功。

控制系统间的相互关联，有的影响为相加性质，故称正相关；另一种性质的关联是相互抵消的，故称负相关。下面分别举例说明。

图 4-45 所示是化工炼油生产中常见的流体输送过程，工艺对流量和压力都有要求，因此设计为流量控制系统和压力控制系统。假如某种原因，使压力 p_1 升高，压力控制器输出使 PV 阀门开大，则旁路流量 F_1 增加，从而导致输出流量 F_2 的减少，压力控制系统工作已使压力 p_1 恢复正常。与此同时，由于 p_1 的升高，在阀门 FV 开度不变情况下流量增加，为此对流量控制系统来说将关闭阀门 FV，从而进一步加剧 p_1 的上升，当两个控制过程同步进行时，这种关联将使它们无法正常工作。故这两套控制系统是负相关的。

对于这种类型的系统，如能通过控制器参数整定，削弱两系统之间的动态联系，把两个系统的工作

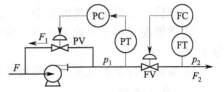

图 4-45　流量和压力控制系统

频率错开，就有可能使相互关联的控制系统仍能正常工作。假如工艺上压力控制系统是主要的，我们可以把流量控制系统的比例度和积分时间增加，即减弱它的控制作用，如图 4-46(a)所示，这样压力控制系统工作过程进行比较快，如图 4-46(b) 所示，而流量控制进行缓慢，从而减弱了流量对压力系统的影响，减小了两个控制系统间的相关性。通过现场试验表明，可以取得较好的效果，当然流量的控制质量会有一些降低。

　　控制系统间的负相关是需要我们解决的，除了上述两种消除或者减弱关联的方法外，还可以采用均匀控制或解耦控制的设计方案。

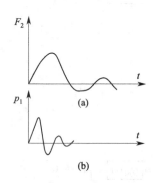

图 4-46　参数整定曲线图

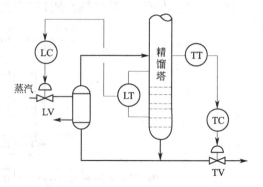

图 4-47　塔底温度和液位控制系统

　　控制系统间的关联，并不一定都是坏事。相反，若能利用这一矛盾，有时反而能改善控制系统的质量。

　　图 4-47 所示是某精馏塔塔底温度和液位控制系统的示意图。一般采用的方案是液位控制系统调塔底出料，温度控制系统调加热蒸汽流量。而现在则相反，温度控制系统调塔底采出，液位控制系统调加热蒸汽流量，它们各自控制通道很长，系统的动态性都比较差，它们关联的性质都是相加的，促进了产品质量的提高。假如进料量的增加，则塔底液位会很快上升，为保持塔底产品的质量，必须加入更多的热量，使塔底的物料蒸发，同时由于更多的物料下到塔底，使塔底温度下降，为防止不合格产品排出，温度控制器促使 TV 阀门关小，这一动作的结果，又进一步促使液位升高，液位控制系统将促使蒸汽阀门 LV 进一步开大。两套控制系统动作的结果，都使加热量增加，这样减少了系统的滞后，加快了温度控制系统的工作，提高了产品的质量。故这两套控制系统是正相关的。

　　在工程上，这种类型的控制系统适用于塔底排出量很小的场合，称为交叉控制。现场使用经验表明，只要使用得当，可以利用控制系统间的相关，提高产品的质量。

小　结

　　(1) 主要内容
　　① 单回路控制系统的基本结构、工作原理及其特点。
　　② 单回路控制的投运，熟悉控制系统运行前的准备工作。
　　③ 控制器控制规律的选择原则，正、反作用的确定方法，及在工程设计中的应用技巧。
　　④ 分析了工程上常见的控制系统间的相互关联及对控制质量的影响和解决办法。
　　⑤ 详细地分析了工业生产过程常用单回路控制系统的设计方法，及控制系统的工程实施要点。
　　⑥ 探讨了控制系统故障的分析方法——"层层排除法"及其应用实例。
　　(2) 学习要点
　　① 根据本章学过的知识和检测仪表、控制仪表的知识能够熟练地进行控制系统的运行

前准备工作，学会单回路控制系统的投运操作技能。

②　学会单回路控制系统的接线（安装）、调试、参数整定、故障分析与排除。这也是我们专业技术人员的基本技能。

③　掌握单回路控制系统中各环节在工程设计应用中的分析方法，能独立完成单回路控制系统的工程设计。

④　学会控制系统设计方案的方法，自动化仪表选型方法，能够根据对象特性选择控制阀的流量特性和控制阀口径的计算选择。正确地掌握控制阀气开、气关的选择方法。

⑤　初步学会单回路控制系统在运行中出现故障时的处理方法。

例题和解答

【例题 4-1】　图 4-48 所示为一蒸汽加热器温度控制系统。

①　指出该系统中的被控变量、操纵变量、被控对象各是什么？

②　该系统可能的干扰有哪些？

③　该系统的控制通道是指什么？

④　试画出该系统的方块图。

⑤　选择控制器的控制规律

⑥　如果被加热物料过热易分解时，试确定控制阀的气开、气关型式和控制器的正、反作用。

⑦　试分析当冷物料的流量突然增加时，系统的控制过程及各信号的变化情况。

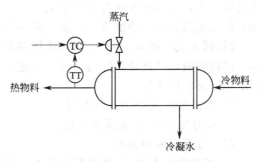

图 4-48　蒸汽加热器的温度控制

解　①　该系统的被控对象是蒸汽加热器，被控变量是被加热物料的出口温度，操纵变量是加热蒸汽的流量。

②　该系统可能的干扰有加热蒸汽压力；冷物料的流量及温度；加热器内的传热状况（例如结垢状况）；环境温度变化等。

③　该系统的控制通道是指由加热蒸汽流量变化到热物料的温度变化的通道。

④　方块图如图 4-49 所示。

⑤　因为温度对象容量滞后较大，所以选 PID 控制规律。

⑥　由于被加热物料过热易分解，为避免过热，当控制阀上气源中断时，应使阀处于关闭状态，所以控制阀应选气开型。由于加热蒸汽流量增加时，被加热物料出口温度是增加的，故该系统中的对象是属于"＋"作用方向的。控制阀是气开型，也属于"＋"作用方向。为使系统具有负反馈作用，控制器应选"－"作用，即反作用方向的。

⑦　当冷物料流量突然增大时，会使物料出口温度 T 下降。这时由于温度控制器 TC 是反作用的，故当测量值 z 下降时，控制器的输出信号 u 上升，即控制阀膜头上的压力上升。由于阀是气开型的，故阀的开度增加，通过阀的蒸汽流量也相应增加，于是会使物料出口温度上升，起到因物料流量增加而使出口温度下降相反的控制作用，故为负反馈作用。所以该

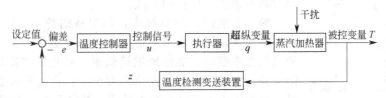

图 4-49　蒸汽加热温度控制方块图

系统由于控制作用的结果，能自动克服干扰对被控变量的影响，使被控变量维持在设定的数值上。

【例题 4-2】 试确定图 4-50 所示系统中控制阀的气开、气关形式和控制器的正、反作用（图4-50 为一冷却器出口物料温度控制系统，要求物料温度不能太低，否则容易结晶）。

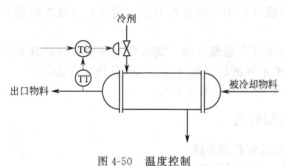

图 4-50　温度控制

解 由于被冷却物料温度不能太低，当控制阀膜头上气源突然中断时，应使冷剂阀处于关闭状态，以避免大量冷剂流入冷却器，所以应选择气开阀。当冷剂流量增大时，被冷却物料出口温度是下降的，故该对象为"－"作用方向的，而气开阀是"＋"作用方向的，为使整个系统能起负反馈作用，故该系统中控制器应选"＋"作用的。当出口温度增加时，控制器的输出增加，使控制阀开大，增加冷剂流量，从而自动地使出口温度下降，起到负反馈的作用。

【例题 4-3】 图 4-51 所示为一液体储槽，需要对储槽的液位进行自动控制。为安全起见，储槽内液体严格禁止溢出，试在下述两种情况下，分别确定控制阀的气开、气关形式及控制器的正、反作用。

① 选择流入量 Q_i 为操纵变量；

② 选择流出量 Q_o 为操纵变量。

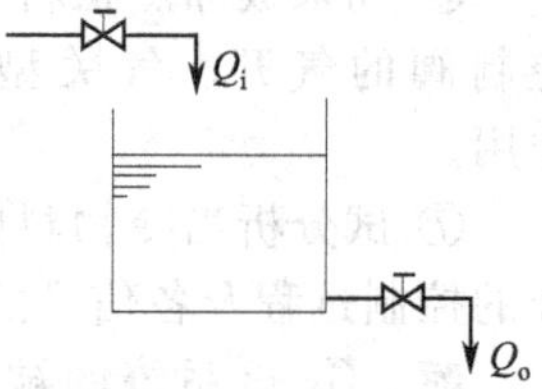

解 分下面两种情况。

① 当选择流入量 Q_i 为操纵变量时，控制阀安装在流入管线上，这时，为了防止液体溢出，在控制阀膜头上气源突然中断，控制阀应处于关闭状态，所以应选用气开阀，为"＋"作用方向。

图 4-51　液体储槽

这时，操纵变量即流入量 Q_i 增加时，被控变量液位是上升的，故对象为"＋"作用方向。

由于控制阀与对象都是"＋"作用方向，为使整个系统具有负反馈作用，控制器应选择反作用方向。

② 当选择流出量 Q_o 为操纵变量时，控制阀安装在流出管线上，这时，为防止液体溢出，在控制阀膜头上气源突然中断时，控制阀应处于全开状态，所以应选用气关阀，为"－"作用方向。这时，操纵变量即流出量 Q_o 增加时，被控变量液位是下降的，故对象为"－"作用方向。

以上这两种情况说明，对同一对象，其控制阀气开、气关型式的选择及对象的作用方向都与操纵变量的选择是有关的。

由于选择流出量 Q_o 为操纵变量时，对象与控制阀都是"－"作用方向，为使整个系统具有负反馈作用，应选择反作用方向的控制器。

【例题 4-4】 图 4-52 所示是锅炉的压力和液位控制系统的示意图。试分别确定两个控制系统中控制阀的气开、气关形式及控制器的正、反作用方式。

解 在液位控制系统中，如果从锅炉本身安全角度出发，主要是要保证锅炉水位不能太低，则应选择气关型控制阀，以便当气源中断时，能保证继续供水，防止锅炉烧坏；如果从后续设备（例如汽轮机）安全角度出发，主要是要保证蒸汽的质量，蒸汽中不能带液，那么就要选择气开阀，以便气源中断时，不再供水，以免水位太高。本题假定是属于前者的情况，控制

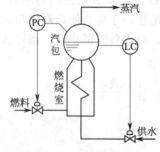

图 4-52　锅炉控制

阀选择为气关式，为"－"方向；当供水流量增加时，液位是升高的，对象为"＋"方向，故在这种情况下，液位控制器 LC 应为正作用方向。当控制阀因需要选为气开型时，则液位控制器应选为反作用方向。

在蒸汽压力控制系统中，一般情况下，为了保证气源中断时，能停止燃料供给，以防止烧坏锅炉，故控制阀应选择气开型，为"＋"方向；当燃料量增加时，蒸汽压力是增加的，故对象为"＋"方向。所以在这种情况下，压力控制器 PC 应选为反作用方向。

【例题 4-5】　图 4-53 所示为一离心泵出口流量控制系统，试指出该系统中的被控变量、操纵变量、对象各是什么？并说明流量控制器 FC 正、反作用的选择方法。

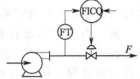

解　该系统中的被控对象实质上只是由控制阀到流量检测元件间的一段管道。操纵变量是指流过控制阀的液体流量，被控变量是指由流量检测元件所测量的流量，实际上这时操纵变量与被控变量都是泵的出口流量，因此在这种情况下，对象的作用方向总是"＋"的。

图 4-53　流量控制

由于对象的作用方向为"＋"，故流量控制器 FC 的作用方向就取决于控制阀的气开、气关式的选择。当控制阀选为气开型时，FC 应选为反作用方向；当控制阀选为气关型时，FC 应选为正作用方向。

控制阀的气开、气关型式的选择主要由工艺情况来决定。如果没有特殊要求，那么选择气开或气关阀都可以；如果工艺上有要求，例如后续设备若不允许有停料情况发生，则控制阀应选为气关式。

【例题 4-6】　如何区分由于比例度过小、积分时间过小或微分时间过大所引起的振荡过渡过程？

解　当控制器的比例度过小、积分时间过小或微分时间过大时，都说明这时控制作用过强，使系统稳定性降低，引起振荡的过渡过程。如何区分该振荡过程是由什么原因引起的，主要由振荡过程的振荡周期或振荡频率来判断。

当比例度过小，即比例放大系数过大时，比例控制作用很强，特别当比例度接近临界比例度时，系统有可能产生强烈的振荡，被控变量忽高忽低。由于比例控制作用比较及时，控制作用的变化与被控变量的变化几乎是同步的，所以引起的振荡过渡过程周期较短，频率较高。

当积分时间过小时，积分控制作用很强，也会使系统稳定性降低，有可能出现振荡过渡过程。但是由于积分控制作用比较缓慢，不够及时，控制作用的变化总是滞后于被控变量的变化，所以引起的振荡过渡过程周期较长、频率较低。

当微分时间过大时，微分控制作用过强，也会使系统稳定性降低，有可能出现振荡过渡过程。由于微分控制作用是超前的，它的强弱取决于被控变量的变化速度。一旦被控变量变化，就会有较强的微分控制作用产生，特别是当对象的时间常数较小，或系统中有噪声存在时，微分控制作用对被控变量的变化非常敏感，过强的控制作用会使振荡加剧，而这时产生的振荡过渡过程周期很短，其频率远高于由比例度过小或积分时间过小所引起的振荡频率。

【例题 4-7】　控制系统在控制器不同比例度的情况下，分别得到两条过渡过程曲线如图 4-54 中的（a）、（b）所示，试比较两条曲线所对应的比例度的大小（假定系统为定值系统）。

解　曲线（a）所对应的比例度比曲线（b）所对应的比例度要小，其原因可从两方面分析。

① 曲线（a）的振荡情况比曲线（b）要剧烈，频率要高，衰减比要小，稳定性要差。这说明曲线（a）所对应的比例度要小，这是因为比例度小，控制作用强。在同样的被控变量偏差的情况下，容易产生过调，致使系统稳定性下降。

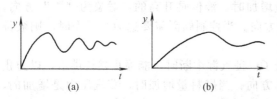

图 4-54　不同比例度时的过渡过程曲线

② 曲线（b）的余差比曲线（a）的余差大，这也说明曲线（b）所对应的比例度要大。这是因为比例度大，在负荷变化以后，要产生同样的控制作用，所需的偏差数值就要大，所以在比例控制系统中，比例度越大，所产生的余差也越大。

【例题 4-8】　控制系统在控制器积分时间不同的情况下，分别得到两条过渡过程曲线，如图 4-55 中的（a）、（b）所示，试比较两条曲线所对应的积分时间的大小。

解　由于控制器具有积分作用，所以余差最终都能消除。由图 4-56 可以看出，曲线（b）消除余差较慢，所以它对应的控制器具有较大的积分时间 T_i 值。而曲线（a）所对应的积分时间 T_i 值较小，具有较强的积分控制作用，因而消除余差速度快，但系统的稳定性下降，振荡情况比（b）严重。

图 4-55　不同积分时间时的过渡过程曲线

【例题 4-9】　一个系统的对象有容量滞后，另一个系统由于测量点位置安装不当造成纯滞后，如分别都用微分作用克服滞后，效果如何？

解　这里需要说明的是容量滞后和纯滞后是有区别的。一个具有容量滞后的环节，其输入量变化后，输出量也立即开始变化，但由于容量或惯性的存在，变化需要一个过程，输出是逐渐跟上输入的变化的。当输入是阶跃作用时，如图 4-56(a) 所示；具有容量滞后环节其输出时如图 4-56(b) 所示。如果该环节还具有纯滞后特性，纯滞后时间为 τ_0，那么当输入变化后，输出开始根本不变化，要经过一段时间 τ_0 才开始变化，如图 4-56(c) 所示。

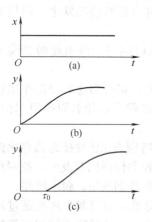

图 4-56　容量滞后与纯滞后的比较

微分控制作用是控制器的输出与输入信号的变化速度成比例，被控变量开始变化时，尽管变化的数值还不大，但只要具有一定的变化速度，控制器就有一定的输出，这种超前的控制作用对克服容量滞后是有好处的。但是如果测量元件具有纯滞后，被控变量在输入作用下已经开始变化，而测量元件在纯滞后时间内对被控变量的变化毫无反应，这时尽管控制器具有微分作用，但是由于它的输入（即给定值与测量值的偏差）没有变化，所以就不可能在纯滞后时间内，对系统施加任何控制作用，一直到 τ_0 时间后，控制器的输入开始变化，才能发挥其控制作用。所以微分控制作用对克服纯滞后是无能为力的。

【例题 4-10】　为什么有些控制系统工作一段时间后控制质量会变坏？

解　控制系统的质量是与组成系统的四个环节的特性有关的，当系统工作一段时间后，这四个环节的特性都有可能发生变化，以致影响控制质量。这时，要从仪表和工艺两个方面去找原因，特别重要的是工艺人员与仪表人员的密切配合，只要认真检查，问题是不难发现与解决的。

首先是对象特性的变化会对控制质量产生很大的影响。有些对象本身具有非线性，当负荷变化时，系统的放大系数、时间常数都会随之变化。不少温度对象，它的特性与换热情况有很大关系，系统刚运行时，传热效率较高，时间常数较小，可能控制质量是不错的，但运行了一段时间后，由于传热壁上结垢变厚，或由于工艺波动等原因，使易结晶的物料不断析出，聚合物不断产生，或一些反应器内催化剂活性下降等，必然会使对象特性发生变化，控制质量变差。控制器参数的整定是在一定的对象特性情况下进行的，对象特性的变化，很可能会使开车时整定好的参数不再适应新的对象特性，这时如不及时调整参数，当然也会使控制质量变差。

属于控制阀上的原因也不少，如有的阀由于受介质的腐蚀，使阀芯、阀座形状发生变化，阀的流通面积变大，也易造成系统不能稳定地工作。另外，控制阀的流量特性在对象负荷变动时也会产生变化。如果阀的特性是线性的，在负荷比较低时，系统的控制作用就较强，有可能使被控变量产生较大的波动，如果是这种原因，使控制质量变差，就应设法改变阀的特性，如采用对数阀等。

检测元件特性的变化也会影响控制质量。有的检测元件在使用一段时间后，特性变坏，例如孔板磨损、污物堵塞等，有的测温元件被结晶或聚合物包住，使时间常数变大、测量精度下降等。检测元件信号的失真会直接影响控制器的输入信号和输出信号，当然会使控制质量下降。

由于组成控制系统的对象、检测元件、控制阀在系统运行一段时间后，其特性都可能发生变化，以致影响控制质量。所以控制系统在运行一段时间后，往往要对控制器的参数重新进行整定，以适应情况的变化，满足对控制质量的要求。

【例题 4-11】　某换热器的温度控制系统方块图如图 4-57 所示。系统的被控变量为出口物料温度，要求保持在（200±2）℃。操纵变量为加热蒸汽的流量。采用的控制仪表为 DDZ-Ⅲ型电动单元组合式仪表。

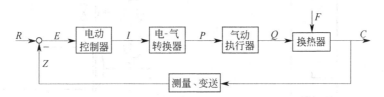

图 4-57　换热器温度控制系统方块图

① 说明图中 R、E、Q、C、F 所代表的专业术语内容。

② 说明 Z、I、P 的信号范围。

③ 选用合适的测温元件。

④ 气动执行器的输入、输出各是什么物理量？

⑤ 若记录仪表的记录曲线上，最高值为 202℃，最低值为 198℃，问该系统是否达到了控制要求？

解　① R 为给定值，E 为偏差（$E＝R－Z$），Q 为操纵变量，C 为被控变量，F 为干扰变量。

② Z 的信号范围为 4～20mA DC（此为 DDZ-Ⅲ型仪表的统一信号），I 的信号范围亦为4～20mA DC，P 的信号范围为 0.02～0.1MPa。

③ 因为测温范围较低（200℃），精度要求较高，宜选用铂热电阻体（分度号为 Pt100）作为测温元件。

④ 气动执行器的输入信号为 0.02～0.1MPa 的气压信号，输出信号为加热蒸汽的流量。

⑤ 因为测温元件是时间常数较大的滞后元件，因而在温度的动态变化过程中，瞬时的温度测量值不等于温度的真实值。如果温度在上升过程中，记录仪表上得到的数值已经是 202℃，说明温度真实值已经超过 202℃；同样，温度在下降过程中，若温度记录曲线上已经是 198℃，则温度的真实值已经低于 198℃。所以该系统如果记录曲线上的温度变化范围为 198～202℃，

物料的出口温度实际上已经超过了控制要求（200±2)℃，是不符合控制要求的。测温元件的时间常数越大，则温度测量值与温度真实值相差得也越大。当然，如果仪表是准确的话，在温度不再变化的静态情况下，温度的测量（指示）值可以代表温度的真实值。

思考题与习题

4-1 在控制系统的设计中，什么直接参数与间接参数？这两者有何关系？被控变量的选择应遵循哪些原则？

4-2 在控制系统的设计中，操纵变量的选择应遵循哪些原则？

4-3 什么是可控因素？什么是不可控因素？系统中如有很多可控因素应如何选择操纵变量才比较合理？

4-4 图 4-58 为一加热炉的温度控制系统，原料油在炉中被加热。试分析该系统中的被控对象、被控变量、操纵变量以及可能出现的干扰是什么？并画出系统的方块图。

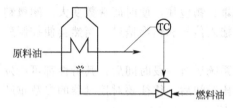

图 4-58 加热炉温度控制

4-5 在选择被控变量时，为什么取过程控制通道的静态放大系数 K_o 应适当大一些，而时间常数 T_o 应适当小一些？

4-6 一个热交换器见图 4-59。用蒸汽将进入其中的冷水加热至一定温度，生产工艺要求热水物料温度必须恒定在 $T\pm1℃$。试设计一个单回路控制系统，画出控制系统的组成框图，并指出被控对象、被控参数和控制参数。

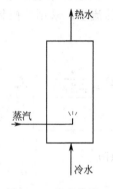

图 4-59 热交换器

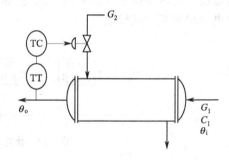

图 4-60 一个换热器控制系统

4-7 什么是控制阀的理想流量特性和工作流量特性，两者有什么关系？如何选择控制阀的流量特性？

4-8 在图 4-60 所示系统中，采用蒸汽加热。该过程的热量衡算式可写成

$$G_1 c_1 (\theta_o - \theta_i) = G_2 \lambda$$

式中，G_1 和 G_2 是质量流量；θ_i 和 θ_o 是进口和出口温度；c_1 是比热容；λ 是冷凝潜热。回答下列问题：

① 主要扰动为 θ_i 时，应选何种流量特性的控制阀？

② 主要扰动为 G_1 时，应选何种流量特性的控制阀？

③ 设定值经常变动时，应选何种流量特性的控制阀？

4-9 什么是气动薄膜控制阀的气开和气关？选择的原则是什么？并举一例加以说明。

4-10 在控制系统中，阀门定位器起什么作用？

4-11 检测变送仪表的特性参数 K_m、T_m 和 τ_m 如何影响系统控制质量？使用中应注意解决什么问题？

4-12 在设计过程控制系统时，怎样来减小或克服测量变送中的纯滞后、测量滞后？

4-13 在简单控制系统设计中，测量变送环节常遇到哪些主要问题？怎样克服这些问题？

4-14 比例控制器、比例积分控制器、比例积分微分控制器的特点分别是什么？各使用在什么场合？

4-15 在流量控制系统中，为什么常选用比例、积分控制规律？

4-16 被控对象、执行器以及控制器的正、反作用是如何规定的？

4-17 控制器正、反作用选择的依据是什么？

4-18 在图 4-58 中，如原料油不允许过热，试确定控制阀的气关、气开形式及控制器的正、反作用。

4-19　图 4-61 为一精馏塔塔釜液位控制系统，如工艺上不允许塔釜液体被抽空，试确定控制阀的气开、气关形式及控制器的正、反作用。

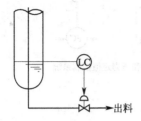

图 4-61　液位控制

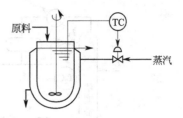

图 4-62　反应器温度控制系统

4-20　图 4-62 为一反应器温度控制系统示意图。反应器内物料需要加热，但如温度过高，会有爆炸危险，试确定控制阀的气开、气关形式和控制器的正、反作用。

4-21　图 4-63 所示为一锅炉汽包液位控制系统的示意图，要求锅炉不能烧干。试画出该系统的方块图，判断控制阀的气开、气关形式，确定控制器的正、反作用，并简述当加热室温度升高导致蒸汽蒸发量增加时，该控制系统是如何克服扰动的？

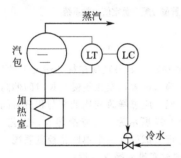

图 4-63　锅炉汽包液位控制系统

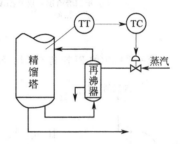

图 4-64　精馏塔温度控制系统

4-22　图 4-64 所示为精馏塔温度控制系统的示意图，它通过控制进入再沸器的蒸汽量实现被控变量的稳定。试画出该控制系统的方块图，确定控制阀的气开、气关形式和控制器的正反作用，并简述由于外界扰动使精馏塔温度升高时该系统的控制过程（此处假定精馏塔的温度不能太高）。

4-23　图 4-65 为一蒸汽加热器，利用蒸汽将物料加热到所需温度后排出。试问：

①　影响物料出口温度的主要因素有哪些？一般情况下，其中哪些为可控量？哪些为不可控量？

②　如果要设计一个温度控制系统，一般应选择什么量为被控变量和操纵变量？为什么？

③　如果物料温度过高时会分解，试确定控制阀的气开、气关型式和控制器的正、反作用。

4-24　什么是控制系统的关联？对控制系统的工作有什么影响？若要消除关联，有哪些主要的方法？

4-25　试分析如图 4-66 所示控制系统的关联，并说明用什么方法予以克服。

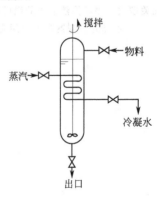

图 4-65　蒸汽加热器

4-26　单回路控制系统的投运步骤有哪些？

4-27　控制器参数整定的任务是什么？常用的整定参数方法有哪几种？它们各有什么特点？

4-28　某控制系统用 4∶1 衰减曲线法整定控制器的参数。已测得 $\delta_s = 40\%$、$T_s = 6\text{min}$。试分别确定 P、PI、PID 作用时控制器的参数。

4-29　某控制系统用 10∶1 衰减曲线法整定控制器的参数。已测得 $\delta'_s = 50\%$，$T_r = 2\text{min}$。试分别确定 PI、PID 作用时控制器的参数。

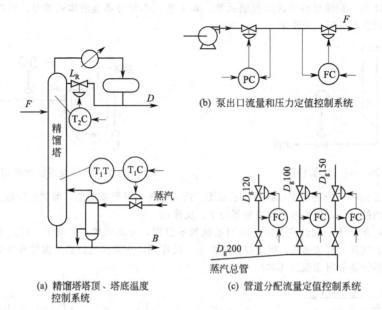

(b) 泵出口流量和压力定值控制系统

(a) 精馏塔塔顶、塔底温度
控制系统

(c) 管道分配流量定值控制系统

图 4-66　控制系统

4-30　某控制系统中的 PI 控制器采用经验凑试法整定控制器参数，如果发现在扰动情况下的被控变量记录曲线最大偏差过大，变化很慢且长时间偏离设定值，试问在这种情况下应怎样改变比例度与积分时间？

4-31　图 4-67 所示为一列管换热器，工艺要求物料出口温度要稳定，试设计一个单回路控制系统，要求：

① 确定被控变量和操纵变量；

② 画出工艺管道及仪表流程图、控制系统方框图；

③ 选择测量仪表（已知物料出口温度为正常值）、检测元件（名称、分度号）、显示仪表（名称、测量范围）；

④ 确定控制器的正、反作用方式及控制阀的气开、

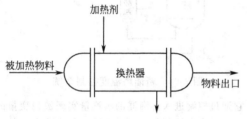

图 4-67　列管换热器

气关型式（要求换热器内的温度不能过高）。

⑤ 系统的控制器参数可用哪些常用的工程方法整定？

5 串级、比值、前馈控制系统

在流程工业生产过程中，在大多数场合下单回路控制系统已能满足工业生产自动控制与操作的要求，但在某些生产过程比较复杂、工艺要求高或有特定要求的操作时，单回路控制系统难以胜任这样的工艺要求。例如：

① 某些生产流程具有大滞后多容量对象特性、被控对象存在较明显的非线性或时变特性，生产负荷变化频繁；

② 某些控制过程中存在的扰动信号频率较高且幅度大，用单回路控制系统很难有效抑制干扰；

③ 现代工业生产又有一些控制任务、特殊的生产过程需要开发和应用，实现特殊要求的过程控制系统等，要满足这些要求，解决这些问题，仅靠单回路控制系统是不行的，需要引入更为复杂、更为先进的控制系统。

本章介绍一类应用非常广泛的、运用常规自动化仪表、DCS、PLC等现代企业常用的控制装置即可实现的复杂控制系统，主要有串级、比值、前馈三种控制系统。

5.1 串级控制系统应用

串级控制系统是所有复杂控制系统中应用最多的一种，当生产工艺要求高、被控变量的误差范围很小、控制系统不能满足要求时，可考虑采用串级控制系统。

5.1.1 串级控制系统的结构认识

加热炉是工业生产中常用的设备之一。工艺要求被加热物料的温度为某一定值。因此选取炉的出口温度为被控参数，选取燃料量为控制参数，构成如图 5-1(a) 所示的单回路系统。

影响炉出口温度的因素很多，主要有：被加热物料的流量和炉前温度 $[f_1(t)]$；燃料热值的变化、压力的波动、流量的变化 $[f_2(t)]$；烟囱挡板位置的改变、抽力的变化 $[f_3(t)]$ 等。

图 5-1(a) 系统的特点是所有对被控变量的扰动都包含在这个回路之中，可由温度控制器予以克服。但是控制通道的时间常数和容量滞后较大，控制作用不及时，系统克服扰动的

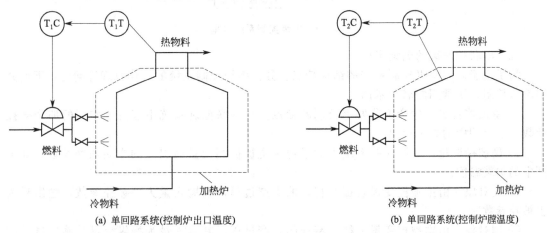

(a) 单回路系统(控制炉出口温度)　　　　　　(b) 单回路系统(控制炉膛温度)

图 5-1　加热炉温度控制系统

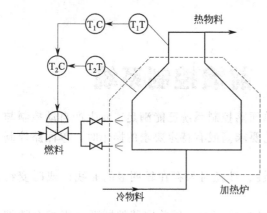

图 5-2 串级控制系统

能力较差，不能满足生产工艺要求。为此，选择炉膛温度为被控参数，燃料量为控制参数，设计图 5-1(b) 所示控制系统，以维持炉出口温度为某一定值。该系统的特点是对于扰动 $f_2(t)$，$f_2(t)$ 能及时有效地克服，但是扰动 $f_1(t)$ 未包括在系统内，系统不能克服扰动 $f_1(t)$ 对炉出口温度的影响，仍然不能达到生产工艺要求。

综上分析，为了充分发挥上述两种方案的优点，选取炉出口温度为被控参数，选择炉膛温度为中间变量，把加热炉出口温度控制器的输出作为炉膛温度控制器的设定值，构成了图

5-2 和图 5-3 所示的炉出口温度与炉膛温度的串级控制系统。这样扰动 $f_2(t)$、$f_3(t)$ 对炉出口温度的影响主要由炉膛温度控制器 T_2 构成的控制回路来克服，扰动 $f_1(t)$ 对炉出口温度的影响由炉出口温度控制器 T_1 构成的控制回路来消除。

（1）串级控制系统的基本组成

① 将原被控对象分解为两个相串联的被控对象，如图 5-3 所示。

② 以连接分解后的两个被控对象的中间变量为副被控变量，增加一个控制器 T_2 和一个副被控变量的测量反馈环节，构成一个单回路控制系统，称为串级控制系统的副回路。

③ 以原对象的输出信号为主被控变量，即分解后的第二个被控对象的输出信号，构成一个控制系统，称为主控制系统或主回路。

④ 主控制系统中控制器的输出信号作为副控制回路的控制器的设定值，副控制系统的输出信号作为主被控对象的输入信号。如图 5-2、图 5-3 所示。

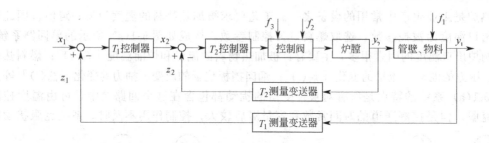

图 5-3 串级控制系统方框

（2）串联控制统的名词术语

为了便于认识串级控制系统的结构特点、分析串级控制系统的工作机理等问题，下面介绍串联控制系统常用的名词术语。

① 主被控变量 生产工艺要求控制的参数，在串联控制系统中起主导作用的那个被控参数，如上例中的炉出口温度。

② 副被控变量 串联控制系统中为了稳定主被控制变量而引入的中间辅助参数，如上例中的炉膛温度。

③ 主对象 由主被控变量表征其特征的生产过程，其输入量为副被控参数，输出量为主被控参数。

④ 副对象 由副被控变量表征其特征的生产过程，其输入量为操纵变量，输出量是副被控变量。

⑤ 主控制器　按主被控变量的测量值与设定值的偏差进行工作的控制器，其输出作为副控制器的设定值。

⑥ 副控制器　按副被控变量的测量值与主控制器输出的偏差进行工作的控制器，其输出直接控制控制阀动作。

⑦ 主回路　由主控制器、副回路、主对象、主测量变送器组成的闭合回路。

⑧ 副回路　由副控制器、控制阀、副对象和副测量变送器组成的闭合回路。

⑨ 一次扰动　不包括在副回路能的扰动，如图 5-2 中被加热料的流量和炉前温度变化 $f_1(t)$。

⑩ 二次扰动　包括在副回路内的扰动，如图 5-2 中燃料方面的扰动 $f_2(t)$ 和烟囱抽力的变化 $f_3(t)$。

5.1.2　串级控制系统的工作机理

我们又以上述加热炉生产过程的温度-温度串级控制系统为例，分析系统的工作机理。如图 5-2、图 5-3 所示，设控制阀为气开型，主副控制器均为反作用。当生产过程处在稳定工况时，被加热物料的流量和温度不变，燃料的流量与热值不变，烟囱抽力也不变，炉出口温度和炉膛温度均处在相对平衡状态，控制阀保持一定的开度，此时炉出口温度稳定在设定值上。

当扰动破坏了平衡工况时，串级控制系统便开始了其控制过程。根据不同扰动，分三种情况讨论。

（1）二次扰动来自燃料压力、热值 $f_2(t)$ 和烟囱抽力 $f_3(t)$

扰动 $f_2(t)$ 和 $f_3(t)$ 先影响炉膛温度，于是副控制器立即发出校正信号，控制阀的开度，改变燃料量，克服上述扰动对炉膛温度的影响。如果扰动量不大，经过副回路的及时控制，一般不影响炉出口温度；如果扰动的幅值较大，虽然经过副回路的及时校正，但还将影响炉出口温度，此时再由主回路进一步调节，从而完全克服上述扰动，使炉出口温度调回到设定值上。

（2）一次扰动来自被加热物料的流量和炉前温度 $f_1(t)$

扰动 $f_1(t)$ 使炉出口温度变化时，主回路产生校正作用，克服 $f_1(t)$ 对炉出口温度的影响。由于副回路的存在加快了校正作用，使扰动对炉出口温度的影响比单回路系统时要小。

（3）一次扰动和二次扰动同时存在

在该系统中，假设控制阀为气开型，主、副控制器均为反作用。如果一、二次扰动的作用使主、副被控参数同时增大或同时减小时，主、副控制器对控制阀的控制方向是一致的，即大幅度关小或开大阀门，加强控制作用，使炉出口温度很快地调回到设定值上。如果一、二次扰动的作用使主、副被控参数一个增大（炉出口温度升高），另一个减小（燃料量减少，既炉膛温度降低），此时主、副控制器控制控制阀的方向是相反的，控制阀的开度只要做较小变动即满足控制要求。

综上分析可知，串级控制系统的副控制器具有"粗调"作用，主控制器具有"细调"的作用，从而使系统的控制品质得到进一步提高。实践证明串级控制系统的控制质量远高于单回路控制系统。

5.1.3　串级控制系统的运行操作

在学会了单回路控制系统投运方法和技能的基础上，进行串级控制系统的投运操作就有了很好的借鉴，首先控制仪表的操作是基本相同的。

在串级控制系统的投运方法上，当选用不同类型的仪表组成的串级系统，投运方法虽然

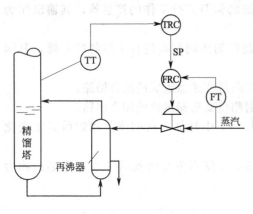

图 5-4　精馏塔塔釜温度-流量串级控制系统

也有所不同，但是所遵循的原则基本上都是相同的。其一是投运顺序，一般都采用"先投副环，后投主环"的投运顺序；其二是投运过程必须保证无扰动切换，这一点可以由控制器自动完成。

图 5-4 所示是一个精馏塔塔釜的温度-流量串级控制系统，由电动Ⅲ型仪表组成的串级系统投运工作步骤如下：将主控制器设定值设置好，主控制器设置为内给定，副控制器设定为外给定，再将主、副控制器正反作用置于正确位置。在副控制器处于手动状态下进行遥控，等待主变量慢慢在设定值附近稳定下来。这时则可以按先副后主的顺序，依次将副控制器和主控制器切入自动，即完成了串级系统的投运工作，而且投运过程是无扰动的。

现以两步投运法为例，介绍串级控制系统的运行操作方法，请参阅图 5-5 所示的精馏塔塔釜的温度-流量串级控制系统信号连接示意图。

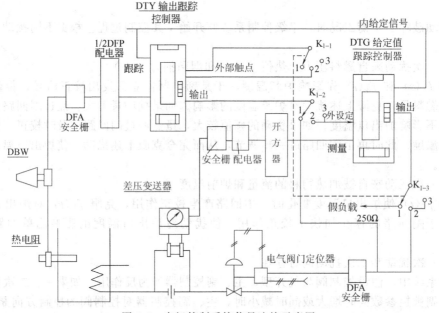

图 5-5　串级控制系统信号连接示意图
（图中，K_{1-x} 置 1 位置为主控状态；K_{1-x} 置 2 位置为控制状态；K_{1-x} 置 3 位置为串级控制系统状态）

① 将串级-主控开关 K_{1-x} 置于位置 "2" 时，副控制器置内设定，主控制器置内设定，主副控制器的"正"、"反"作用开关置于正确位置；副控制器手、自动切换开关置软手操位置，用软手操操作按键改变控制器的输出，控制控制阀开闭以改变操纵变量，使副被控变量变化，最终使主被控变量接近，并最终等于工艺设定值。当整个生产过程较平稳且扰动较少时，可设法使副控制器投入自动。因为副控制器置内给定，它投运的方法和简单控制系统相同，只要将"手、自动"切换开关由软手操切入自动，就实现了副环投自动。

② 设法使主控制器置于自动位置，由于主控制器采用了输出跟踪控制器，K_{1-1} 置 2 使主控制器的外部触点连接，副控制器的内设定信号送到主控制器，并令主控制器的输出自动跟踪副控制器的内设定信号变化。因为只要将副控制器的内外设定开关由"内设定"切换至

"外设定"，同时将串级主控开关 K_{1-1} 由位置"2"切入位置"3"，就完成了串级控制系统中主调节投入自动的操作。

由于 K_{1-1} 开关切入位置"3"，主控制器在自动状态时外部触点断开，和副控制器的内设定信号脱离跟踪关系，主控制器按预先设定的控制规律输出控制信号，并作为副控制器的外设定，构成串级控制系统。

由于副控制器采用设定值跟踪的附加措施，在外设定工作状态时，其内设定自动跟踪外设定，需要将串级运行状态改变为副控制器闭环控制状态时，只要将副控制器的"外设定"开关切入"内设定"，不会影响副控制器的输出，为无扰动切换。

5.1.4　串级控制系统的调试方法

串级控制系统结构的方案正确设计后，为使串级控制系统运行在最佳状态，根据自动控制理论，系统必须进行控制器的 PID 参数修正，这在过程控制中称为参数整定。其实质是通过改变控制器的 PID 参数，来改善系统的静态和动态特性，以获得最佳的控制质量。

在整定串级控制系统控制器参数时，首先必须明确主、副回路的作用。以及主、副变量的控制要求，然后通过以主、副控制器参数的整定，才能使串级控制系统运行在最佳状态。

从整体上来看，串级控制系统主回路是一个定值控制系统，要求主被控变量有较高的控制精度，其控制品质指标与单回路定值控制系统一样。但副回路是一个随动系统，只要求副被控变量能快速准确地跟随主控制器的输出变化即可。

在工程实践中，串级控制系统常用的整定方法有一步整定法和两步整定法等。下面就此做介绍。

（1）两步整定法

所谓两步整定法，就是第一步整定副控制器参数，第二步整定主控制器参数。两步整定法的整定步骤如下。

① 在工况稳定、主回路闭合，主、副控制器都在纯比例作用的条件下，主控制器的比例度置于 100%，用单回路控制系统的衰减（如 4∶1）曲线法整定，求取副控制器的比例度 δ_{2s} 和操作周期 T_{2s}。

② 将副控制器的比例度置于所求的数值 δ_{2s} 上，把副回路作为主回路中的一个环节，用同样方法整定主回路，求取主控制器的比例度 δ_{1s} 和操作周期 T_{1s}。

③ 根据求得的 δ_{1s}、T_{1s}、δ_{2s}、T_{2s} 数值，按单回路系统衰减曲线法整定公式计算主、副控制器的比例度 δ、积分时间 T_i 和微分时间 T_d 的数值。

④ 按先副后主、先比例后积分、最后微分的程序，设置主、副控制器的参数，再观察过渡过程曲线，必要时进行适当调整，直到系统质量到达最佳为止。

（2）一步整定法

两步整定法虽然应用很广，但是，由于采用两步整定法寻求两个 4∶1 的衰减过程时，往往很花时间。经过自动化工程技术人员的大量工况实践，对两步整定法进行了简化，提出了一步整定法。实践证明，这种方法是可行的，尤其是对主变量要求高、而对副变量要求不严的串级控制系统，用一步整定法调试系统更为有效快捷。

所谓一步整定法，就是根据经验先确定副控制器的参数，然后按单回路反馈控制系统的整定方法整定主控制器的参数。

一步整定法的依据是：在串级控制系统中，一般来说，主被控变量是工艺的主要操作指标，直接关系到产品的质量或生产过程的正常运行，因此，对它的要求比较严格。而副被控变量的设置主要是为了提高主被控变量的控制质量，对副被控变量本身没有很高的要求，允许它在一定范围内变化。因此，在整定时不必把过多的精力花在副环上。只要把副控制器的参数置于一定数值后，集中精力整定主环，使主被控变量达到规定的质量指标就行了。虽然按照经验一次设置的副控制器 PID 参数不一定合适，但是这没有关系，因为副控制器的放大倍数不合适，可以通过调整主控制器的放大倍数来进行补偿，结果仍然可以使主被控变量呈现 4∶1（或 10∶1）衰减振荡过程。

经验证明，这种整定方法，对于主被控变量要求较高，而对副变量没有什么要求或要求不严、允许它在一定范围内变化的串级控制系统是很有效的。

人们经长期的实践，大量的经验积累，总结得出对于在不同的副被控变量情况下，副控制器参数可按表 5-1 所给出的数据进行设置。

表 5-1 副控制器比例度经验值

副变量类型	温 度	压 力	流 量	液 位
比例度/%	20～60	30～70	40～80	20～80

一步整定法的整定步骤如下：

① 在生产正常，系统为纯比例运行的条件下，按照表 5-1 所列的数据，将副控制器比例度调到某一适当的数值；

② 利用简单控制系统中任一种参数整定方法整定主控制器的参数；

③ 如果出现"共振"现象，可加大主控制器或减小副控制器的参数整定值，一般即能消除。

5.1.5 串级控制系统的设计分析

串级控制系统的设计与单回路控制系统的设计方法有很多相同之处，在被控变量的选择、干扰分析、控制阀的选择、测量仪表的选择等上是类似的，但由于串级控制系统在结构上比单回路控制系统复杂，比如多了一个副回路，所以串级控制系统的设计与单回路控制系统又有所不同。

（1）主、副被控变量的选择

主被控变量的选择与简单控制系统相同。副被控变量的选择必须保证它是从操纵变量到主被控变量这个控制通道中的一个适当的中间变量。这是串级控制系统设计的关键问题。副被控变量的选择还要考虑以下几个因素。

① 使主要扰动作用在副对象上，这样副回路能更快、更好地克服扰动，副回路的作用才能得以发挥。如在加热炉温度-温度控制系统中，炉膛温度作为副被控变量，就能较好地克服燃料热值等扰动的影响。但如果燃料油压力是主要扰动，则应采用燃料油压力作为副被控变量，可以更及时地克服扰动，如图 5-6 所示。这时副对象仅仅是一段管道，时间常数很小，控制作用很及时。

② 使副对象包含适当多的扰动，实际上是副被控变量选择的问题。副被控变量越靠近主被控变量，它包含的扰动量越多，但同时通道变长，滞后增加；副被控变量越靠近操纵变量，它包含的扰动越少，通道越短。因此，要选择一个适当位置，使副对象在包含主要扰动的同时，能包含适当多的扰动，从而使副环的控制作用得以更好地发挥。

③ 主、副对象的时间常数不能太接近。通常，副对象的时间常数小于主对象的时间常数。这是因为如果副

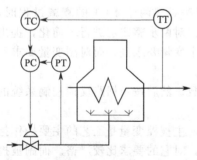

图 5-6 加热炉温度-压力串级控制系统

对象时间常数很小，说明副被控变量的位置很靠近主被控变量。两个变量几乎同时变化，失去设置副环的意义。

如果两个对象时间常数基本相等，由于主、副回路是密切相关的，系统可能出现"共振"，使系统控制质量下降，甚至出现不稳定的问题。

因此，通常使副对象的时间常数明显小于主对象的时间常数。

（2）主、副控制器控制规律的选择

在串级控制系统中，主、副控制器所起的作用是不同的。主控制器起定值控制作用，副控制器起随动控制作用，这是选择控制规律的基本出发点。

主变量是工艺操作的主要指标，允许波动的范围很小，一般要求无余差，因此，主调节器应选 PI 或 PID 控制规律。副变量的设置是为了保证主变量的控制质量，可以允许在一定范围内变化，允许有余差，因此副控制器只要选比例规律就可以了。一般不引入积分控制规律，因为副变量允许有余差，而且副控制器的放大系数较大，控制作用强，余差小，若采用积分规律会延长控制过程，减弱副回路的快速作用。但是，在选择流量为副被控变量时，为了保持系统稳定，比例度必须选得较大，这样，比例控制作用偏弱，为此引入积分作用，采用 PI 控制规律。此时引入积分作用的主要目的不是清除余差，而是增强控制作用。副控制器一般也不引入微分控制规律，副回路本身起着快速作用，再引入微分规律会使控制阀动作过大，对控制不利。

（3）主、副控制器正、反作用方式的确定

为了满足生产工艺指标的要求，为了确保串级控制系统的正常运行，主、副控制器正、反作用方式必须正确选择。在具体选择时，是在控制阀气开、气关形式已经选定的基础上进行的。首先根据工艺生产安全等原则选择控制阀的气开、气关形式；然后根据生产工艺条件和控制阀形式确定副控制器的正、反作用方式；最后再根据主、副变量的关系，决定主调节器的正、反作用方式。

如在单回路控制系统设计中所述，要使过程控制系统能正常工作，系统必须采用负反馈。对于串级控制系统来说，主、副控制器正、反作用方式的选择原则是使整个系统构成负反馈系统，即其主通道各环节放大系数正、反极性乘积必须为负值。各环节放大系数极性的正负是这样规定的：对于控制器的 K_c，当测量值增加，控制器的输出也增加，则 K_c 为正（即正作用控制器）；反之，K_c 为负（即反作用控制器）。控制阀为气开，则 K_v 为正，气关则 K_v 为负。过程放大系数极性是：当对象的输入增大时，即控制阀开大，其输出也增大，则 K_o 为正；反之则 K_o 为负。

现以图 5-2 所示炉出口温度与炉膛温度串级控制系统为例，说明主、副控制器正、反作用方式的确定。从生产工艺的安全出发，燃料油控制阀选用气开型，即一旦控制器损坏，控制阀处于全关状态，以切断燃料油进入管式加热炉，确保其设备安全，故控制阀 K_v 为正。当控制阀开度增大，燃料油增加，炉膛温度升高，故副对象 K_{o2} 为正。为了保证副回路为负反馈，则副控制器的放大系数 K_2 应取负，即为反作用控制器。由于炉膛温度升高，则炉出口温度也升高，故主过程 K_{o1} 为正。为保证整个回路为负反馈，则主控制器的放大系数 K_1 应为负，即为反作用控制器。

串级控制系统主、副控制器正、反作用方式确定是否正确，可做如下校验：当炉出口温度升高时，主控制器输出减小，即副控制器的设定值减小，因此，副控制器输出减小，使调节阀开度减小。这样，进入管式加热炉的燃料油减小，从而使炉膛温度和物料的出口温度降低。由此可见，主、副控制器的正、反作用方式设置是正确的。

5.1.6　串级控制系统的实施案例

当串级控制系统的结构方案确定以后，根据工艺生产的条件和操作指标，选择实施方案的自动化仪表后，可以设计绘制出串级控制系统的控制接线图。

下面就以常见的用 DDZ-Ⅲ 单元组合仪表组成的石油加工生产过程中精馏塔的温度和流量的串级控制系统为例进行说明。图 5-4 是串级控制系统的结构方案，工艺生产过程要求达到本质安全防爆。

当要求组成安全火花型防爆的控制系统时，可选用下述自动化仪表：

① 铂热点组、分度号为 Pt100；测温范围为 50～100℃；

② 热电阻温度变送器，DBW4240/B（ib），Pt100，测温范围为 50～100℃（应和一次元件相配套），现场安装式；

③ 温度记录仪，双笔记录仪 FH-9900，输入 1～5V DC，温度标尺 50～100℃，流量标尺根据流量数据确定；

④ 主控制器采用温度控制器 DTZ-2100S，PID 控制规律，反作用，内给定；

⑤ 标准孔板由蒸汽流量数据而定；

⑥ 电容式差压变送器，CECC-XXX、差压值和孔板数据相配套；

⑦ 电动开方器 DJK-1000；

⑧ 副控制器 DTZ-2100S，P 或者 PI 控制规律，外设定，反作用；

⑨ 电气阀门定位器；

⑩ 气动薄膜控制阀，气开阀；

⑪ 配电器 DFP-2100 等，组成安全火花型防爆系统需加输入端、输出端的安全栅。

主控制器 DTY-2100S、副控制器 DTG-2100S，能更方便地组成串级-主控方案，更方便地进行无扰动切换操作。DTG-2100S 是设定值跟踪指示控制器，它是 DTZ-2100S 全刻度指示控制器的变型产品，附加一个全电子跟踪板，实现在仪表外给定工作时，控制器的内设定值能自动跟踪外设定值，用于需要经常进行外→内设定切换的场合。使用本仪表后，可无平衡、无扰动地进行外给定转换为内给定操作。DTY 型输出跟踪全刻度指示调节仪是在 DTZ 型仪表基础上附加输出跟踪单元而组成。该仪表在自动位置时，其工作状态可由外部触点控制的。如表 5-2 所示，接点动作前（即断开时），其输出按正常控制规律变化；接点动作后（即接通时），控制器输出跟踪外部输入的"跟踪信号"的变化，即用在串级控制系统中作为主控制器时，在副环先投入自动，主控制器的输出可自动跟踪副控制器的设定值。图 5-7 所示是它的接线图。

表 5-2　控制器的工作状态

外部接点状态	控制器工作状态
断开	正常状态下工作
接通	输出跟踪状态下工作

图中 K_1 为五刀三掷电气开关，利用它的不同位置可实现串级控制系统的三种工作方式。

① 当 K_{1-x} 切换开关置于位置"1"时，主控制器输出通过 K_{1-2}、K_{1-3} 和电气阀门定位器相连实现"主控"运行方式。副控制器的输出通过开关 K_{1-4}、K_{1-5} 送到假负载 R。

② 当 K_{1-x} 切换开关置于位置"2"时，主控制器输出通过 K_{1-2}、K_{1-3} 开关送到副控制器的外设定（电流设定）。副控制器的输出经过开关 K_{1-4}、K_{1-5} 送到电气阀门定位器和控制阀。当副控制器内外设定开关置"内"设定时，系统为副环控制运行方式。

③ 当副控制器内外设定开关置"外"设定时，系统为串级控制系统运行方式。此时，主控制器输出作副控制器外设定用，副控制器输出控制控制阀。

5.1.7　串级控制系统的特点

串级控制系统在结构上比单回路控制系统多了一个控制副回路，采用的自动化仪表等控

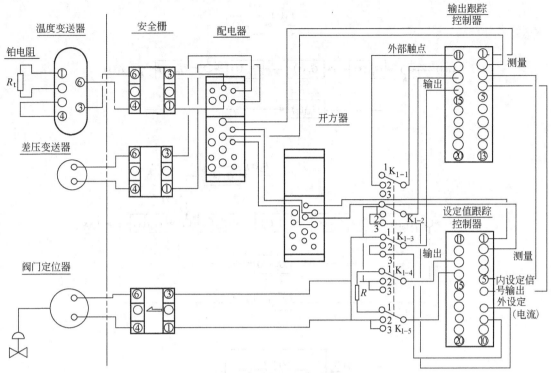

图 5-7　串级控制系统接线图

制设备也比单回路控制系统的多，系统结构复杂，但串级控制系统具有以下显著的特点。

(1) 具有较强的抗扰动能力

图 5-8(a) 是简单控制系统的情况，进入回路的扰动为 $F_2(s)$，$G_f(s)$ 是扰动通道的传递函数。图 5-8(b) 是串级控制系统方块图，图 5-8(c) 是它的等效方块图。比较图 5-8 中 (a) 和 (c) 可见扰动传递函数 $G_f(s)$，在等效方块图中为 $G_f(s)/(1+G_{c2}G_vG_{o2}G_{m2})$ 即扰动被缩小到原来的 $1/(1+G_{c2}G_vG_{o2}G_{m2})$，所以说对进入副回路的扰动具有较强的抑制能力。

从另一方面分析，串级控制系统的抗扰动能力比单回路控制系统要强得多，特别是在扰动作用于副环的情况下，系统的抗扰动能力会更强。这是因为当扰动作用于副环时，在它还未影响到主被控变量之前，副控制器首先对扰动作用采取抑制措施，进行"粗调"。如果主被控变量还会受到影响，那么将再由主控制器进行"细调"。由于这里对副环扰动有两级控制措施，即使扰动作用于主环，但由于系统工作频率提高了，也比单回路的控制及时。副回路的存在，使等效对象的时间常数缩小了，因而系统的工作频率得以提高，能比单回路系统更加及时地抑制扰动。

根据生产实践的统计数据，与单回路控制系统质量相比，当扰动作用于副环时，串级系统的质量要提高 10~100 倍；当扰动作用于主环时，串级系统的质量也提高 2~5 倍。所以串级控制系统改善了控制系统的性能指标。

(2) 改善了对象特性，提高了工作频率

我们可以从单回路系统演变到串级控制系统来验证这一点。用传递函数表示的串级控制系统方块图如图 5-8(b) 所示。可得副环的等效传递函数，称其为等效副对象 $G'_{o2}(s)$

$$G'_{o2}(s)=\frac{Y_2(s)}{X_2(s)}=\frac{G_{c2}(s)G_v(s)G_{o2}(s)}{1+G_{c2}(s)G_v(s)G_{o2}(s)G_{m2}(s)} \tag{5-1}$$

设 $G_{c2}(s)=K_{c2}$，$G_v(s)=K_v$，$G_{o2}(s)=\dfrac{K_{o2}}{T_{o2}s+1}$，$G_{m2}(s)=K_{m2}$，代入式(5-1)，可得

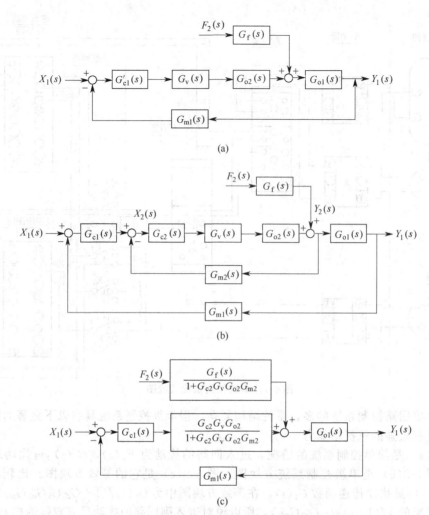

图 5-8 串级控制系统副回路内扰动的影响

$$G'_{o2}(s) = \frac{K_{c2}K_v K_{o2}}{T_{o2}s + 1 + K_{c2}K_v K_{o2}K_{m2}} \tag{5-2}$$

$$K'_{o2} = \frac{K_{c2}K_v K_{o2}}{1 + K_{c2}K_v K_{o2}K_{m2}} \tag{5-3}$$

$$T'_{o2} = \frac{T_{o2}}{1 + K_{c2}K_v K_{o2}K_{m2}} \tag{5-4}$$

式(5-2) 可简化成一阶形式

$$G'_{o2}(s) = \frac{K'_{o2}}{T'_{o2}s + 1} \tag{5-5}$$

由于 $1 + K_{c2}K_v K_{o2}K_{m2} > 1$，可得 $T'_{o2} < T_{o2}$，$K'_{o2} < K_{o2}$。

由此可见，等效副对象的时间常数 T'_{o2} 与放大倍数 K'_{o2} 都比原来副对象的小，而且可以定量计算出为原值的 $1/(1 + K_{c2}K_v K_{o2}K_{m2})$。这就是说等效副对象的响应速度比原副对象快（因为 $T'_{o2} < T_{o2}$），而且随着副控制器放大倍数 K_{c2} 的增加而越来越快（如果副控制器采用比例作用）。也就是说对象的容量减小，因此惯性滞后也减小了。如果匹配得当，在主控制器投入运行时，这个副回路能很好随动，近似于一个 1∶1 的比例环节。主控制器的等效对象将只是原来对象中剩下的部分，因此对象容量滞后减小，相当于增加了微分作用的超前环

节，使控制过程加快，所以串级系统对于克服容量滞后大的对象是有效的。至于等效对象放大倍数的减小，可以增加主控制器的放大倍数来加以补偿。

此外，选择副对象时一般选得时间常数都比主对象小，但在控制通道中又会比测量变送器和调节阀大，这样它就成为控制通道中数值介于中间大小的时间常数。从单回路控制系统的分析表明，选择适当大小的时间常数，增大各对象时间常数的差距，可以提高系统的可控性。

从另一方面分析，由于等效副对象时间常数减小，系统的工作频率因此可获得提高。假设 $G_{o1}(s)=K_{o1}/(T_{o1}s+1)$，按照图 5-8(b)，可得串级系统闭环特征方程为

$$T_{o1}T_{o1}s^2+(T_{o1}+T_{o2}+K_{c2}K_{o2}K_vK_{m2}T_{o1})s+(1+K_{c2}K_vK_{o2}K_{m2}+K_{c2}K_vK_{o1}K_{o2}K_{m1})=0$$

对照二阶标准方程

$$2\zeta\omega_o=\frac{T_{o1}+T_{o2}+K_{c2}K_{o2}K_vK_{m2}T_{o1}}{T_{o1}T_{o2}}$$

$$\omega_o=\frac{T_{o1}+T_{o2}+K_{c2}K_{o2}K_vK_{m2}T_{o1}}{2\zeta T_{o1}T_{o2}}$$

可得串级控制系统的工作频率为

$$\omega_{串}=\omega_o\sqrt{1-\zeta^2}=\frac{T_{o1}+T_{o2}+K_{c2}K_{o2}K_vK_{m2}T_{o1}}{2\zeta T_{o1}T_{o2}}\sqrt{1-\zeta^2} \tag{5-6}$$

而根据图 5-8(a) 简单控制系统方框图，令 $G'_{c1}(s)=K'_{c1}$，得其特征方程为

$$1+G'_{c1}(s)G_v(s)G_{o2}(s)G_{o1}(s)G_{m1}(s)=0$$

$$1+K'_{c1}K_v\frac{K_{o2}}{T_{o2}s+1}\frac{K_{o1}}{T_{o1}s+1}K_{m1}=0$$

$$T_{o1}T_{o1}s^2+(T_{o1}+T_{o2})s+(1+K'_{c1}K_vK_{m1}K_{o1}K_{o2})=0$$

对照二阶系统的特征方程

$$s^2+2\zeta'\omega'_os+\omega_o'^2=0$$

可得

$$2\zeta'\omega'_o=\frac{T_{o1}+T_{o2}}{T_{o1}T_{o2}}$$

$$\omega_{单}=\omega'_o\sqrt{1-\zeta'^2}=\frac{\sqrt{1-\zeta'^2}}{2\zeta'}\times\frac{T_{o1}+T_{o2}}{T_{o1}T_{o2}} \tag{5-7}$$

若使串级系统与单回路系统具有相同的衰减比，即令 $\zeta'=\zeta$，比较得

$$\frac{\omega_{串}}{\omega_{单}}=\frac{T_{o1}+T_{o2}+K_{c2}K_{o2}K_vK_{m2}T_{o1}}{T_{o1}+T_{o2}}=\frac{1+(1+K_{c2}K_{o2}K_vK_{m2})(T_{o1}/T_{o2})}{1+(T_{o1}/T_{o2})} \tag{5-8}$$

因为 $1+K_{c2}K_{o2}K_vK_{m2}>1$，可得 $\omega_{串}>\omega_{单}$。

所以，整个串级回路的工作频率高于单回路工作频率。当主、副对象特性一定时，副控制器放大倍数越大，串级系统的工作频率提高得越明显。当副控制器放大倍数 K_{c2} 不变时，随着 T_{o1}/T_{o2} 的增大，串级系统的工作频率也越高。

与单回路控制系统相比，在相同衰减比的条件下，串级系统的工作频率要高于单回路系统，即使扰动作用落在主对象，系统的工作频率仍然可以提高，操作周期就可以缩短，过渡过程的时间相对也将缩短，因而控制质量获得了改善。

（3）串级系统具有一定的自适应能力

在单回路控制系统中，控制器参数是根据具体的对象特性整定得到的，如果生产过程的种种因素影响到对象特性发生变化时，原先整定所得的控制器参数就不宜使用。串级控制系统的主环是一个定值系统，副环是一个随动系统。从主控制器能够根据操作条件和负荷的变化（从主被控变量变化中体现出来），不断修改副控制器的设定值来看，可以认为串级控制系统具有一定的自适应能力。

如果对象存在非线性，那么可以把它设计为处于副回路中，当操作条件或负荷发生变化时，虽然副回路的衰减比会发生一些变化，稳定裕度会降低一些，但是它对主回路的稳定性影响却很小，分析如下。

根据前面已推出的等效副对象的放大倍数为

$$K'_{o2} = \frac{K_{c2}K_v K_{o2}}{1 + K_{c2}K_v K_{o2}K_{m2}}$$

如果 K_{c2} 整定得足够大，副环前向通道的放大倍数将远大于 1，则

$$K'_{o2} = \frac{K_{c2}K_v K_{o2}}{1 + K_{c2}K_v K_{o2}K_{m2}} \approx \frac{1}{K_{m2}} \tag{5-9}$$

此时等效副对象的放大倍数与副对象本身放大倍数无关，仅与副回路测量变送元件的放大倍数有关。因此，若副对象 K_{o2} 由于某些因素产生了一定的非线性，则等效副对象的放大倍数不会受到影响，这就具有了自适应的意义。

总之，当系统容量滞后比较大，或含有非线性对象时，如果采用单回路控制达不到质量要求，可以考虑采用串级控制。不过串级控制系统比单回路控制系统所需的仪表多，投运和整定相应地也要复杂一些。所以，如果单回路控制系统能够解决问题时，就不一定采用串级控制方案。

5.1.8　串级控制系统的工业应用

串级控制系统与单回路控制系统相比具有许多特点，其控制质量较高，但是所用仪表较多，投资较高，控制器参数整定较复杂。下面举一些工业生产应用场合与示例。

（1）用于克服被控对象较大的容量滞后

在现代工业生产过程中，一些以温度等为被控参数的过程，往往其容量滞后较大，控制要求又较高，若采用单回路控制系统，其控制质量不能满足生产要求。因此，可以选用串级控制系统，以充分利用其改善过程的动态特性、提高其工作频率的特点。为此，可选择一个滞后较小的副变量，组成一个快速动作的副回路，以减小等效过程的时间常数，加快响应速度，从而取得较好的控制质量。但是，在设计和应用串级控制系统时要注意：副回路时间常数不宜过小，以防止包括的扰动太少，但也不宜过大，以防止产生共振。

例如，图 5-2 所示的加热炉，由于主过程时间常数为 15min，扰动因素多，为了提高控制质量，选择时间常数和滞后较小的炉膛温度为副变量，构成炉出口温度对炉膛温度的串级控制系统，运用使等效过程时间常数减小和副回路的快速作用，有效地提高控制质量，满足了生产工艺要求。

（2）用于克服被控对象的纯滞后

当工业过程纯滞后时间较长，有时可应用串级控制系统来改善其控制质量。即在离控制阀较近、纯滞后较小的地方，选择一个副变量，构成一个纯滞后较小的副回路。把主要扰动包括在副回路中。在其影响主变量前，由副回路实现对主要扰动的及时控制，从而提高控制质量。下面举例说明。

【例 5-1】 造纸厂网前箱的温度控制系统。

如图 5-9 所示。纸浆用泵从储槽送至混合器，在混合器内用蒸汽加热至 72℃左右，经过立筛、圆筛除去杂质后送到网前箱，再去铜网脱水。为了保证纸张质量，工艺要求网前箱温度保持在 61℃左右，

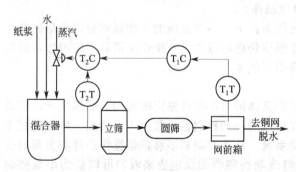

图 5-9　网前箱温度串级控制系统

允许偏差不得超过 1℃。

若用单回路控制系统，由于从混合器到网前箱纯滞后达 90s，当纸浆流量波动为 35kg/min 时，温度最大偏差达 8.5℃，过渡过程时间达 450s。控制质量差，不能满足工艺要求。为了克服这个 90s 的纯滞后，在控制阀较近处选择混合器温度为副变量，网前箱出口温度为主变量，构成串级控制系统，把纸浆流量波动 35kg/min 的主要扰动包括在副回路中。当其波动时，网前箱温度最大偏差未超过 1℃，过渡过程时间为 200s，完全满足工艺要求。

【例 5-2】　沸腾焙烧炉炉温串级控制。

如图 5-10 所示的系统，冶金生产过程中现场使用的锌精矿由圆盘给料机送至皮带，经加料皮带将料送入炉内。锌精矿经燃烧后送至炉膛进行流态化焙烧，焙烧由排料口排出。加料量的改变通过执行器来实现。整个生产过程是连续进行的。

影响沸腾炉正常生产的因素较多，其中以焙烧温度对焙砂的质量和产量的影响最大。在实际操作中，常令鼓风量、鼓风压力、排烟量、循环冷却水量以及精矿成分等为定值，以稳定或调整加料量来控制焙烧温度。

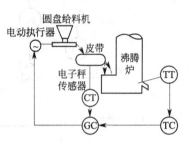

图 5-10　沸腾炉温度串级控制系统

根据生产工艺要求，焙烧温度应保持在 870℃±10℃。由于大型沸腾炉从圆盘给料机到沸腾炉的纯滞后时间和时间常数都较大，当采用单回路控制系统时，温度波动大，而且持续时间长，不能满足工艺要求。为此，以加料量为副变量和沸腾炉排料口温度（主变量）构成串级控制系统。当圆盘给料机下料量的变化为主要扰动时，利用串级副回路的快速作用的特点，迅速调整圆盘给料机下料量的变化为主要扰动时，利用串级副回路的快速作用的特点，迅速调整圆盘给料机的转速，以改变下料量，使扰动在影响排料口温度之前，已基本被抑制，剩余的再由主回路来进行调节。实践证明，这种串级控制系统的控制质量能够满足工艺生产的要求。

（3）用于抑制变化剧烈而且幅度大的扰动

串级控制系统的副回路对于进入其中的扰动具有较强的抑制能力。所以，在工业应用中只要将变化剧烈、而且幅度大的扰动包括在串级系统副回路之中，就可以大大减小其对主变量的影响。

【例 5-3】　某厂精馏塔塔釜温度-流量串级控制系统。

精馏塔是石油、化工生产过程中的主要工艺设备。对于由多组分组成的混合物，利用其各组分不同的挥发度，通过精馏操作，可以将其分离成较纯组分的产品。由于塔釜温度是保证产品分离纯度的重要工艺指标，所以需对其实现自动控制。生产工艺要求塔釜温度控制在 ±1.5℃ 范围里。在实际生产过程中，蒸汽压力变化剧烈，而且幅度大，有时从 0.5MPa 突然降到 0.3MPa，压力变化了 40%。对于如此大的扰动作用，若采用单回路控制系统，控制器的比例放大系数调到 1.3，塔釜温度最大偏差为 10℃，不能满足生产工艺要求。

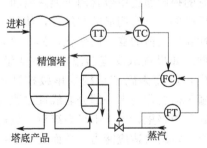

图 5-11　温度-流量串级控制系统

若采用图 5-11 所示的以蒸汽流量为副变量、塔釜温度为助参数的串级控制系统，把蒸汽压力变化这个主要扰动包括在副回路中，充分运用对于进入串级副回路的扰动具有较强抑制能力的特点，将副控制器的比例放大系数调到 5。实际运行表明，塔釜温度的最大偏差未超过 1.5℃，完全满足了生产工艺要求。

【例 5-4】　热风成分串级控制系统。

在炼铁生产过程中，需要给高炉输送热风。为了提高生产效率，除了要求热风具有一定的温度以外，还要求热风具有一定的流速；同时，为了使热风富氧化，还需按热风量的大小，加入一定比例的氧气。热风输送工艺系统比较简单。如图 5-12 所示，它由热风总管、水蒸气支管和氧气支管等组成。为了满足上述生产工艺要求，设计和应用了以水蒸气流量为副变量、热风温度为主变量的串级控制和以氧气流量为副变量、热风流量为主变量的串级控制两套系统。对于水蒸气流量的波动和氧气流量的变化这两个主要扰动分别包含在这两套串级控制的副回路之中，这充分发挥了串级控制系统抑制扰动能力强的特点，取得了较好的效果。

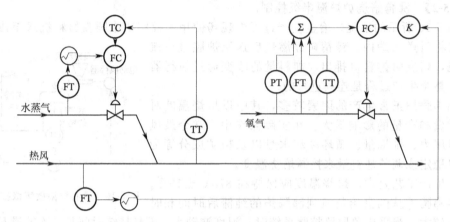

图 5-12 热风成分串级控制系统

（4）用于克服被控过程的非线性

在过程控制中，一般工业过程特性都有一定的非线性，当负荷变化时，过程特性会发生变化，会引起工作点的移动。这种特性的变化通常可通过选用控制阀的特性来补偿，使广义过程的特性在整个工作范围内保持不变，然而这种补偿的局限性很大，不可能完全补偿，过程仍然有较大的非线性。此时单回路系统往往不能满足生产工艺要求，如果采用串级控制系统，由于它能适应负荷和操作条件的变化，自动调整副控制阀的开度，使系统运行在新的工作点上。当然，这里会使副回路的衰减率有所变化，但是对整个系统的稳定性影响却很小。

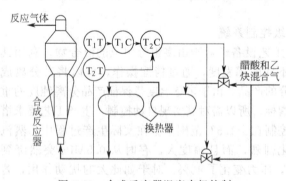

图 5-13 合成反应器温度串级控制

例如，如图 5-13 所示，为醋酸和乙炔合成反应器，其中部温度是保证合成气质量的重要参数，工艺要求对其进行严格控制。由于在它的控制通道中包含两个换热器和一个合成反应器，具有明显的非线性，使整个过程特性随着负荷的变化而变化，具有较大的非线性。如果选取反应器温度为主变量，换热器出口温度为副变量构成串级控制系统，把随负荷变化的那一部分非线性过程特性包含在副回路里，由于串级系统对于负荷变化具有一定的自适应能力，从而提高了控制质量。实践证明，系统的衰减率基本保持不变，主变量保持平稳，达到了工艺要求。

5.2 比值控制系统应用

在工业生产过程中，工艺流程的操作要求有时需要保持两种物料按一定的比例混合或传输去化学反应器参加化学反应，物料的量一旦比例失调，就有可能造成生产事故或发生危险。其中要求物料间流量比值恒定的控制是常见的工艺操作。例如，氨氧化生成一氧化氮和二氧化氮以制造硫酸过程中的氧化炉，需要严格控制氨和空气之比，否则将使化学反应不能正常进行，而且当氨、空气之比超过一定极限时会引起爆炸。又如以重油为原料生产合成氨时，氧气和重油应该保持一定的比例，若氧油比过高，温度急剧上升，烧坏炉子，严重时还会起爆炸；若氧油比过低，燃烧不完全，使炭黑增多，则易发生堵塞。再如，在合成甲醇中，采用轻油转化工艺流程，以轻油为原料，加入转化水蒸气，若水蒸气和原料轻油比值适当，获得原料气；若水蒸气量不足，两者比值失调，则转化反应不能顺利进行，进入脱碳反应，游离炭黑附着在催化剂表面，从而破坏催化剂活性，造成重大生产事故。从以上三例可见，一般地说要保证几种物料间的流量成比例，常常是工艺的要求，也是保证混合物或反应生成物质量、满足工艺要求的其他指标的有力保证。

在工业生产的比值控制方案中，要保持比值关系的两种物料流量，必有一种处于主导地位，这种物料称为主流量或主动物料，用符号"F_1"表示。如以负荷来考虑，则氨氧化生产中的氨，轻油转化生产合成甲醇中的轻油，或者生产过程中不允许调节的物料作为主动物料。另一种物料则跟随主动物料变化，并能保持流量比值关系的称为从动物料，以符号"F_2"，表示。例如氨氧化生产中的氧气，轻油转化生产合成甲醇中的水蒸气等。

另外，主动物料和从动物料的选择要考虑工艺的约束条件和比值关系被破坏时对生产设备的安全因素，显然它是要影响生产能力的。例如，轻油转化反应中，若水蒸气的供应要受到一定的限制，则为了保证生产安全宜选用水蒸气为主动物料，轻油为从动物料。

在工程上，组成比值控制系统的方案比较多，下面将介绍控制方案，并说明它的特点与应用场合。

5.2.1　比值控制系统的解决方案

（1）单闭环比值控制方案

单闭环比值控制方案如图5-14所示。它具有一个闭合的副流量控制回路，故称单闭环比值控制系统。主流量 F_1 经测量变送后，经过比值计算器 FY 设置比值系数，作为 FC 流量控制器的设定值，并控制流量 F_2 的大小。在稳定状态下，主副流量满足工艺要求的比值，即 $k = F_2/F_1$ 为一常数。当主流量 F_1 变化时，其流量信号经测量变送后，送到比值计算器，比值计算器的任务是将工艺比值 k 的要求用信号间的关系固定下来。比值器的输出信号作为副控制器的设定值，控制 F_2 的流量，并自动跟随主流量 F_1 而变化，起到随动系统的作用。由于副流量构成一个控制回路，及时克服副流量的扰动。这时它的作用是一个定值控制系统。

在方案实施中，单闭环比值控制系统也可以采用比例控制器来代替比值计算器 FY，即 F_1 流量测量变送后的信号，送到 FC 作外给定用，控制器为比例作用。这种结构和前述串级控制系统的结构完全相同，但两者千万不能混淆。在串级控制系统中，主变量按要求较好的控制品质来选择主控制器的控制规律和整定控制器的参数，而在比值控制系统中，替代比值计算器的控制器也是接受主流量 F_1 的测量信号，为外设定（具体接线时，如采用 DDZ-Ⅲ电动调节仪表，接外给定端子，也有人接入测量端子代替外给定用，千万不要混同串级），控制器必须按比值系数的要求设置比例度的大小，一经设置不得变动。

图5-15所示是丁烯洗涤塔比值控制系统的实际例子，该塔的任务是用水除去丁烯馏分中所夹带的微量乙腈，为了保证洗涤质量又节约用水，故设计为单闭环比值控制系统。方案中流量用孔板测量，都不用开方器，并根据进料量来控制一定洗涤水量。图5-15中主动物

料是负荷，含乙腈的顶烯馏分，从动物料为洗涤水。

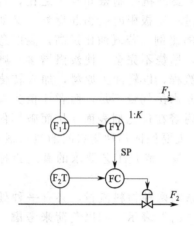

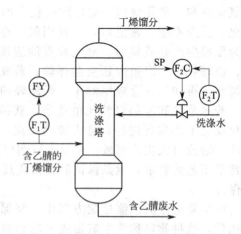

图 5-14 单闭环比值控制方案　　　　图 5-15 丁烯洗涤塔单闭环比值控制系统

这类比值控制系统的优点是当主动物料的扰动较少时，两种物料量的比值较为精确，实施较方便，所用仪表较少，所以在生产中得到了广泛的应用，它的缺点是当主流量出现较大的偏差，即控制器的设定值并不等于副流量的测量值，这样，在这段时间里，主副流量的比值会较大地偏离工艺要求，因此，它不能保证在过渡过程中的动态比值问题。对生产过程中严格要求动态比值符合工艺要求的场合（如某些化学反应器）是不合适的。所以单闭环节比值控制系统一般适用于负荷变化不大的场合或适用于其中某一种物料不允许控制的场合。

（2）双闭环比值控制方案

在单闭环比值控制方案的基础上，如果增加主动物料 F_1 流量的闭环定值控制系统，就构成双闭环比值控制系统。

如图 5-16 所示，在烷基化装置中进入反应器的异丁烷-丁烯馏分要求按比例配以催化剂硫酸，并要求各自的流量也较稳定。由此可见，以主动物料流量 F_1 为被控变量的系统即为简单控制系统，F_1 的流量测量信号经比值器计算后，其输出信号作副流量控制器 F_2C 的外设定，副流量 F_2 也组成闭环系统。显然，当外设定不变时，它按定值控制系统工作，克服进入副回路的扰动；而当设定值变化时，副流量 F_2 按随动控制系统工作，尽快跟上主物料流量的变化，在稳定后，保证主物料、副物料流量的比值保持不变。

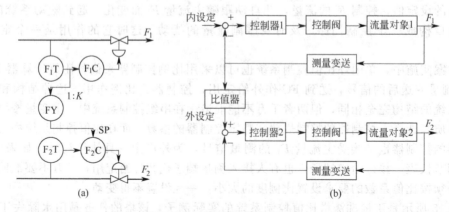

图 5-16 双闭环比值控制系统

双闭环比值控制能克服单闭环比值控制的缺点，还有一个优点就是提降负荷比较方便，只要缓慢地改变主流量的控制器的内给定，就可增减主流量，同时副流量也就自动地跟踪主流量进行增减，并保持两者比值不变。有的工厂，采用两个独立的流量控制系统分别稳定主物料、副物料流量，通过人工方法保持两者比值恒定，即人工操作。和上述方案相比，仅省了比值器，但在工艺操作上极其麻烦，尤其在频繁提量、减量时，容易产生事故。双闭环比值控制系统，所用设备较多，投资高，仅在比值要求较高的场合使用。

（3）变比值控制方案

变比值控制方案从结构上分析它是串级控制系统和比值控制系统的组合，有人称为串级比值控制系统。如图 5-17 所示。

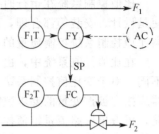

图 5-17　变比值控制系统

前述的几种比值控制方案中，主动物料 F_1 和从动物料间的比值 $k = F_2/F_1$，是通过比值器的比值系数 K 的设置实现的（或者通过改变内设定来实现的）。一旦 K 值确定，系统投入运行后，主副物料流量的比值 k 将保持不变。若生产上因某种需要微调流量比值时，需人工重新设定比值系数 K。因此，称为定比值控制系统。

当系统中存在着除流量扰动外的其他扰动时，如温度、压力、成分和反应器中的触媒衰老等，其扰动的性质是随即的，幅度也不同，因此无法用人工方法去改变比值系数，定比值控制就不能适应这种工艺的需要，为此设计了按工艺指标自行修正比值系数的比值控制系统，称为变比值控制系统。它是由串级控制系统和比值控制系统组合而成的，在串级控制系统中亦可称为串级比值控制系统。

图 5-18 所示为采用相乘方式组成的串级比值控制系统。主动物料 F_1 和从动物料 F_2 在混合器中混合后，进入反应器并生成第三种化学产品。反应器的温度和温度控制器为串级控制系统的主被控变量，和主控制器的输出信号 I_B 经过乘法器运算后的信号作为 F_2 流量控制器的外设定信号，副流量 F_2 作串级控制系统的副环，它和主动物料 F_1 的关系是比值控制系统。当 I_B 保持不变时，组成定比值控制系统，其 F_2/F_1 的比值和 I_B 相一致。当 I_B 随主变量温度的变化而改变时，流量比值随之变化，并和新的设定相一致，故为变比值控制系统。

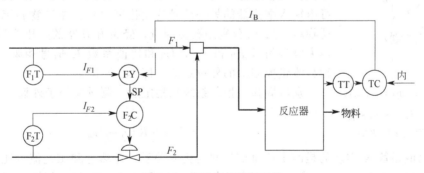

图 5-18　串级比值控制系统

5.2.2　比值控制系统的运行与调试

比值控制系统在完成设计、安装并完成以后，就可以投入运行使用。它与其他自动控制系统一样，在投运以前必须对比值控制系统中所有的自动化仪表进行校验、检查等运行前的准备工作，如测量变送单元，计算单元（根据计算结果设计好比例系数），控制器和控制阀，以及电、气连接管线引压管线进行详细的检查，合格无故障后，可随同工艺生产，投入工作。

　　以单闭环比值控制系统为例，首先，从物料流量实现手动遥控，操作工依据流量指示，校正比值关系。待基本稳定后，就可进行手动、自动切换，使闭环回路投入自动运行。投运步骤与串级控制系统的副环投运相同。需要特别说明的是，系统投运前，比值系数不一定要精确设置，它可以在投运过程中逐步校正，直至工艺认为比值合格为止。

　　比值控制系统在运行时控制器参数的整定成为相当重要的问题，如果参数整定不当，即使是设计、安装等都合理，系统也不能正常运行。所以，选择适当的控制器参数是保证和提高比值控制系统控制质量的一个重要的途径，这和其他控制系统的要求是一致的。

　　在比值控制系统中，由于构成的方案和工艺要求不同，参数整定后其过渡过程的要求也不同。对于变比值控制系统，因主变量控制器相当于串级控制器系统中的主控制器，其控制器应按主被控变量的要求整定，且应严格保持不变。对于双闭环比值控制系统中的主物料回路，可按单回路流量定值控制系统的要求整定，受到干扰作用后，既要有较小的超调，又能较快地回到设定值。其控制器在阶跃干扰作用下，被控变量应以（4～10）：1衰减比为整定要求。

　　但对于单闭环比值控制系统、双闭环的从动物料回路、变比值控制系统的副回路来说，它实质上是一个随动控制系统，即主流量变化后，希望从流量跟随主流量做相应的变化，并要求跟踪的越快越好，越准越好，即从流量 F_2 的过渡过程在振荡与不振荡的边界为宜。它不应该按定值控制系统 4：1 衰减曲线要求整定，因为在衰减振荡的过渡中，工艺物料比 k 将被严重破坏，有可能产生严重的事故。所示从流量的过渡过程应该是跟踪贴近主流量的变化为最佳，这也就成为了比值控制系统调试的主要目标。

5.2.3　比值控制系统的实施

　　在比值控制方案中，为了满足工艺流量比值 $k=F_2/F_1$ 的要求，要对比值系数 K 进行计

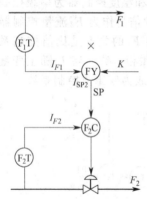

图 5-19　单闭环比值控制系统采用相乘的方案

算，这是因为工艺流量比值要求是通过信号来传递的。由于在实施方案中，可以采用相乘的方式，常用的是比值器或乘法器。在图 5-19 中，"×"的符号表示两个信号相乘的运算。如果系数 K 是一个常数，则比值器和乘法器均可采用。若比值系数 K 需要有主被控变量来随时修正的，则必须采用乘法器，因乘法器的 K 值可由输入乘法器的另一信号的变化来改化。主动物料流量 F_1 和从动物料流量 F_2 分别用孔板测量，经带开方器的差压变送器分别转换为电流信号 I_{F1} 和 I_{F2}，I_{F1} 和比值系数 K 信号相乘后，作从动物料流量控制器的外设定值，即 $I_{SP2}=KI_{F1}$

　　众所周知，控制系统在稳定后，测量应等于外设定，即 $I_{F2}=I_{SP2}$，所以

$$I_{SP2}=KI_{F1}=I_{F2} \tag{5-10}$$

　　因此比值系数 K 实现的是两个流量信号间的比值关系，显然它和工艺流量比值 $k=F_2/F_1$ 是相统一的。当外设定 I_{SP2} 保持不变时，从动物料流量组成定值控制系统，它的任务是克服从动物料流量的扰动，并保持稳定。当提量（或减量）时，F_1 流量增加，相应的信号 I_{F1} 增大，乘以比值系数 K 后的输出信号 I_{SP2} 也相应增加，从动物料流量控制系统按随动控制系统原理工作，使测量值信号 I_{F2} 增加，即 F_2 流量增加，并保持工艺要求的比值关系。

　　（1）用比值器实施的比值控制方案

　　在单闭环比值控制系统中，电动比值器的输出信号为输入信号乘以一个常数 K，其实施方案如图 5-20 所示。Ⅲ型仪表信号为 4～20mA 或者 1～5V DC。

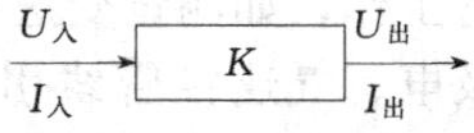

图 5-20　电动比值器原理图

电动比值器的输出、输入运算式为

$$I_{出}=(I_{入}-4)K+4 \ (\text{mA}) \tag{5-11}$$

或者

$$U_{出}=(U_{入}-1)K+1 \ (\text{V})$$

式中，K 为比值器的比值系数，K 可在 $0.3\sim3$ 的范围内设定。

比值器的输出信号范围为 $4\sim20\text{mA}$，将式(5-10) 代入式(5-11) 得

$$I_{SP2}=(I_{F1}-4)K+4=I_{F2}$$

则

$$K=\frac{I_{F2}-4}{I_{F1}-4} \tag{5-12}$$

比值系数 K 和工艺流量比 $k=F_2/F_1$ 是不相同的，比值系数 K 是仪表用信号的方式实现的工艺流量比值 k，取决于流量和信号间的转换关系。当流量用孔板测量、且使用开方器时，流量和输出信号间成线性关系，或者当流量采用转子流量计、涡轮流量计等仪表测量变送时，流量在 $0\sim F_{max}$ 范围内变化，对应的信号范围为 $4\sim20(\text{mA})$，则任一流量 F 和对应的开方器后的输出信号 I_F 间的关系为

$$I_F=\frac{I_{max}-I_{min}}{F_{max}}F+I_{min} \qquad (\text{mA}) \tag{5-13}$$

式中　　F，F_{max}——测量范围内的任一流量和仪表的最大量程，m^3/h；

　　　　　　I_F——对应流量为 F 时的测量（电流）信号，mA；

　　I_{max}，I_{min}——电动仪表的信号上限、下限。

将式(5-13) 代入式(5-12) 中得

$$K=\frac{I_{F2}-4}{I_{F1}-4}=\frac{\left(\dfrac{16}{F_{2max}}F_2+4\right)-4}{\left(\dfrac{16}{F_{1max}}F_1+4\right)-4}=\frac{F_2}{F_1}\times\frac{F_{1max}}{F_{2max}}=k\frac{F_{1max}}{F_{2max}} \tag{5-14}$$

式(5-14) 说明，在比值器上设定的比值系数 K 取决于工艺流量比 k 和主动、从动物料仪表的量程。

需要说明的是，设定时希望比值器的比值系数 K 设置在 $K=1$ 附近，即在比值器可调整系数的中间位置。唯有这样，当工艺上比值 k 需要在一定范围内变化，或者主动物料流量在从最小到最大范围内变化时，比值器的输出信号，即从动物料流量的设定值信号不超出电动仪表的 $4\sim20\text{mA}$ 的信号范围。反之，当计算中比值系数 K 超出上限（或者下限时），流量比值要求在仪表中无法设置，当比值系数 K 接近或者等于极限时，其调整就十分困难。

从式(5-14) 中可见，工艺流量比值 k 是工艺数据，不能变动的。唯一可以调整的是主动物料、从动物料流量标尺 F_{1max}、F_{2max}，也就是说，在确定 F_{1max} 和 F_{2max} 时，要根据比值系数 K 值计算的需要。

【例 5-5】 某合成橡胶厂"丁苯橡胶配相（即配料）"操作岗位，在丁二烯与苯乙烯（简称碳氢相）的聚合前，必须先将它与水相（水和其他助剂的混合液）按规定的比例进行配比，再进入混合槽，然后借助离心泵送聚合釜进行聚合反应。为了稳定操作，采用电动单元组合仪表组成以碳氢相为主动物料、以水相为从动物料的比值控制系统。该系统两种物料流量采用孔板、差压变送器测量，方案中差压变送器都使用开方器。

已知：碳氢相流量最大刻度为 $F_{1max}=12.5\text{m}^3/\text{h}$；水相流量最大刻度为 $F_{2max}=20\text{m}^3/\text{h}$；且工艺要求 $k=F_2/F_1=1.4$。试求采用比值器实现比值控制时的比值系数 K。

解　按式(5-14) 当使用开方器时的计算公式得

$$K = k\frac{F_{1max}}{F_{2max}} = 1.4 \times \frac{12.5}{20} = 0.875$$

求得比值系数后，将它设置于比值器上，系统就能按工艺生产要求正常运行。实际上，由于生产中物料成分发生变化，有时需要调整工艺物料比值，因此即使计算十分精确，生产中仍需最终通过现场调整比值系数，直至调整到比较满意为止。

（2）用乘法器实施的比值控制方案

由于乘法器可实现乘系数及进行两输入信号相乘的运算，所以可用它组成定比值和变比值控制系统。图 5-21 所示为用电动乘法器组成的比值控制系统的实施方块图。其中图 5-21（a）是单闭环比值控制系统，它和采用比值器的方案相比，需要增添电动恒流源的仪表，并用它的输出 I_B 来设定仪表乘以一个常数的任务。图 5-21 中（b）是变比值控制系统，它的比值系统设置由主控制器输出来设置，即由主变量的情况决定两流量之间的工艺比值关系。

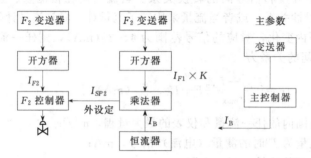

（a）定比值控制系统   （b）单级比值控制系统（采用乘法器管理方案）

图 5-21   比值控制系统采用乘法器的方案

电动Ⅲ型乘法器的输入输出计算式为

$$I_{出} = (I_{入1}-4)(I_{入2}-4)/16 + 4 \quad (mA) \tag{5-15}$$

和采用比值器的计算式（5-11）相比，则

$$K = \frac{I_B-4}{16} \tag{5-16}$$

式中 K——比值系数；

I_B——恒流源的输出信号，mA。

当比值系数 K 用恒流源的输出 I_B 来设置时，I_B 的计算公式为

$$I_B = 16K + 4 \quad (mA) \tag{5-17}$$

当使用开方器，且流量和信号间存在线性关系时，有

$$I_B = 16k\frac{F_{1max}}{F_{2max}} + 4 = 16 \times \frac{F_2}{F_1} \times \frac{F_{1max}}{F_{2max}} + 4 \quad (mA) \tag{5-18}$$

【例 5-6】   在例 5-5 单闭环比值控制方案中，比值计算采用乘法器实现，用恒流源 I_B 来设定比值要求，试求 I_B 之值。

解   按式（5-18）得

$$I_B = 16K + 4 = 16 \times 0.875 + 4 = 18 \quad (mA)$$

使用时，将恒流源的输出设置为 18mA，即能满足两者的比值要求。

在比值控制系统中，主动物料流量 F_1 和从动物料流量标尺 F_2，在设置选择时的原则为：当比值控制系统采用乘法器实施时，因乘法器的输出信号采用 DDZ-Ⅲ型仪表时在 4～

20mA 范围内，故从式(5-17) 和式(5-18) 可见，其比值系数 K 不能大于1。即

$$K=k\frac{F_{1max}}{F_{2max}}\leqslant 1$$

为了使主、副流量的比值 k 在可变范围 $k_{min}\sim k_{max}$ 内，比值系数 $K\leqslant 1$，要求在选择量程时满足

$$F_{2max}\geqslant k_{max}F_{1max} \tag{5-19}$$

式(5-19) 说明，在设计比值控制系统中，选用从动物料流量标尺 F_{2max} 时，必须按式(5-19) 的条件来确定。

【例 5-7】 某厂为配制 $6\%\sim 8\%$ 的 NaOH 溶液，经过工艺计算，指出只要保证 F_{H_2O}/F_{NaOH} 值在 $(4/1)\sim(2.75/1)$，就能保证它的浓度符合要求。为克服大的流量扰动，可以设计一个以 30% NaOH 溶液为主流量、水为副流量的单闭环比值控制系统，采用孔板、差变器和开方器测量流量，仪表选型为电动Ⅲ型仪表，试计算比值系数 K 和采用乘法器设置 I_B 实现比值关系时，恒流源的输出信号 I_B 值。已知工艺提供的原始数据为：30% NaOH 溶液的正常流量 $F_{ch}=700$ kg/h，最大流量为 $F_{max}=900$ kg/h。

解　因按国家标准，国产流量计的通过标尺为 1.0，1.25，1.6，2.0，2.5，3.2，4.0，5.0，6.3，8 乘以 10^n（n 为正整数）。故对 NaOH 的流量经圆整后，其标尺 $F_{1max}=1\times 10^3$ kg/h。

已知　　　　　　　　$k=\dfrac{F_{H_2O}}{F_{NaOH}}=\dfrac{F_2}{F_1}=\dfrac{4}{1}\sim\dfrac{2.75}{1}$

所以　　　　　　　　$k_{max}=4.0$，　　$k_{min}=2.75$

又根据　　　　　　　$F_{2max}\geqslant k_{max}$，　$F_{1max}=4\times 10^3$

现选择　　　　　　　$F_{2max}=4\times 10^3$ kg/h

① 当 $k_{max}=4$ 时，其比值系数 K 为

$$K=k_{max}\frac{F_{1max}}{F_{2max}}=4\times\frac{1\times 10^3}{4\times 10^3}=1.0$$

电动恒流源的输出信号 I_B 为

$$I_B=16K+4=20\text{（mA）}$$

② 当 $k_{min}=2.75$ 时，其比值系数 K 为

$$K=k_{min}\frac{F_{1max}}{F_{2max}}=2.75\times\frac{1\times 10^3}{4\times 10^3}=0.688$$

恒流源的输出信号 I_B 为

$$I_B=16K+4=15\quad\text{（mA）}$$

所以工艺上要求的比值 k 在 $k_{min}\sim k_{max}=2.75\sim 4.0$ 范围内，电动恒流源的输出信号 I_B 在 $15\sim 20$（mA）范围内，比值系数都可以设置。

5.3　前馈控制系统解决方案

5.3.1　前馈控制的作用与特点

在工业生产过程中，因容量滞后或纯滞后的存在，常使扰动从作用开始到被控变量显出变化，需要一定时间。被控变量的偏差值是通过控制器产生控制作用，驱动控制阀动作又经

过一定时间，才能对被控变量产生影响。控制器作用后，被控变量发生变化，导致偏差值变化，又会引发新的控制作用，将再次经历一段控制时间，使被控变量继续变化。如此反复，最终被控变量达到新稳态时需要经历相当长的时间。控制系统的滞后越大，被控变量波动的幅度也越大，波动持续时间也越长。化工生产中的加热炉、精馏塔的温度控制过程和有较大测量滞后的成分控制过程，都经常出现波动幅度大、持续时间长、不易稳定的现象，这种情况对生产极为不利。

前面章节的内容中曾介绍微分控制规律可用来克服对象及环节的惯性滞后（时间常数 T）和容量滞后 τ_c，但此方法不能克服纯滞后时间。对于纯滞后较大的控制系统，单回路控制系统甚至串级控制系统有时不能满足生产过程自动化控制的要求。

考虑到产生偏差的直接原因是扰动，因此，如果直接按扰动实施控制，而不是按偏差进行控制，从理论上说，可把偏差完全消除。即在这样的一种控制系统中，一旦出现扰动，控制器将直接根据所测得的扰动大小和方向，按一定规律实施控制作用，补偿扰动对被控变量的影响。由于扰动发生后，在被控变量还未出现变化时，控制器就已经进行控制，所以称这种控制为"前馈控制"（或称为扰动补偿控制）。这种前馈控制作用如能恰到好处，可以使被控变量不再因扰动作用而产生偏差，因此它比反馈控制及时。

图 5-22 所示为某一精馏塔前馈控制系统，图 5-23 是前馈控制系统方块图。在精馏过程中，进料流量的变化会影响塔顶产品成分的变化，假定进料流量有较大幅度的扰动（进料流量由生产负荷决定，是可测不可控的量），由于对象的扰动通道和控制通道存在滞后，反馈控制难以克服扰动所产生的波动，即便是采用串级控制系统，产品成分还将有较大的波动过程。为提高产品质量，设计在精馏塔进料口检测进料量变化的超前信号，然后将该信号送到前馈控制器（又称补偿器）中，前馈控制器根据扰动信号（进料量）的大小和方向，按一定规律去控制塔顶回流量，在塔顶产品的成分尚未变化前，便进行控制，实现前馈控制，使产品成分稳定。若能做到控制及时、控制量的大小与时间均配合适宜，则塔顶产品成分不会因进料量变化而变化。显然，这种控制比反馈控制要及时得多。

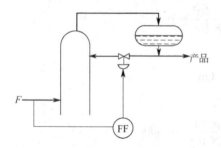

图 5-22　精馏塔塔顶产品成分前馈控制原理图

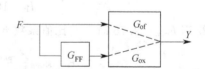

图 5-23　前馈控制系统方块图

$G_{of}(s)$ ——对象扰动通道的传递函数；

$G_{ox}(s)$ ——对象控制通道的传递函数；

$G_{FF}(s)$ ——前馈控制器的传递函数

由此例可看出，前馈控制器仅对被前馈的信号（进料量）有校正作用，但对未引入前馈控制器的其他扰动（如进料量的温度、成分等）却无任何校正作用，它们对塔顶产品成分的影响同未设前馈控制器时完全一样。

图 5-22 所示前馈控制系统的作用是对扰动所造成的影响进行补偿，具体补偿过程简述如下。

系统中，当进料量出现一个阶跃扰动（流量阶跃下降）时，如不加控制，塔顶产品某成分将按图 5-24 中上边曲线变化。实现前馈补偿作用后，前馈控制器一旦得到进料量变化信号，便按一定的规律去改变塔顶回流控制阀的开度。若回流量的改变使得塔顶产品某成分变化的趋势与进料量变化对塔顶产品成分的影响处处相等且方向相反（图 5-24 中上下两根曲线），则塔顶产品成分将保持不变，从而达到完全补偿。

当前馈控制系统达到了对扰动的完全补偿，塔顶产品成分则与扰动无关，但问题在于这种前馈控制规律能否获得。显然，补偿规律与对象扰动通道的特性及控制通道的特性有关。为此，首先分析图 5-23 所示的前馈控制系统的方框图。

由图 5-23 可知，前馈控制系统与反馈控制系统有所不同，前者为开环系统，后者为闭环系统。进料量变化后，信号传至前馈控制器，其控制作用使塔顶回流量改变。但回流量改变后，却无信号反馈回来使进料量发生新的变化（自身变化除外），因此信号传输不能组成闭环。由此得出结论：单纯前馈控制是"开环"控制，系统开环是前馈控制系统的显著特点。

5. 3. 2　前馈控制系统的解决方案

前馈控制器应具有怎样的规律才能做到完全补偿？这由"不变性"原理来确定。所谓"不变性"是指控制系统中，被控变量 y 与扰动 f 绝对无关，或在一定准确度上被控变量 y 与扰动 f 无关，即被控变量对扰动完全独立或基本独立（达到完全补偿或基本完全补偿）。图 5-24 所示的前馈控制系统中，F 和 Y 分别代表扰动和被控变量的拉氏变换，系统的输出应等于扰动作用与控制作用对被控变量的影响之和，具体数学表达式为

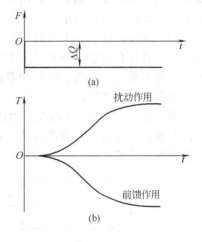

$$Y = FG_{of}(s) + FG_{FF}(s)G_{ox}(s) \tag{5-20}$$

式中，$FG_{of}(s)$ 表示扰动 F 对塔顶产品成分 Y 的影响，$FG_{FF}(s)G_{ox}(s)$ 表示扰动 F 通过前馈控制器对产品成分 Y 的补偿作用。假设系统为完全补偿的理想状态，即 $Y = 0$，式(5-20) 可写为

$$G_{FF}(s) = -\frac{G_{of}(s)}{G_{ox}(s)} \tag{5-21}$$

式(5-21) 为理想的前馈控制器控制规律的数学表达式。此式表明：前馈控制规律为扰动通道的传递函数和控制通道的传递函数之商，式中的"－"号则表示控制作用的方向和扰动作用的方向相反。此式还说明前馈控制器是一种"专用特殊"控制器，控制器的控制规律是由对象扰动通道和控制通道的传递函数来确定的。

图 5-24　前馈控制的校正作用

由式(5-21) 可知，要实现完全补偿，必须首先弄清楚对象扰动通道和控制通道的动态特性，当扰动通道和控制通道的动态特性相同时，则有

$$G_{FF}(s) = -\frac{G_{of}(s)}{G_{ox}(s)} = -K_f \tag{5-22}$$

这是一个典型的比例环节（K_f 称为静态前馈系数），属于静态前馈，它是前馈的一种特殊形式，亦是最简单的形式。静态前馈控制实施起来较为方便，一般的比例控制器或比值器即可作为前馈控制器。

采用静态前馈应具备一个条件，即对象的扰动通道和对象的控制通道的动态特性相同，但在一般情况下，这两个通道的动态特性是不可能完全相同的，此时若仍采用静态前馈控制，只能保证被控变量的静态误差接近于零或等于零，而不能保证动态误差等于零或接近

于零。

在动态误差要求较高的场合下，仅采用静态前馈控制是不能满足系统要求的，必须引用动态前馈，也就是要求前馈控制器的输出不仅是扰动量的函数，也是时间的函数。依据"不变性"原理，要求动态误差等于零，则前馈控制器的补偿规律应完全满足式(5-21)。

应当指出：工业对象的动态特性往往很复杂，不同设备有不同的动态特性（即便设备型号相同，其动态特性也不一定完全相同，甚至同一设备，在不同的操作条件下，动态特性也不相同），而且其特性经常随时间而变化。许多工业对象的动态特性往往是高阶系统并具有分布参数，要用反应机理来描述复杂对象特性还存在很大困难，有时只能将高阶对象用低阶来近似，将分布参数按集中方式处理，这样所得到的动态特性精度往往较低。基于此，一般人们所设计的前馈控制器控制规律只能是近似的动态前馈，难以实现完全补偿。

前馈控制是按扰动作用进行控制，反馈控制按偏差作用进行控制，两种控制的目的均是消除扰动作用对被控变量的影响，实施中，反馈控制因总是落后于扰动作用而称为不及时控制，前馈控制直接根据扰动作用进行控制被称为及时控制。

工业生产过程中有许多扰动难以及时检测，目前对某些扰动也尚无检测工具，此外，一个系统中扰动未必只有一个，一个系统中可能存在多个扰动，不可能也难以做到对每一个扰动均安装一套前馈控制系统，所以，单独依靠前馈控制难以达到稳定系统被控变量的目的，也不可能得到满意的效果。

如在反馈回路上加上前馈控制，把按扰动进行的前馈控制与按偏差进行的反馈控制结合起来，构成复合前馈控制系统，这样既能克服扰动对被控变量的影响，又能消除系统的余差。具体实施时，在组合的控制系统中选择其中最主要的，且反馈控制不能或难以克服的扰动，对其进行前馈控制。

图 5-25 及图 5-26 分别表示为加反馈回路的前馈控制系统及系统方块图，图中 G_c 为常规控制器的传递函数。由图可知，若精馏塔进料量的扰动为零，则 $F=0$，此时系统实际为一简单控制系统；若 $F \neq 0$，而其他扰动为零时，系统的状态可用如下数学式表示

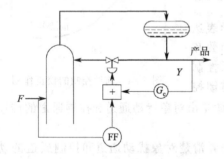

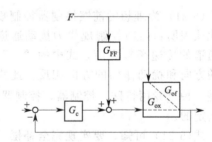

图 5-25　加反馈控制的前馈控制系统　　　　图 5-26　加反馈控制的前馈控制系统方块图

$$Y = FG_{of} + (FG_{FF} - YG_c)G_{ox} \tag{5-23}$$

$$Y = FG_{of} + FG_{FF}G_{ox} - YG_cG_{ox} \tag{5-24}$$

式中，FG_{of} 为 F 对塔顶产品成分的影响；$FG_{FF}G_{ox}$ 为扰动 F 通过前馈控制器对塔顶产品成分的影响；而 YG_cG_{ox} 为塔顶产品成分的变化经反馈控制后的反馈作用。

由式(5-24)继续可得

$$\frac{Y}{F} = \frac{G_{of} + G_{FF}G_{ox}}{1 + G_cG_{ox}} \tag{5-25}$$

理想的前馈控制效果应该是扰动 F 对塔顶产品成分不再产生影响，即 $Y=0$，于是有

$$G_{of} + G_{FF}G_{ox} = 0 \qquad (5-26)$$

即

$$G_{FF} = -\frac{G_{of}}{G_{ox}} \qquad (5-27)$$

比较式(5-27)与式(5-21)，两式完全相同。

值得注意的是，将前馈控制与反馈控制结合时，前馈控制和反馈控制作用相加点的位置不能随意改变，否则前馈控制规律需做修改。

前馈控制一般适用于以下场合。

① 对象的纯滞后时间较大，时间常数特别大或特别小，采用反馈控制难以奏效时。

② 扰动的幅度大，频率高，虽可以测出，但受工艺条件的限制，采用定值控制系统难以稳定时。例如工艺生产中的负荷或控制系统不能直接对其加以控制的其他变量，此时便可以采用前馈控制来改善系统的控制品质。

③ 某些分子量、黏度、组分等工艺变量，因找不到合适的检测仪表来构成闭合反馈控制系统，此时只能采取对主要扰动加以前馈控制的方法，减少或消除扰动对系统的影响。

在实际的生产过程中，前馈控制与反馈控制组合起来构成控制系统的情况更合理，它们可以相互取长补短，发挥各自的优势，更好地为工业生产服务。

小　结

（1）主要内容

① 重点分析了工业生产过程中应用较多的串级控制系统的构成原理、运行操作及参数整定的应用技能、设计实施详细步骤。

② 比值控制系统的控制方案、应用特点、比值系数的计算设置、系统的投运和参数整定。

③ 对前馈控制系统的作用和特点、适用场合进行了深入讨论，探讨了静态前馈控制和动态前馈控制的一般性解决方案。

（2）学习要点

掌握工程应用中经常用到的基本分析方法和必备的操作技能。

① 掌握串级控制系统的构成原理、适用场合；主副控制器控制规律及正反作用的确定方法。掌握串级控制系统的投运和参数整定技能。

② 掌握比值控制方案的应用场合、构成原理、比值系数的计算、放置及其参数整定法。

③ 了解前馈控制系统的作用及其特点，前馈反馈控制系统的组合应用。

例题和解答

【**例题 5-1**】　某聚合反应釜内进行放热反应，釜温过高会发生事故，为此采用夹套水冷却。由于釜温控制要求较高，且冷却水压力、温度波动较大，故设置控制系统如图 5-27 所示。

① 这是什么类型的控制系统？试画出其方块图，说明其主变量和副变量是什么？

② 选择控制阀的气开、气关型式。

③ 选择控制器的正、反作用。

④ 选择主、副控制器的控制规律。

⑤ 如主要干扰是冷却水的温度波动，试简述其控制过程。

⑥ 如主要干扰是冷却水压力波动，试简述其控

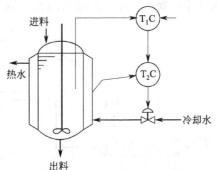

图 5-27　聚合釜温度控制

制过程，并说明这时可如何改进控制方案，以提高控制质量。

解 ① 这是串级控制系统。主变量是釜内温度 θ_1，副变量是夹套内温度 θ_2。其方块图如图 5-28 所示。

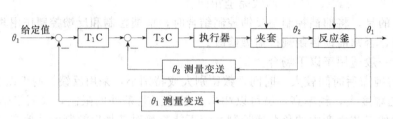

图 5-28 反应釜温度串级控制方块图

② 为了在气源中断时保证冷却水继续供应，以防止釜温过高，故控制阀应采用气关型，为"—"方向。

③ 主控制器 T_1C 的作用方向可以这样来确定：由于主、副变量（θ_1，θ_2）增加时，都要求冷却水的控制阀开大，因此主控制器应为"反"作用。

副控制器 T_2C 的作用方向可按简单（单回路）控制系统的原则来确定。由于冷却水流量增加时，夹套温度 θ_2 是下降的，即副对象为"—"方向。已知控制阀为气关型，"—"方向，故副控制器 T_2C 应为"反"作用。

④ 主控制器选 PID，副控制器选 P。

⑤ 如主要干扰是冷却水的温度波动，整个串级控制系统的工作过程是这样的：设冷却水的温度升高，则夹套内的温度 θ_2 升高，由于 T_2C 为反作用，故其输出降低，因而气关型的阀门开大，冷却水流量增加以及时克服冷却水温度变化对夹套温度 θ_2 的影响，因而减少以致消除冷却水温度波动对釜内温度 θ_1 的影响，提高了控制质量。

如这时釜内温度 θ_1 由于某些次要干扰（例进料流量、温度的波动）的影响而波动，该系统也能加以克服。设 θ_1 升高，则反作用的 T_1C 输出降低，因而使 T_2C 的设定值降低，其输出也降低，于是控制阀开大，冷却水流量增加以使釜内温度 θ_1 降低，起到负反馈的控制作用。

⑥ 如主要干扰是冷却水压力波动，整个串级控制系统的工作过程是这样的：设冷却水压力增加，则流量增加，使夹套温度 θ_2 下降，T_2C 的输出增加，控制阀关小，减少冷却水流量以克服冷却水压力增加对 θ_2 的影响。这时为了及时克服冷却水压力波动对其流量的影响，不要等到 θ_2 变化才开始控制，可改进原方案，采用釜内温度 θ_1 与冷却水流量 F 的串级控制系统，以进一步提高控制质量。

【例题 5-2】 某干燥器的流程如图 5-29 所示。干燥器采用夹套加热和真空抽吸并行的方式来干燥物料。夹套内通入的是经列管式加热器加热后的热水，而加热器采用的是饱和蒸汽。为了提高干燥速度，应有较高的干燥温度 θ，但 θ 过高会使物料的物性发生变化，这是不允许的，因此要求对干燥温度 θ 进行严格控制。

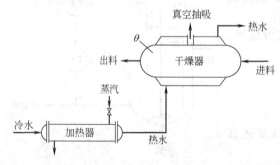

图 5-29 干燥器流程图

① 如果蒸汽压力波动是主要干扰，应采用何种控制方案？为什么？试确定这时控制阀的气开、气关型式与控制器的正、反作用。

② 如果冷水流量波动是主要干扰，应

采用何种控制方案？为什么？试确定这时控制器的正、反作用和控制阀的气开、气关型式。

③ 如果冷水流量与蒸汽压力都经常波动，应采用何种控制方案？为什么？试画出这时的控制流程图，确定控制器的正、反作用。

解　① 应采用干燥温度与蒸汽流量的串级控制系统。这时选择蒸汽流量作为副变量。一旦蒸汽压力有所波动，引起蒸汽流量变化，马上由副回路可以及时得到克服，以减少或消除蒸汽压力波动对主变量 θ 的影响，提高控制质量。

控制阀应选择气开型，这样一旦气源中断，马上关闭蒸汽阀门，以防止干燥器内温度 θ 过高。

由于蒸汽流量（副变量）和干燥温度（主变量）升高时，都需要关小控制阀，所以主控制器 TC 应选"反"作用。

由于副对象特性为"＋"（蒸汽流量因阀开大而增加），阀特性也为"＋"，故副控制器（蒸汽流量控制器）应为"反"作用。

② 如果冷水流量波动是主要干扰，应采用干燥温度与冷水流量的串级控制系统。这时选择冷水流量作为副变量，以及时克服冷水流量波动对干燥温度的影响。

控制阀应选择气关型，这样一旦气源中断时，控制阀打开，冷水流量加大，以防止干燥温度过高。

由于冷水流量（副变量）增加时，需要关小控制阀；而干燥温度增加时，需要打开控制阀。主、副变量增加时，对控制阀的动作方向不一致，所以主控制器 TC 应选"正"作用。

由于副对象为"＋"，阀特性是"－"，故副控制器（冷水流量控制器）应选"正"作用。

③ 如果冷水流量与蒸汽压力都经常波动，由于它们都会影响加热器的热水出口温度，所以这时可选用干燥温度与热水温度的串级控制系统，以干燥温度为主变量，热水温度为副变量。在这个系统中，蒸汽流量与冷水流量都可选作为操纵变量，考虑到蒸汽流量的变化对热水温度影响较大，即静态放大系数较大，所以这里选择蒸汽流量作为操纵变量，构成如图 5-30 所示的串级控制系统。

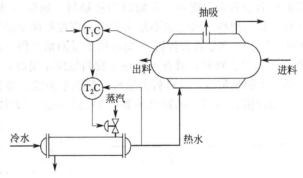

由于干燥温度（主变量）和热水温度（副变量）升高时，都要求关小蒸汽阀，所以主控制器（干燥温度控制器）应选用"反"作用。

图 5-30　干燥器控制方案

由于蒸汽流量增加时，热水温度是升高的，副对象特性为"＋"，控制阀为气开型，为"＋"，故副控制器（热水温度控制器）应选"反"作用。

【例题 5-3】　某工厂在石油裂解气冷却系统中，通过液态丙烯的汽化来吸收热量，以保持裂解气出口温度的稳定。组成以出口温度为主参数、汽化压力为副参数的温度与压力串级控制系统。现在采用一步整体法整定控制器参数，其整定步骤如下。

① 本系统中，副参数为压力，该参数反应快，滞后小，比例度可以选大一些，根据本例的情况，选取副控制器的比例度为 40%。

② 将副控制器的比例度 δ_2 置于 40% 的刻度上，按 4∶1 衰减曲线法整定主控制器参数，得到 $\delta_{1s}=30\%$，$T_{1s}=3\text{min}$。

③ 按 4∶1 衰减曲线法的经验公式计算主控制器参数，即

$$\delta_1 = 0.8\delta_{1s} = 0.8 \times 30\% = 24\%$$
$$T_{l1} = 0.3T_{1s} = 0.3 \times 3\text{min} = 0.9\text{min}$$
$$T_{d1} = 0.1T_{1s} = 0.1 \times 3\text{min} = 0.3\text{min}$$

副控制器的比例度 $\delta_2 = 40\%$。

【例题 5-4】 某串级控制系统采用两步整定法整定控制器参数，测得 4：1 衰减过程的参数为：$\delta_{1s} = 8\%$，$T_{1s} = 100\text{s}$；$\delta_{2s} = 40\%$，$T_{2s} = 10\text{s}$。若已知主控制器选用 PID 控制规律，副控制器选用 P 控制规律。试求主、副控制器的参数值为多少？

解　按简单控制系统中 4：1 衰减曲线法整定参数的计算表可计算出主控制器的参数值为

$$\delta_1 = 0.8\delta_{1s} = 6.4\%；T_{i1} = 0.3T_{1s} = 30\text{s}；T_{d1} = 0.1T_{1s} = 10\text{s}$$

副控制器的参数值为

$$\delta_2 = \delta_{2s} = 40\%$$

【例题 5-5】 某化学反应器要求参与反应的 A、B 两种物料保持一定的比值，其中 A 物料供应充足，而 B 物料受生产负荷制约有可能供应不足。通过观察发现 A、B 两物料流量因管线压力波动而经常变化。该化学反应器的 A、B 两物料的比值要求严格，否则易发生事故。根据上述情况，要求：

① 设计一个比较合理的比值控制系统，画出原理图与方块图；

② 确定控制阀的气开、气关型式；

③ 选择控制器的正、反作用。

解　① 因为 A、B 两物料流量因管线压力波动而经常变化，且对 A、B 两物料的流量比值要求严格，故应设计双闭环比值控制系统。由于 B 物料受生产负荷制约有可能供应不足，所以应选择 B 物料为主物料，A 物料为从物料，根据 B 物料的实际流量值来控制 A 物料的流量，这样一旦主物料 B 因供应不足而失控，即控制阀全部打开尚不能达到规定值时，尚能根据这时 B 物料的实际流量值去控制 A 物料的流量而始终保持两物料的流量比值不变。如果反过来，选择 A 物料为主物料，就有可能在 B 物料供应不足时，控制阀全部打开，B 物料流量仍达不到按比值要求的流量值，这样就会造成比值关系失控，容易引发事故，这是不允许的。

该比值控制系统的原理图如 5-31（a）所示，方块图见图 5-31（b）。

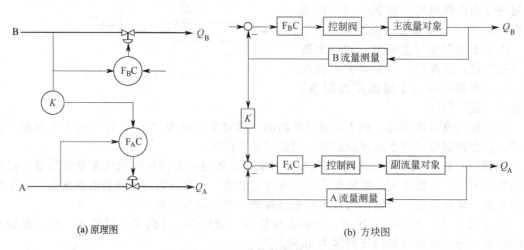

(a) 原理图　　　　　　　　　　　　　(b) 方块图

图 5-31　比值控制原理方块图

② 由于 A、B 两物料比值要求严格，否则反应器易发生事故，所以两只控制阀都应为气开阀，这样一来，一旦气源中断，就停止供料，以保证安全。

③ 由于控制阀为气开阀，特性为"＋"，流量对象特性也为"＋"（因为阀打开，流量是增加的），故两只控制器 $F_A C$ 和 $F_B C$ 都应选"反"作用。这样一来，一旦流量增加，FC 的输出就降低，对于气开阀来说，其阀门开度就减少，使流量降低，起到负反馈的作用。

思考题与习题

5-1　串级控制系统中主、副变量应如何选择？

5-2　为什么说串级控制系统中的主回路是定值控制系统，而副回路是随动控制系统？

5-3　怎样选择串级控制系统中主、副控制器的控制规律？

5-4　如何选择串级控制系统中主、副控制器的正、反作用？

5-5　图 5-32 为一个蒸汽加热器，物料出口温度需要控制且要求较严格，该系统中加热蒸汽的压力较大。试设计该控制系统的控制原理图及方块图。

5-6　图 5-33 所示为聚合釜温度控制系统。冷却水通入夹套内，以移走聚合反应所产生的热量。试问：

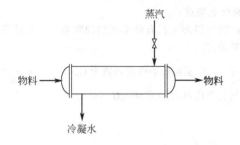

图 5-32　加热器

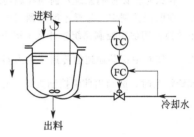

图 5-33　聚合釜温度控制系统

① 这是什么类型的控制系统？试画出它的方块图。

② 如果聚合温度不允许过高，否则易发生事故，试确定控制阀的气开、气关形式。

③ 确定主、副控制器的正、反作用。

④ 简述当冷却水压力变化时的控制过程。

⑤ 如果冷却水的温度是经常波动的，上述系统应如何改进？

⑥ 如果选择夹套内的温度作为副变量构成串级控制系统，试画出它的方块图，并确定主、副控制器的反、正作用。

5-7　串级控制系统中主、副控制器参数的工程整定主要有哪两种方法？

5-8　在设计某加热炉出口温度（主变量）与炉膛温度（副变量）的串级控制方案中，主控制器采用 PID 控制规律，副控制器采用 P 控制规律。为了使系统运行在最佳状态，采用两步整定法整定主、副控制器参数，按 $4:1$ 衰减曲线法测得

$$\delta_{2s}=42\%;\ T_{2s}=25s;\ \delta_{1s}=75\%;\ T_{1s}=11min$$

试求主、副控制器的整定参数值。

5-9　串级控制系统通常可用在哪些场合？

5-10　串级控制系统的特点有哪些？

5-11　为什么串级控制系统对进入副回路的扰动具有很强的抑制能力？

5-12　如何选择串级控制系统的副参数，以防止共振现象的产生？若系统已经产生了共振现象，如何消除之？

5-13　如何设计简单结构的均匀控制系统？控制器参数整定时，被控变量有什么要求？

5-14　在比值控制系统中，什么是主动物料？什么是从动物料？如何选择？

5-15　在双闭环比值控制系统中，主动物料、从动物料在参数整定时，各有什么要求？

5-16　某比值控制系统，已知主动物料 F_1 的量程 $F_{1max}=3000m^3/h$，从动物料 F_2 的量程为 $F_{2max}=40000m^3/h$，且 $F_1/F_2=2$。试求：

① 若采用电动Ⅲ型乘法器实现比值关系，求比值系数 K 和 I_B 之值。

② 如果工艺要求为 $F_1/F_2=0.6$，则此方案能否实现？如何改进？并求 I_B 值。

③ 若 F_1/F_2 在 $0.6\sim2.0$ 范围内变化，如何设计该比值控制系统？

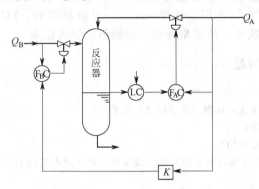

图 5-34　反应器的控制

5-17　试画出单闭环比值控制系统的原理图，并说明其与串级控制系统的本质区别。

5-18　试简述双闭环比值控制系统及其使用场合。

5-19　图 5-34 所示为一反应器的控制方案。Q_A、Q_B 分别代表进入反应器的 A、B 两种物料的流量，试问：

① 这是一个什么类型的控制系统？试画出其方块图。

② 系统中的主物料和从物料分别是什么？

③ 如果两控制阀均选气开阀，试决定各控制器的正反作用。

④ 试说明系统的控制过程。

5-20　什么是前馈控制系统？前馈控制与反馈控制各有什么特点？

5-21　在前馈控制中，怎样才能达到完全补偿？动态前馈与静态前馈有什么区别和联系？一般情况下为什么不单独使用前馈控制系统？什么情况下前馈控制效果最好？

5-22　已知对象扰动通道的传递函数为 $G_f(s)=\dfrac{2}{12s+1}e^{-s}$，控制通道的传递函数为 $G_o(s)=\dfrac{6}{10s+1}e^{-s}$，若采用前馈控制时，试画出前馈控制方案，并计算前馈控制装置应具有的传递函数 $G_{FF}(s)$。

6 多变量过程控制系统

现代工业生产有一些控制任务特殊的生产过程，需要开发和应用实现特殊要求的过程控制系统；要满足这些要求，解决这些问题，需要引入比单回路控制更为复杂、更为先进的控制系统。多变量控制系统指的是在流程工业生产过程中，为完成一个工艺要求所设计的控制系统中有多个控制通道，即有两个以上的被控变量或两个以上的操纵变量等组成的控制系统，其系统的结构机理、工艺操作要求比较复杂。

本章主要介绍均匀控制系统、选择性控制系统、分程控制系统的工业应用解决方案。另外自动联锁保护系统也是工业生产过程中常用的一种安全控制系统，通过学习为将来的实践应用打下良好的基础。

6.1 均匀控制系统解决方案

均匀控制系统在结构上设计了一个操纵变量同时控制两个被控变量，均匀控制系统是保证两个工艺参数在各自规定的范围内，均匀缓慢地变化，并使设备前后在物料的供求方面相互兼顾、相互协调。均匀控制系统中的均匀，就字面意义来说，是平均照顾的意思。

6.1.1 均匀控制的概念

石油在裂解炉中进行反应，生成烷烃烯烃，包括甲烷、乙烷、丙烷，乙烯、丙烯和其他各种成分的混合物。要得到这些产品必须将它们分离。如图 6-1 所示就是著名的八塔系统，它由相互串联的 8 个连续工作的精馏塔组成，经 8 塔分离后分别得到甲烷、乙烷、丙烷、丁烷等产品，还有含 C_5 以上的重组分物质目前还不能处理，就送去火炬烧掉。

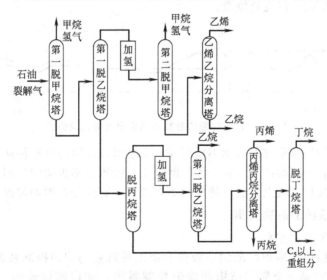

图 6-1 石油裂解气深冷分离过程中 8 塔工艺流程示意图

为了保证精馏生产过程的稳定，设计了众多的控制系统，以保证产品的质量，并使精馏操作保持平稳。对单独一个精馏塔来说，也要使进料恒定，塔底液位恒定，塔底温度恒定等。但对于前一塔的塔底出料，作为后一塔的进料来说，就会出现关联。假如甲塔在操作时，塔底液位偏高，则必须要增加塔底采出量，使液位恢复正常，而甲塔采出量就是乙塔的进料量，必然使乙塔的进料量发生波动。这样，甲塔操作是稳定了，但乙塔的稳定操作随之发生困难。解决这种关联的办法，可以从工艺设计上，在甲塔出料和乙塔入料之间增设中间储槽，以缓和它们

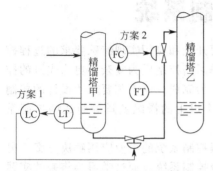

图 6-2　精馏塔前后物料供求关系

之间的矛盾。但是某些中间产品如果停留时间过长，会造成产品的分解或者自聚，影响产品的质量；另外，如果增加容器设备，则造成投资增加，占地面积增加。如果在中间容器中物料冷却，则在后一塔进行加料时，还要采用加热（冷却）设备，使能耗增加，所以一般不推荐采用设置中间容器的方法。

如果按图 6-2 所示的解决办法，去掉一个控制系统也是不可能的。因为甲塔液位和乙塔进料，两个参数都很重要。不能牺牲任何一个，那么另一个解决的办法是相互兼顾，即在整个精馏塔的操作过程中，精馏塔的塔底液位允许有少量的变化，当然两者的变化应该是缓慢的，即这种扰动幅度并不大，扰动的形式是缓慢平稳的，这在工艺操作上是允许的。基于这种指导思想，设计了均匀控制系统。实际上，在均匀中也可以有重点照顾的问题。如上例中的塔底液位和后塔进料，为了保证整个系统的工作，进料量相对处于更重要的地位。在具体工作中，要根据工艺情况具体分析。

图 6-2 所示是两个精馏塔前后的物料关系。方案 1 是液位的简单控制系统，为了保持液位恒定，则塔甲的出料流量应大幅度变化，图 6-3(a) 是它的记录曲线，控制器除应选用比例积分控制规律外，在参数整定时，液位控制器的比例度应取较小值。方案 2 是流量控制系统，是从后塔要求进料流量恒定来设计的。为了保持流量恒定，则前塔液位必然要产生较大的变化，控制器则应选用比例积分控制器，它的记录曲线如图 6-3(b) 所示。显然，液位控制系统和流量控制系统都不满足工艺要求。只有图 6-3(c) 的方案，即均匀控制系统的记录曲线是符合要求的。可见，流量和液位都做适当让步，即液位升高时，让流量也相应缓慢增加。这样液位也有变化，但变化缓慢。

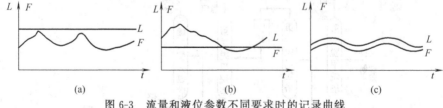

图 6-3　流量和液位参数不同要求时的记录曲线

应该明确，均匀控制系统的名称不是指控制系统组成方案的结构特征，而是指控制系统所要达到的目的和它所起的作用。有一段时间，工厂配置了不少均匀控制系统。但由于人们对它的了解较少，且从结构上判断，使用并不合理，没有充分发挥均匀控制系统的作用。

6.1.2　均匀控制系统的解决方案

（1）单回路均匀控制方案

图 6-4 所示是精馏塔塔顶冷凝储罐液位和馏出液流量的均匀控制系统，馏出液送下一精馏塔继续加工，它是一个简单结构的均匀控制系统，和以前讨论的定值控制系统并无区别。从工艺上看，它对液位和流量都有一定的要求。若工艺上塔顶馏出液是最终产品，送成品储罐，且对流量无任何要求时，它就成为液位定值控制系统。就结构而言，则容易造成人们的误解。从方块图更清楚地说明，它有两个被控变量，因此归入复杂控制系统。

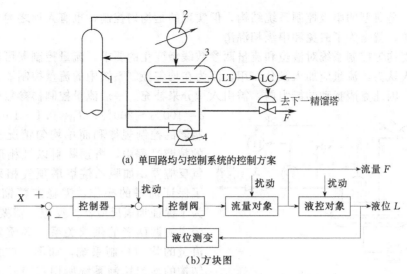

(a) 单回路均匀控制系统的控制方案

(b)方块图

图 6-4　分离器液位和塔顶馏出来量简单均匀控制系统
1—精馏塔；2—冷凝器；3—冷凝液储罐；4—回流泵

为了满足均匀控制系统的要求，必须对控制器控制规律和整定参数做一番研究讨论。在调节规律上都不需要也不应该加入正微分作用，因为微分作用对于输入信号的变化是十分敏感的，将使控制阀产生较大幅度的动作，从而破坏被控变量缓慢变化的要求。恰恰相反，有时需加入反微分。控制器是否加入积分作用要根据具体情况而定。当连续出现同方向干扰，由于纯比例调节（比例度可能相当大），使过渡过程产生较大的余差累计后，可能超出了工艺参数的极限范围，引入积分作用就可以避免上述情况的产生。控制器的比例作用是最基本的，在均匀控制系统中，需要有更宽的比例度和更大的积分时间，最大刻度为 500% 的宽比例度和积分时间为∞的比例积分控制器是专为均匀控制系统而设计的。

这种简单结构的均匀控制方案简单易行，所用设备少；缺点是下一个精馏塔压力有变化，或者液位对象有自衡作用时，尽管控制阀开度不变，输出流量仍会发生变化。因此它仅适合于干扰不大、对流量要求不高的场合。

（2）串级均匀控制方案

图 6-5 所示是精馏塔塔底液位和采出量的串级均匀控制系统。从结构上看，增加了一个

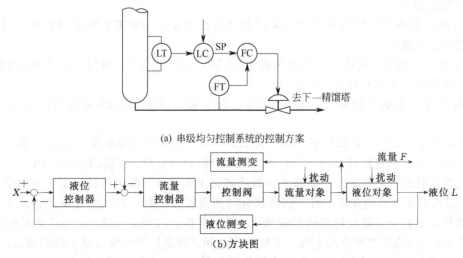

(a) 串级均匀控制系统的控制方案

（b)方块图

图 6-5　精馏塔塔底液位与采出量串级均匀控制系统

流量的副环，是典型的串级控制系统结构，但实现的是均匀控制，也有人称之为复杂结构的均匀控制系统，就是为了避免和串级相混淆。

为了实现均匀控制系统对液位和流量两参数缓慢变化的要求，流量控制器可选比例控制规律，但有人认为，流量应加入微分作用，因为在均匀控制系统中的流量控制器，其比例度整定得较大，因此克服扰动的能力弱，需引入积分来补充。一般流量控制器参数整定范围为

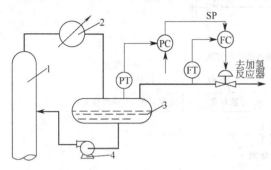

$\delta = 100\% \sim 200\%$，$T_i = 0.1 \sim 1 \text{min}$。液位控制器的控制规律和简单均匀情况相同。在有的精馏过程中，塔顶物料以气相形式送到加氢反应器，如脱乙烷塔塔顶气相采出，则为了保证前塔的操作，需稳定精馏塔的压力，为了保证加氢反应器的反应，需要稳定流量，为了协调两者的供求关系，必须采用压力与流量的均匀控制系统，如图6-6所示。复杂结构的均匀控制系统所用仪表较多，维护和操作比较麻烦，但它能克服流量的多种扰动，在流量要求比较平稳的场合下方能使用。

图6-6　分离器压力和气体流量的均匀控制系统
1—精馏塔；2—冷凝器；3—回流罐；4—回流泵

6.1.3　均匀控制系统的调试方法

均匀控制系统采用的自动化装置与单回路控制系统、串级控制系统相同，其自动化仪表组成的系统方案实施过程的内容如前第4、5章所述相同。

要实现均匀控制的要求，除了控制器的选择按均匀控制考虑以外，重点是考虑到一个操纵变量控制两个被控变量，这时系统运行起来后控制器的参数调试是关键。人们往往从结构特点来整定控制器参数，实际上是一个误解，也是均匀控制未达到设计均匀控制要求的问题所在。根据液位参数和流量参数记录曲线整定均匀控制器参数的方法，有如下两个原则。

① 在干扰的作用下，先从保证液位变量不会超过工艺要求允许波动范围的角度，设置一组控制器的PID参数。

② 然后在相同干扰的作用下，修正这组控制器的PID参数，充分利用工艺储罐的缓冲作用，使输出流量尽量保持平稳，在工艺允许的范围内波动。

具体做法如下：

① 先将控制器比例度置于估计不会引起液位参数变化超越工艺要求的数值，例如$\delta = 80\%$，观察记录曲线；

② 若液位参数的波动小于工艺允许波动范围时，继续增加δ，直到液位参数变化的最大波动接近并稍小于工艺允许范围时；

③ 注意流量参数变化曲线的波动情况是否平稳，直至出现缓慢的周期性衰减振荡为止。

图6-7所示为同向扰动作用下，有、无积分作用时的过渡过程曲线。曲线2表明控制器无积分作用，在过渡过程结束后，产生余差，未能回到设定值，在新的扰动作用下，产生新的过渡过程，造成偏离设定值越来越大，最终超出上限液位，而不能满足工艺的要求。曲线1是控制器带有积分控制规律，且控制器积分时间设置合理时，在相同扰动的情况下，过渡过程结束后，被控变量液位回复到设定值L_0处，在新的扰动下，从L_0处开始新的过渡过程，它的过渡过程在工艺规定的上限、下限液位之间，满足控制系统质量指标的要求。图6-8是均匀控制系统比例度不同时的过渡过程曲线。图6-8(a)是控制器比例度偏小，调节作

用较强，液位波动较小，和规定的质量指标相比，具有较大的调整余地。图 6-8（c）则反之，控制器比例度偏大，调节作用太弱，造成液位不能满足质量指标的情形。图 6-8（b）所示控制器的比例度合适，液位过渡过程曲线接近上线（下限）质量指标，而流量的波动也比较平稳。

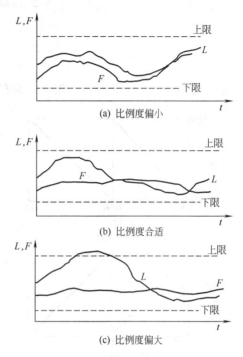

(a) 比例度偏小

(b) 比例度合适

(c) 比例度偏大

图 6-8   控制器比例度不同时
的过渡过程曲线

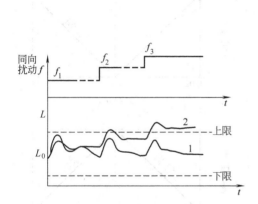

图 6-7   同向扰动作下，有、无积分作用
时的过渡过程曲线
1—有积分作用；2—无积分作用

6.2   分程控制系统解决方案

6.2.1   分程控制的概念

分程控制系统的设计结构是由一个控制器输出一个控制信号，分段去控制两个（或两个以上）的控制阀，通过调节两个以上的操纵变量去控制被控变量，实质上它是一个多输入单输出的隐含有两个以上控制通道的多变量控制系统。

在分程控制系统中，将一个控制器的输出信号划分成 2 段或多段，一个控制器同时控制两个或多个分程动作的控制阀，每个控制阀均能根据设计控制要求，在控制器输出的某段信号范围内连续动作，通过调节相应的操纵变量来实现控制的目标，这种控制称为分程控制。

图 6-9 所示是分程控制系统的组成简图。从图 6-9 上看，一台控制器操纵两只控制阀。控制系统控制器输出的控制信号借助于阀门定位器对信号的转换功能，实现分程控制过程。图 6-9 中有 A、B 两控制阀，要求 A 阀控制器输出信号压力在 0.02～0.06MPa 之间变化时，做控制阀的全程动作；而 B 阀在控制器输出信号压力为 0.06～0.1MPa 之间变化时，做控制阀的全程动作。

分程控制方案中，控制阀的开闭形式可分为同向和异向两种，如图 6-10 和图 6-11 所示。设计系统时，控制阀同向或异向规律的选择是由工艺需要确定的。

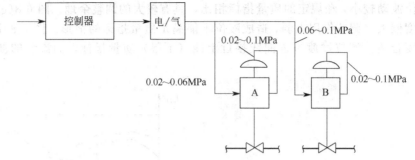

图 6-9　分程控制系统示意简图

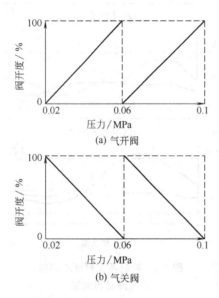

(a) 气开阀

(b) 气关阀

图 6-10　控制阀分程动作（同向）

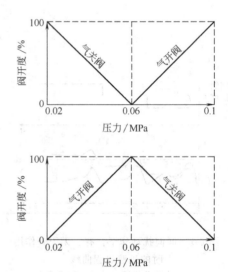

图 6-11　控制阀分程动作（异向）

6.2.2　分程控制系统的解决方案

（1）工艺操作特殊的分程控制

图 6-12 所示为一间歇聚合反应器的控制，反应器中聚合物料配置完毕后，根据聚合反应的操作要求，先给反应器内的物料通入蒸汽，先经历加热升温控温过程，触发聚合反应进行。反应开始后，由于聚合反应释放出大量反应热，此时又需及时从反应器中带走反应热，否则会使反应越来越剧烈，温度越来越高，从而引发事故。

为满足有时加热、有时去热，并保持温度（被控变量）在一定值的工艺要求，系统配置两种传热介质：蒸汽和冷水，并分别安装控制阀来调节蒸汽和冷水的流量，形成了两个操纵变量。与此同时，设计一套分程控制系统，用温度控制器输出信号的不同区间来控制这两只控制阀门，其具体设计思路

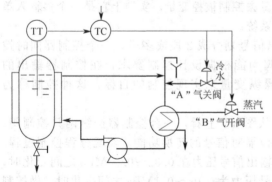

图 6-12　反应器温度分程控制系统

如下。

① 确定控制阀的气开/气关型式　从生产的安全角度出发，为避免汽源故障导致反应器

温度过高，应选择无控制信号时输入热量（蒸汽流量）处于最小，故蒸汽流量控制阀应选择气开型，同理，冷水流量控制阀应选择气关型，同时温度控制器应选反作用。

② 设计信号分程区间　从生产节能角度考虑，当反应器的温度偏高时，先关小蒸汽流量，再增大冷水量。由于温度控制器为反作用，温度增高时控制器的输出信号下降，这即意味着蒸汽控制阀的分程区间应设计在高信号区（0.06～0.1MPa），而冷水控制阀的分程区间应设计在低信号区（0.02～0.06MPa），具体分程关系如图 6-13 所示。

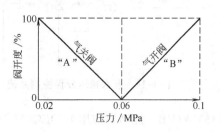

图 6-13　控制阀分程动作关系
A—冷水阀；B—蒸汽阀

（2）提高控制能力的分程控制设计

分程控制应用的第二个功能是能扩大控制阀的可调范围，提高控制通道的控制能力，从而改善控制系统的品质。

例如，有两个阀门，流通能力分别为 $C_1=100$，$C_2=4$，其可调范围均为 $R=30$，用于分程控制时

$$C_{2min}=\frac{C_{2max}}{R}=\frac{4}{30}=0.133 \tag{6-1}$$

分程控制的可调范围为

$$R_s=\frac{C_{1max}}{C_{2min}}=\frac{100}{0.133}=750 \tag{6-2}$$

这样，相对于只用一个 $C_1=100$，$R=30$ 的控制阀的情况，系统的可调范围扩大了 25 倍，显然提高了控制精度，同时，生产过程的稳定性和安全性也得以提高。

与一般单回路控制系统相比，分程控制系统的特点为：系统有多个操纵变量，控制阀多且分程。操纵变量多、控制阀多是系统的特点之一，更重要的是系统中所有阀门均必须分程，每一控制阀均在控制器输出信号的某一段范围内进行全程动作。上例中，控制器输出信号在 0.02～0.06MPa 范围内，冷水控制阀全程动作，此时蒸汽控制阀是关闭的；控制器输出信号在 0.06～0.1MPa 范围内时，蒸汽控制阀全程动作，而这时的冷水控制阀处于全关位置。上例中的两个控制阀是反方向进行工作的，称为异向动作分程控制系统。

如在控制系统中，控制器的输出信号虽控制若干个控制阀动作，但各阀门均在控制器输出信号的全程范围内同步动作，阀门未分程，系统则不是分程控制系统。

6.2.3　分程控制系统实施方法分析

分程控制实际上是把控制器的输出信号分割成不同的量程范围，带动各台控制阀，是借助于各控制器上的阀门定位器来实现控制系统的分程控制，通过改变不同的操纵变量或改变控制通道来控制被控变量，以完成控制目标。

图 6-14 为某生产过程的蒸汽减压系统，生产要求把压力为 10MPa、温度为 482℃的高压蒸汽，通过控制阀和节流装置减压至 4MPa、温度为 368℃的中压蒸汽，要求减压后的蒸汽压力稳定。如采用一只控制阀，由于通过的蒸汽量大，必须安装大口径的控制阀。大口径阀正常工作时开度很小，大阀小开度运行时，易产生噪声、振动和过调，造成被控压力波动不止，控制质量较差。采用分程控制，即正常情况下只有一只控制阀动作，特殊情况下，另一只控制阀加入工作队列，这样，两只控制阀当成一只阀使用，可调范围大大扩展，改善了

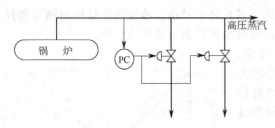

图 6-14　蒸汽减压分程控制系统

控制阀的工作条件，提高了被控压力的控制质量，可得到满意的效果。

实现分程曲线时，首先是根据条件要求、阀门动作方向，然后再确定控制器和阀门定位器的动作方向。实际应用中，一般是先确定分程曲线，后确定分程控制；有时也先有分程控制的要求，后确定分程曲线。

图 6-15 所示是某厂乙烯装置 PICA 336VA/VB，控制器作用为 DEC(反作用)，系统分程曲线如图 6-16 所示。已知 VA、VB 均是 FC（气关阀），为实现图 6-8 的分程曲线，求控制器与阀门定位器的动作方向。

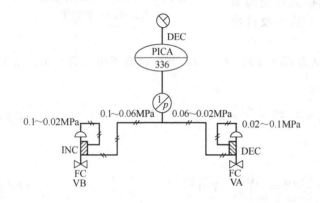

图 6-15　乙烯装置 PICA 336VA/VB 分程控制图

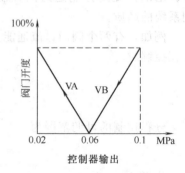

图 6-16　分程控制曲线图

由图 6-15 可知，控制器的动作方向为 DEC，因 VA、VB 均为 FC，根据分程曲线要求，可确定 VB 阀门定位器的动作方向为 DEC，VA 阀门定位器的动作方向为 INC(正作用)。

如将 VA、VB 阀门定位器的动作方向互换，将 PICA 控制器的动作方向变为 INC（正作用），VA、VB 的分程曲线则变为如图 6-17 所示的曲线。

分程曲线和控制器的动作方向是分程控制中控制器输出信号分段范围的主要依据，两者是由工艺要求确定的，唯一能改变的是阀门定位器的动作方向。若要改变控制器的动作方向，则需改变分程曲线方向，如将 VA、VB 互换，方能确保工艺要求。此外，控制阀的整机作用方式也由工艺要求确定，不能随意改变。

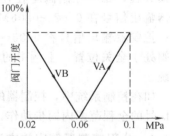

图 6-17　分程控制曲线图

从上述的分析可以做出分程控制系统在具体实施过程中如下的结论：

① 分程曲线方向和控制器的动作方向可互换；

② 附设在每台控制阀上的阀门定位器的动作方向和控制阀的整机作用方向可互换；

③ 控制器的动作方向和阀门定位器的动作方向可互换，但同时应互换分程曲线方向；

④ 当控制器的动作方向恒定不变时，曲线的方向不能和附设在控制阀上的阀门定位器方向互换；

⑤ 控制器的动作方向和控制阀的整机作用方式可以互换，但同时应互换分程曲线方向；

⑥ 当控制器的动作方向恒定不变时，曲线的方向不能和控制阀的整机作用方式互换。

6.3　选择性控制系统解决方案

6.3.1　选择性控制系统的认识

现代工业生产过程中，越来越多的生产装置要求控制系统既能在正常工艺状态下发挥控制作用，又能在非正常工况下仍然起到控制作用，使生产过程迅速恢复到正常工况，或者至少是有助于工况恢复正常。这种非正常工况时的控制系统属于安全保护措施。安全保护措施有两类：一是硬保护；二是软保护。

硬保护措施就是联锁保护控制系统。当生产过程工况超出一定范围时，联锁保护系统采取一系列相应的措施，例如报警、由自动切换到手动、联锁动作等，使生产过程处于相对安全的状态。但这种硬保护措施经常使生产停车，造成较大的经济损失。相比之下，采取软保护措施可减少停车所造成的损失，更为经济安全。

所谓软保护措施，就是当生产工况超出一定范围时，不是消极地进入联锁保护状态甚至停车状态，而是自动切换到另一个被控变量的控制中，用新的控制目标取代了原控制目标对生产过程进行控制，当工况安全恢复到工艺要求范围时，又自动切换回原控制目标的运行中。因要对工况是否属于正常要进行判断，同时还要在两个控制目标中进行选择，因此，这种控制被称为选择性控制，有时也称为取代控制或超驰控制。

选择性控制系统有两个被控变量或者说两个被控对象，一个操纵变量，在自动化装置的结构上的最大特点是有一个选择器，通常是两个输入信号（由两个控制器的输出信号输入），一个输出信号，如图 6-18 所示是选择性控制系统的高选器和低选器。对于高选器，输出信号 Y 等于 X_1 和 X_2 中数值较大的一个，例如 $X_1 = 5\text{mA}$，$X_2 = 4\text{mA}$，$Y = 5\text{mA}$。对于低选器，输出信号 Y 等于 X_1 和 X_2 中数值较小的一个。

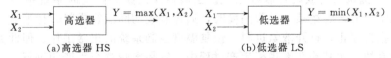

图 6-18　选择性控制系统的高选器和低选器

高选器时，正常工艺情况下参与控制的信号应该比较强，如设为 X_1，则 X_1 应明显大于 X_2。出现不正常工况时，X_2 变得大于 X_1，高选器输出 Y 转而等于 X_2。待工艺设备运行安全恢复正常后，X_2 又下降到小于 X_1，Y 又恢复为选择 X_1。选择性控制出自于此。

选择性控制系统属于工艺生产自动操作和自动保护综合性系统，其设计思路是把特殊场合下工艺安全操作所要求的控制逻辑关系叠加到正常工艺运行的自动控制中。当生产过程趋向于危险区域而未达危险区域时，通过选择器，把一个适用于安全保障的控制器投入运行控制另一个被控变量，自动取代正常工况下工作的控制器所控制的被控变量，待工艺过程脱离危险区域，恢复到安全的工况后，控制器自动脱离系统，正常工况下工作的控制器自动接替为生产安全设置的控制器重新工作。选择性控制系统在生产中起着软限保护的作用，应用相当广泛。

6.3.2　选择性控制系统的解决方案

在化工生产过程中，液氨蒸发器有着广泛的应用，图 6-19 所示为液氨蒸发器控制系统。液氨蒸发器实际上是一个换热设备，它利用液氨蒸发为气氨这一吸热过程来冷却其他物料，再将气氨作为被冷却物料（主物料）送到制冷压缩机进行液化，并经冷却水进一步冷却液化后重复使用。为防止制冷压缩机的损坏，严禁气氨中夹带液氨。工艺操作上，被冷却物料的出口温度为被控变量，以液氨流量为操纵变量组成温度简单控制系统。当被冷却物料出口温度升高时，温度控制器输出增加（正作用控制器），控制阀开度增加（气开阀），使液氨冷冻量增加，这样使更多的液氨汽化吸收热量，使出口温度降低。

液氨的蒸发需要一定的蒸发空间，蒸发器内液氨液位正常时，有正常的蒸发空间，当液位上升、蒸发空间减少时，大量液氨在蒸发汽化过程中，会使气氨中挟带部分液氨进入制冷压缩机，从而影响压缩机的安全运行，严重时将损坏压缩机造成事故。若液位继续上升导致无蒸发空间时，液氨不能再汽化而失去制冷效果，液氨直接进入压缩机，产生严重事故。

显然，单回路控制系统的控制方案存在问题，需要改进，改进方法有两种。

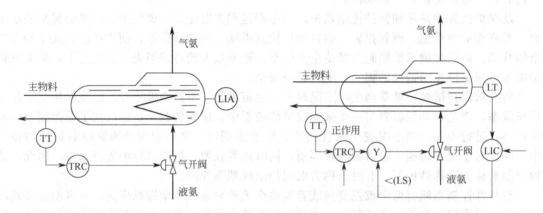

图 6-19　液氨蒸发器温度控制系统　　　　图 6-20　液氨蒸发器选择性控制系统

① 置液位控制系统取代温度控制系统，但这样一来，主物料出口温度变化与液位间无对应关系，不能控制出口温度。

② 采用液位测量报警或设置联锁系统。当液位超出某一高度时系统报警，由操作人员处理。当液位继续上升到达某一极限高度时，通过联锁切断液氨进料，待液氨蒸发器内液位恢复正常时，报警停止，打开液氨进料，恢复温度控制系统的正常工作。但此方案也会给操作带来较大的麻烦，尤其是在大规模生产过程中，容易影响整个生产的进行。

综合上述情况，对液氨蒸发器的温度控制可作如下考虑：液位正常时，温度控制系统正常工作。液位偏高时，控制阀的动作改为备用的液位控制系统控制，即液位控制系统自动取代温度控制系统投入工作，形成选择性控制系统。图 6-20 即为液氨蒸发器选择性控制系统的控制方案，图 6-21 为该系统的方块图。由图可见，该系统有两个被控变量：温度与液位。

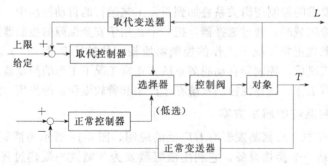

图 6-21　选择性控制系统的方块图

选择性控制系统采用了称为高值（或低值）选择器的仪表，它接受两个输入信号后对信号予以比较，将其中较大的（或较小的）输入信号按原值输出。控制方案的表述中一般用 Y

字符外包一个圆圈表示，并在圆圈外用"＞"或"HS"表示高选器，在圆圈外用"＜"或"LS"表示低选器。

在本系统中，选择器是按以下步骤确定的：

① 首先确定控制阀的气开/气关形式，本方案中采用气开阀；

② 确定温度控制器和液位控制器的正、反作用形式，经选择，温度控制器采用正作用控制器，液位控制器采用反作用控制器；

③ 由分析确定选择器为低值选择器，即温度控制器和液位控制器两者输出信号较小者作为选择对象。

正常工作时，氨液位低于安全软限的氨液面 $H_上$，液位控制器的测量值小于给定值，产生负偏差。液位控制器输出高值信号，该信号大于温度控制器的输出信号，经低选器的作用，温度控制器的输出通过低选器控制控制阀的开闭，正常控制器（温度控制器）控制系统工作。当出现不正常的工况时，液氨蒸发器中的氨液位高于 $H_上$，液位控制器输出减少，它和温度控制器相比后，将温度控制器的输出信号切断，此时液位控制器控制系统的工作，关小控制阀开度，使液位下降。当液位下降低于 $H_上$ 时，液位控制器的输出信号高于温度控制器的输出，此时，通过低选器的作用，将系统控制权交给温度控制器，正常控制器重新投入工作。

精馏塔是化工生产过程中典型的化工设备，在精馏过程中，为确保塔的安全操作，在工艺上附加有许多限制条件，如预防塔的液泛、恒定塔压、控制再沸器的稳差不超过临界温差、控制精馏塔的进料量不超过再沸器的最大负荷、控制冷凝器的传热容量等。生产过程中如能满足上述条件限制，将能改善塔的控制品质，实现自动开停车，并能在非常时期实现塔的操作全回流，从而确保塔的产品质量。工艺过程中的这些条件限制可使用自动选择性控制加以实现，将一个或几个高、低值选择器接到控制器的输出端与控制阀之间，将超驰控制器的输出端亦接至选择器，当生产过程中的某一个参数接近越限值时，超驰控制器将取代正常工作的控制器，而当参数恢复正常时，正常工作的控制器又重新取代超驰控制器。

图 6-22 为精馏塔选择性控制实例，该系统中设计有三个选择性控制系统，分别为塔顶回流控制系统、冷却水控制系统和馏出物控制系统，下面针对这三个选择性控制系统分别进行分析。

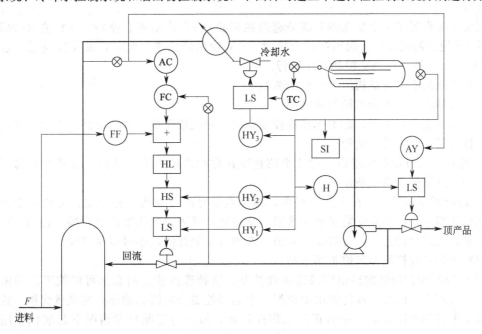

图 6-22 精馏塔顶选择性控制系统

塔顶回流控制系统为一串级-前馈控制系统，精馏塔顶成分为控制系统的主参数，塔顶回流量为控制系统的副变量，塔的进料量为前馈操纵变量，控制阀选择气闭式控制阀。控制阀前设有高值限幅器 HL、高值选择器 HS 和低值选择器 LS，HS、LS 后分别接有超弛控制器 HY_2、HY_1，低值选择器 LS 及超弛控制器 HY_1 是为预防回流液储罐液面过高而设置的，HY_1 为反作用比例控制器，当液面超过 75％时，HY_1 的输出迅速降低，回流储罐液面由 75％上升至 100％时，HY_1 的输出由 20mA 降至 4mA，通过低选器的低选作用使控制阀的开度增加，增大回流量，预防储罐液溢出。当液面低于 75％时，HY_1 输出达 20mA，HY_1 的输出由于低选器的阻隔而对控制阀不起作用。系统中高选器 HS、超弛控制器 HY_2 是为防储罐回流液过低而设立的，HY_2 为反作用比例控制器，当储罐的液位由 0 上升至 25％时，HY_2 的输出由 20mA 降为 4mA，故当液面高于 25％时，HY_2 的输出因高选器的阻隔而对控制阀不起作用。反之，当液面低于 25％时，HY_2 的输出由 4mA 快速增加，经高选器 HS 的选择，HY_2 取代正常控制器作用，使控制阀的开度减小，以避免储罐抽空。

系统中设置 HL 高值限幅器的作用在于限制正常控制系统输出到控制阀上气压信号不能过大。工艺过程中有时因误操作或进料中断会出现非正常情况，由于系统设置前馈控制器，非正常情况下，该控制器的输出可能达到最大值，这样会使控制阀关闭，导致塔在断流的情况下运行。而控制系统设置高值限幅器后，可防止控制系统输出到控制阀的最大信号值，避免控制阀出现全关死现象，使控制阀始终处于不完全关闭状态，保持最低回流量。

上述两个超弛控制器对于高回流比的塔起到了较好的控制作用，开车时，HY_2 能使回流控制平稳地切换到正常控制器，由正常控制器进行控制，停车时，HY_2 替代正常控制器的控制作用，实现自动开、停车。

系统中的冷却水控制系统的作用在于：正常情况下，冷凝液温度控制器对冷却水控制阀进行控制，或以塔的压力或真空度为控制参数对冷却水进行控制。系统中设置低选器 LS 和液位超弛控制器 HY_3，以确保开车时的冷却水量。HY_3 为正作用比例控制器，控制阀为气闭式控制阀，当液位低于某值时，HY_3 的输出快速降低，LS 使控制阀开度增大；当液面升高时，HY_3 的输出迅速增加，经低选器 LS 过滤后，温度控制器将取代超弛控制器 HY_3 控制系统运行。

系统中还设置了一个低选器和成分超弛控制器 AY，产品不合格时，AY 输出低值，经低选器 LS 使控制阀关闭；而当产品合格时，AY 输出较高值，此时，液位控制器通过低选器 LS 取代超弛控制器 AY 控制系统运行。

选择性控制系统按结构组成可分成两类。

(1) 选择器在变送器和控制器之间

对被控变量进行选择。此类选择性控制系统一般比较简单，其特点是几个测量变送器合用一个控制器，常见的有两种。

① 选择最高或最低测量值。对几个测量变送器输出信号进行选择，将其中最高（或最低）的一个测量值送至控制器。

② 选择可靠测量值。在生产过程中，检测点信号的可靠性十分重要，为绝对安全、可靠，往往在同一个检测点安装多台变送器，从中选择最可靠的测量值进行操作控制。可靠值的选取根据工艺机理进行，可以是最高值，亦可以是最低值，还可以是中间值。

(2) 选择器在控制器与控制阀之间

① 选择不同控制器的输出构成选择性控制。这种选择性控制系统可以按工艺约束条件的要求，从两个不同控制器的输出中选择一个信号控制控制阀的动作，实现软保护。这类选择性控制中有两个控制器，一为正常工作控制器，另一为工况异常情况下起取代作用的控制器。

② 选择不同操纵变量的选择性控制系统。这种选择性控制系统，在达到某一工艺约束条件后，能按事先设计好的逻辑关系，把控制器的输出从一个控制阀转移到另一个控制阀上，在新的工况条件下，控制另一控制阀的动作。这类选择性控制系统同前述选择性控制系统不同，系统中有两个控制阀。

6.3.3 控制器的积分饱和现象与防止措施

图 6-20 所示的液氨冷却器选择性控制系统中，有两个控制器，但始终只有一个被选中处于闭环运行状态，而另一控制器则处于开环状态。当控制器具有积分作用时，控制器的输出就会不断增加（或减少），如果是气动控制仪表，最终信号将超过其信号范围 0.02～0.1MPa 而达到 0.14MPa，或者输出 0MPa 的压力。如图 6-23 所示，t_1 时刻的静态工作点自 0.04MPa 开始，控制器的输入存在正偏差时，控制器的输出直线增加，直至升至 0.1MPa 信号范围的终点。由于液位控制器处于开环工作状态，在正偏差的作用下，继续增加，直到 0.14MPa 气源压力。若是负偏差，将会出现相反的过程而到达 0MPa 压力。信号 0.1～0.14MPa 和 0～0.02MPa 的范围均称为饱和区域，在此范围内，控制阀静止不动，出现明显的死区，所以，当系统处在信号的这段区域时，控制器实际上对系统不起任何控制作用，因此必然降低系统的控制品质，严重时，会造成对系统保护的延误而导致事故发生。这种因控制器处于开环状态，对偏差信号进行积分而造成的控制器切换延迟，致使应有的控制作用不能产生应有的及时控制作用的现象称为"积分饱和"。

积分饱和现象指未被选上的控制器输出信号不能跟踪控制器的输出达到上、下限时才会发生。在图 6-20 所示的控制系统中，若温度控制系统工作正常，控制器输出为 0.06MPa。

液位正常或者偏低时，反作用液位控制器选用 PI 控制规律，则在负偏差时，控制器输出上升，并最终达到 0.14MPa。因采用低选器，当液位开始上升并到达 $H_上$ 位置需及时切换时，液位控制器需要一定时间 t，首先从 0.14MPa 下降到 0.1MPa 后，才进入放大区；而从 0.1MPa 继续下降到 0.06MPa 也需要一段时间 t，因而它与简单控制系统中控制器的积分作用到达饱和是有区别的，若采用对输出信号限幅的办法，把限幅器接在控制器积分反馈室前，从理论上来讲，虽有一定的效果，但并不是解决积分饱和的根本办法。

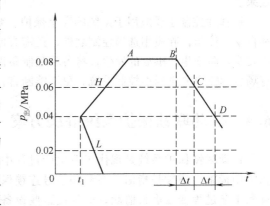

图 6-23 恒定偏差下的积分饱和过程

由于控制器处于积分饱和状态时，控制器的输出趋向并停留在极限值上，暂时失去控制功能，此时无论系统中偏差是否继续存在，控制器和控制阀都不动作，控制系统失效。而这种失效状态要等到测量值向减小偏差方向改变，直到跨过给定值并产生反方向的偏差之后，控制器才能恢复控制功能，从积分饱和状态下解脱出来。

归纳起来，积分饱和产生的条件是：

① 控制系统中控制器具有积分控制规律；

② 控制器输入偏差长期存在，得不到校正。

积分饱和的危害是：

① 控制系统失效；

② 品质指标下降；

③ 不安全因素扩大。

积分饱和现象使控制很不及时，系统超调量加大，过渡时间增长，严重者由于控制滞后，使过渡过程品质指标大大下降，甚至造成事故。积分饱和现象有害无利，必须采取防止措施。

防止积分饱和，就必须消除产生积分饱和的条件。偏差长期存在及控制器处于开环工作状态是由控制系统的性质所决定的，是难以改变的，因此停止控制器非工作区的积分作用是防止积分饱和的唯一途径。通常停止控制器非工作区积分作用的方法一般有：限幅法、外反馈法和 P-PI 法。

① 限幅法　这种方法的特点是：在控制器输出被限幅的同时，对控制器进行积分反馈，限制积分作用，从而防止积分饱和。

② 外反馈法　这种方法的基本原理是：控制器处于开环状态时，借用其他相应的信号（正常工作控制器的输出信号），对控制器进行积分反馈来限制积分作用，防止积分饱和。

③ P-PI 法　这种方法的特点是：在控制器处于未选开环状态时，借用被选控制器输出信号对控制器进行积分外反馈来切除积分作用，防止积分饱和。由于控制器在被选状态具有 PI 控制规律，而在未选状态时只具有 P 作用规律，故称为 P-PI 控制规律。

消除积分饱和对选择性控制系统的不利影响，在气动仪表中可采用积分外反馈的方法予以解决，在电动Ⅲ型表中可选用抗积分饱和的控制器，它的控制规律为 PI-P，即在闭环时，按比例积分控制规律运行；而在开环时，自动切换成比例控制规律运行。通过上述在控制器中采取的限幅措施，虽不能从根本上解决问题，但对防止系统陷入积分饱和能起到一定效果。

选择性控制主要应用于系统的安全保护、系统自动开、停车等场合。为实现自动保护控制和自动开停车，除应用选择控制之外，还需有低选高选及限幅器、串级等综合控制。为确保生产安全，防止生产事故的发生，将各种限制条件的逻辑关系叠加成复杂的控制系统。但不是所有场合均需设置选择性控制系统，更不能断言自动控制系统越复杂，其自动化水平越高。

6.4　自动联锁保护系统解决方案

自动联锁保护系统是现代工业生产过程中借以实现自动监督和确保安全生产的重要手段和常用措施，通常是指信号报警和信号连锁保护系统。化工生产工艺过程中需要对重要的设备和工艺过程变量进行监测，必须使这些设备及过程变量在运行中处于给定的数值范围，以保证生产安全稳定运行。

当一些重要过程变量和工艺操作的关键变量超出规定值范围，或者设备运行状态发生异常时，就必须采用自动保护系统，利用灯光和音响发出警告，提醒操作人员注意并及时采取措施，防止异常情况的产生或扩大。

6.4.1　自动信号报警系统

在生产过程中，当某些工艺变量超限或运行状态发生异常情况时，信号报警系统就开始动作，发出灯光及音响信号，督促操作人员采取必要的措施，改变工况，使生产恢复到正常状态。

信号报警系统由故障检测元件、信号报警器以及其附属的信号灯、音响器和按钮等组成。当工艺变量超限时，故障检测元件的接点会自动断开或闭合，并将这一结果送到报警器。报警检测元件可以单设，如锅炉汽包液位、转化炉炉温等重要的报警点；也可以利用带电接点的仪表作为报警检测元件，如电接点压力表、带报警的控制器等，当变量超过设定的限位时，这些仪表可以给报警器提供一个开关信号。信号报警器包括有触点的继电器箱、无触点的盘装闪光报警器和晶体管插卡式逻辑监控系统。信号报警器及其附件均装在仪表盘后，或装在单独的信号报警箱内。信号灯和按钮一般装在仪表盘上，便于操作。即使在DCS控制系统中，除在显示器上进行报警、通过键盘操作外，对于重要的工艺点，还需在操作台上单设置信号灯和音响器。

信号灯的颜色具有特定的含义：红色信号灯表示停止、危险，是超限信号；乳白色的灯是电源信号；黄色信号灯表示注意、警告或非第一原因事故；绿色信号灯表示可以、正常。通常确认按钮（消音）为黑色，实验按钮为白色。报警系统可以根据情况的不同设计成多种形式，如一般报警系统、能区别事故第一原因的报警系统以及能区别瞬间原因的信号报警系统。按照是否闪光可以分成闪光报警系统和不闪光报警系统，一般有以下几种。

（1）一般信号报警系统

当变量超限时，故障检测元件发出信号，闪光报警器动作，发出声音和闪光信号。操作人员在得知报警后，按下确认（消音）按钮，消除音响，闪光转为平光，直至事故的解除，变量回到正常范围后，灯熄灭，报警系统恢复到正常状态。工作逻辑如表6-1所示。

表 6-1　一般闪光报警系统的逻辑表

状态	报警灯	音响器	状态	报警灯	音响器
正常	灭	不响	恢复正常	灭	不响
不正常	闪光	响	试验	全亮	响
确认（消音）	平光	不响			

（2）能区别事故第一原因的报警系统

当有数个事故相继出现时，几个信号灯会差不多同时亮，这时，让第一原因事故变量的报警灯闪亮，其他报警灯平光，以区别第一事故。即使按下确认按钮，仍有平光和闪光之分。工作逻辑关系如表6-2所示。

表 6-2　能区别第一原因的闪光报警系统的逻辑表

状态	第一原因报警灯	其余报警灯	音响器
正常	灭	灭	不响
不正常	闪光	平光	响
确认（消音）	闪光	平光	不响
恢复正常	灭	灭	不响
试验	全亮	全亮	响

（3）能区别瞬间原因的信号报警系统

生产过程中发生瞬间超限往往潜伏着更大的事故。为了避免这种隐患，一旦超限就立即报警。设计报警系统时，用灯闪光情况来区分是否是瞬间报警。报警后，按下确认按钮，如果灯熄灭，则是瞬间原因报警；如果灯变为平光，则是继续事故。工作逻辑如表6-3所示。

表 6-3　能区别瞬间原因的闪光报警系统的逻辑表

状　态		报警灯	音响器	状　态		报警灯	音响器
正常		灭	不响	确认（消音）	持续事故	平光	不响
不正常		闪光	响	恢复正常		灭	不响
确认（消音）	瞬间事故	灭	不响	试验		全亮	响

图 6-24 所示为化工生产中物料储槽液位报警系统，系统具有测量和报警功能。图 6-25 所示为氧化炉温度控制报警系统，该系统除能进行信号报警外，还具有联锁功能。在硝酸铵

生产中，当氧化炉温度偏高时，为确保生产安全，可启动信号联锁报警系统，立即切断氨气阀，中止生产。

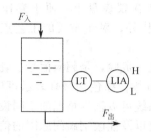

图 6-24　液位报警系统

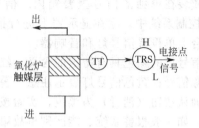

图 6-25　氧化炉温度控制报警系统

6.4.2　自动联锁保护系统

工业生产过程中有时会出现一般自动控制系统无法适应的情况，当工艺过程出现异常工况，且操作人员采取措施后，仍不能阻止非正常工况的继续时，有两种处理方法：一种是利用联锁保护停车，通过信号联锁作用，迅速切断产生不正常情况的来源，同时自动启动备用设备，防止事故扩大，避免损坏设备和危及人员安全的情况出现，保证生产过程处于安全运行状态；二是采用选择性控制系统。

在生产过程中，某些关键变量一旦超限幅度较大，如不采取措施，将会发生更为严重的事故。为避免事故的发生，限制事故的发展，可通过自动联锁系统，按照事先设计好的逻辑关系动作，自动启动备用设备或自动停车，切断与事故设备有关的各种联系，保护人身和设备安全。

联锁保护系统有两种：一种是防止故障发生的联锁保护系统；另一种是在故障开始出现时，为防止事故进一步扩大，利用联锁保护系统使某些与事故有关的设备停车，或使某些阀门开启、关闭。因此在设计信号联锁保护系统时，必须掌握工艺生产操作的具体规律，熟悉各个设备之间以及各个参数之间的内在联系，进行正确的联锁设计。

联锁保护实质是一种自动操纵保护系统。联锁保护包括以下四个方面。

① 工艺联锁　由于工艺系统某变量超限而引起的联锁动作，简称工艺联锁。在合成氨装置中，锅炉给水流量越（低）限时，自动开启备用透平给水，实现工艺联锁，此系统属于工艺联锁。

② 机组联锁　运转设备本身或机组之间的联锁，称之为机组联锁。例如合成氨装置中合成气压缩机停车系统，有压缩机轴位移等 22 个因素与压缩机联锁，只要其中任何一个因素不正常，都会停压缩机。

③ 程序联锁　确保按预定程序或时间次序对工艺设备进行自动操纵。如合成氨的辅助锅炉引火烧嘴检查与回火、脱火、停燃料气的联锁。为达到安全点火的目的，在点火前必须对炉膛内气体压力进行检测，用空气吹除炉膛内的可燃性气体，吹除完毕方可打开燃料气总管阀门，实施点火。即整个过程必须按燃料气阀门关→炉膛内气压检查→空气吹除→打开燃料气阀门→点火的顺序操作，否则，由于联锁的作用，就不可能实现点火，从而确保安全点火。

④ 各种泵类的开停　单机受联锁触点控制。

联锁保护系统在现代工业中应用得越来越多。特别是在现代化工生产中，生产工艺越来越复杂，条件越来越苛刻，许多产品要求必须在高温、高压的的条件下生产，安全的不稳定因素增加，在控制系统设置时，更应考虑增加安全防范措施。下面以加热炉的联锁保护系统为例，介绍联锁保护在化工生产中的应用情况。

分析以燃料气为燃料的加热炉中的主要危险。

① 当被加热工艺介质流量过低或中断时，会将加热炉烧坏、烧裂，造成很大事故。

② 当火焰熄灭时，会在燃烧室里形成危险性气体-空气混合物。

③ 当燃料压力过低即流量过小时，会造成回火现象。

④ 当燃料气压力过高时，会使喷嘴出现脱火现象，造成熄火；当在燃烧室里形成大量燃料气-空气混合物时，很容易造成爆炸事故。

为保证安全，设计联锁保护系统如图 6-26 所示。在炉出口温度与燃料控制阀阀后压力的选择性控制系统中，采用气开式控制阀，选择器采用低选器，温度和压力控制器均采用反作用。正常生产时，温度控制器工作，当由于某种扰动作用，使控制阀阀后压力过高，达到安全极限时，压力控制器通过低选器取代温度控制器工作，关小控制阀，以防脱火。一旦正常后，温度控制器又恢复工作，压力控制器退出工作，转为后备状态。当燃料气流量过低时，流量检测装置 $FSAL_1$ 触点动作；当炉内火焰熄灭时，火焰检测器 BS 动作；而当原料流量过低时，流量检测装置 $FSAL_2$ 动作。

当以上三个检测装置的一个或几个动作时，使三通电磁阀失电，并将来自气源的压缩空气放空，温度控制器或压力控制器上的信号失效。由于控制阀是气开式控制阀，因此，失去信号后将关闭阀门，切断燃料气。图 6-26 中气动薄膜控制阀上 D/Q 表示电/气转换器，三通电磁阀接在气源上。联锁动作以后，不能自动复位，只有经过检查，确认危险已经解除后，才可以人工复位，投入运行，以免误动作而造成爆炸事故。图 6-26 中电磁阀上的 R 表示需要人工复位。

在设计安排信号报警和信号联锁时应注意以下原则。

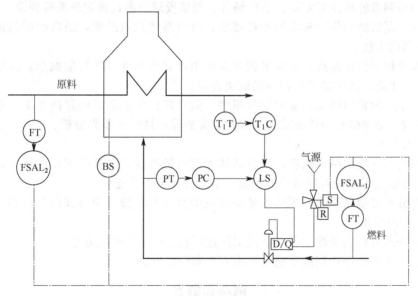

图 6-26　加热炉的安全联锁保护系统

① 信号报警、联锁点的设置、动作整定值及可控范围必须符合工艺生产过程的要求。正确合理设置信号报警和联锁保护系统，一定程度上提高了生产的自动化水平，防止事故扩大，保证安全生产。但如过多的设置联锁系统，联锁动作频繁，则必然造成生产过多地停顿，影响正常生产。频繁开车同样会增加不少麻烦，尤其是在现代化大规模生产中，生产工艺前后连贯性要求较强，每停车一次会造成较大的经济损失，所以联锁系统所涉及的点数及其联锁内容的设计都应从实际出发，要删去过多的不必要的联锁。对局部停车可能涉及到、扩展到的工段以至全厂停车的这种联锁点尤其要全面综合考虑，使联锁系统既满足工艺操作的要求，又合理、经济。

　　信号报警、联锁系统的设计在满足生产需要的前提下，应尽可能采取简易的线路，减少中间环节，同时保证联锁动作可靠。以往国内信号报警系统中多采用 XXS-01、XXS-02 型盘装闪光报警单元，一般安装在控制室内的仪表盘上。输入信号是电接点式，可以与各种电接点式控制检测仪表配套使用。

　　报警器有 8 个报警回路，每个回路带有两个闪光信号灯，其中一个集中在报警器上，另一个由端子引出，可以任意安装在现场或模拟盘上。每个回路监视一个极限值，每个报警回路的信号引入接点，可以是常开式，也可以常闭式，但每个报警器回路只可用一个信号接点。

　　当系统功能动作复杂、点数较多时，继电接触线路用的也较多。随着集成电路技术的高速发展，在许多大型的生产工具工艺装置中已采用无触点逻辑系统，系统可靠性更高。

　　② 信号报警、联锁系统的元件和器件应安装在震动小、灰尘少、腐蚀性较小和电磁场扰动较少的场合。

　　③ 信号报警、联锁各元件间用铜芯线相互连接，线芯截面一般为 $1.0\sim1.5\text{mm}^2$。通常情况下电线的颜色区分如下：信号报警为黄色（提示注意）；联锁系统为红色（提示危险）；接地线为绿色（大地）。交流电源相线一般用黑色，零线用白色。

小　　结

　　(1) 主要内容

　　① 均匀控制系统的控制方案、适用场合、现场投运及参数整定的特殊要求。

　　② 分程控制的结构作用和应用特殊要求，改善系统控制品质，通常由阀门定位器具体实现分程控制的方法。

　　③ 选择性控制结构特点，正常工艺和保证生产安全的选择性控制概念，高低限选择器的应用设计，工业应用中选择性控制的解决方案。

　　④ 安全生产的常用措施，常用信号报警、信号连锁保护系统的解决方案。利用灯光和音响发出警告，通过信号联锁系统自动保护，实施保护性停车步骤分析。

　　(2) 学习要点

　　① 认识均匀系统的结构机理，学会系统的运行操作技能和参数调试的要求，通过两个被控变量的过渡过程曲线判断系统的控制质量能否满足工艺要求。

　　② 了解分程控制系统的工程应用解决方案的分析和实施，学会阀门定位器应用于信号分程的设计和调试技术。

　　③ 学会深入分析选择性控制系统的工作过程和工程应用解决方案。

　　④ 学会自动联锁保护控制系统的解决方案和分析方法。

例题和解答

　　【例题 6-1】　图 6-27 所示为一脱乙烷塔塔顶的汽液分离器。由脱乙烷塔塔顶出来的气体经冷凝器进入分离器，由分离器出来的气体去加氢反应器。分离器内的压力需要比较稳定，因为它直接影响精馏塔的塔顶压力。为此通过控制出来的气相流量来稳定分离器内的压力，但出来的物料是去加氢反应器的，也需要平稳。所以设计如图 6-27 所示的压力-流量串级均匀控制系统。试画出该系统的方块图，说明它与一般串级控制系统的异同点。

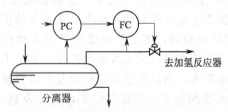

图 6-27　分离器的压力与流量
串级均匀控制系统

解 方块图如图 6-28 所示。

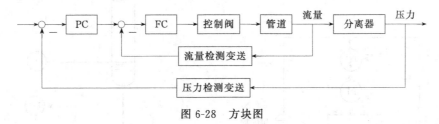

图 6-28 方块图

从系统的方块图可以看出，该系统与一般的串级控制系统在结构上是相同的，都是由两个控制器串接工作的，都有两个被控变量（压力变量与流量变量），构成两个闭环系统。

该系统与一般的串级控制系统的差别主要在于控制目的是不相同的。一般串级控制系统的目的是为了稳定主被控变量（压力变量），而对流量变量没有什么要求，但串级均匀控制系统的目的是要使压力变量和流量变量都要按工艺的要求平稳，但不是不变的，只是在允许的范围内缓慢地变化。为了实现这一目的，串级均匀控制系统在控制器的参数整定上不能按 4∶1（或 10∶1）衰减整定，而是强调一个"缓"、"慢"，一般比例度的数值很大，如需要加积分作用时，一般积分时间也很大。

【例题 6-2】 上题图 6-27 所示的串级均匀控制系统中，如已经确定控制阀为气关阀，试确定控制器的正、反作用并简述系统的工作过程。

解 由于主变量压力升高时需要开大控制阀，副变量流量增加时需要关小控制阀，所以主控制器 PC 应选"正"作用。由于控制阀为气关阀，特性为"－"，副对象特性为"＋"（阀开大时流量增加），所以副控制器 FC 应选"正"作用。

系统的工作过程是这样的：如果由于某种原因气相流出量增加，则 FC 的输出也增加（因为 FC 为正作用），所以使气关阀关小，流量降低，起着快速稳定流量变量的目的；如果由于某种原因使分离器内压力增加，则 PC 的输出也增加（因为 PC 是正作用的）；由于 PC 的输出就是 FC 的给定，FC 给定增加时，其输出是降低的（因为 FC 为正作用），这样一来，控制阀就开大，气相流出量增加，使分离器内的压力下降，起着稳定压力的作用；由于在串级均匀控制系统中，控制器的参数值整定得很大，控制作用很弱，所以当分离器内的压力波动时，不可能使输出流量有很大的变化来使压力很快回到设定值，而只能使流量缓慢地变化，因此压力也是缓慢变化的，这样就实现了均匀控制的目的。

思考题与习题

6-1 均匀控制系统的目的和特点是什么？

6-2 如何设计简单结构的均匀控制系统？调节器参数整定时，被控变量有什么要求？

6-3 分程控制的目的是什么？分程控制阀的开、闭类型有哪几种基本情况？

6-4 图 6-29 所示为在一个进行气相反应的反应器，两控制阀 PV_1、PV_2 分别控制进料流量和反应生成物的流量。为控制反应器的压力，两阀门应协调工作，例如 PV_1 打开时，PV_2 关闭，则反应器压力上升，反之亦然。

试设计该压力控制方案。

6-5 什么是信号报警系统？何种情况下应设计信号报警系统？信号报警系统如何实施？

6-6 何种情况下应设计联锁系统？

6-7 设置选择性控制系统的目的是什么？可能的选择性控制系统有哪些种类？在控制方案中如何表示？

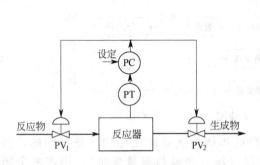

图 6-29 反应器压力控制

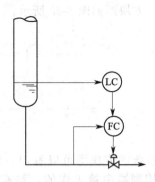

图 6-30 串级均匀控制系统

6-8 自动选择性控制系统中，为何会产生积分饱和现象？在氨液蒸发冷却过程的选择性控制系统中，是否会产生积分饱和？如何防止积分饱和？

6-9 图 6-30 为一精馏塔的釜液位与流出流量的串级均匀控制系统。试画出它的方块图，并说明它与一般的串级控制系统的异同点。如果塔釜液体不允许被抽空，试确定控制阀的气开、气关型式及控制器的正、反作用。

7   工业生产过程的自动控制方案

工业生产过程是由一系列典型单元操作的设备所组成的生产工艺流程来进行产品的生产。这些单元的操作主要有动量传递过程、传热过程、传质过程和化学反应过程等。设计典型单元操作的控制方案是实现生产过程自动化的重要环节。要设计出一个好的自动控制方案，必须深入了解生产过程的工艺流程与典型工艺设备操作要求和操作条件，按照单元操作设备的内在机理来探讨其自动控制方案。本章只从自动控制的角度出发，选择一些典型的生产过程操作单元为例，根据这些工艺设备的对象特性和控制的要求，分析典型操作单元中具有代表性的设备基本控制方案，从中阐明设计工业生产过程自动化控制方案的共性原则和方法。

7.1   流体输送设备运行过程的自动控制

在工业生产过程中，各种物料多数是在连续流动状态下进行传热过程、传质过程或者是化学反应过程。为了使物料便于输送、控制，多数物料是以气态或液态方式在管道内流动输送的。而流体的输送是一个动量传递过程，流体在管道内流动是从泵或压缩机等流体输送设备的运行中获得足够的能量，以克服流动阻力，达到输送目标。在工业生产过程中一般应用泵作为液体的输送设备，应用压缩机作为气体的输送设备。

流体输送设备运行的基本任务是输送流体和提高流体的压头。在连续性的工业生产过程中，除了某些特殊情况如泵的启停、压缩机的程序控制和信号联锁保护外，对流体输送设备的控制多数是属于流量控制或压力控制，比如流体输送设备的简单控制系统、比值控制系统或以流量控制作副环的串级控制系统等。此外，还有为保护输送设备不被损坏的一些控制方案，如离心压缩机的"防喘振"控制等。

7.1.1   离心泵运行过程的自动控制

离心泵是最常见的液体输送设备。它的压头是由旋转叶轮作用于液体的离心力而产生的。转速越高则离心力越大，压头也就越高。泵的压头 H、排量 Q 和转速 n 之间的函数关系，称为泵的特性，可用图 7-1 来表示（图中 $n_3 < n_2 < n_1$）。

离心泵的特性也可用下列经验公式来表示

$$H = K_1 n^2 - K_2 Q^2 \qquad (7-1)$$

式中，K_1，K_2 为比例系数。

离心泵流量控制的目的是要将泵的排出流量恒定于某一给定值上。流量控制在生产过程中是常见的，其控制方案应根据生产工艺和控制要求合理确定。

（1）控制离心泵的阀门开度

通过控制离心泵出口阀门开启度来控制流量的方法如图 7-2 所示。当干扰作用使被控参数发生变化偏离给定值时，控制器发出控制信号指挥控制阀动作，控制结果使得流量回到给定值上。改变

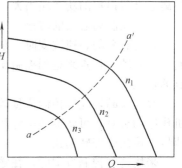

图 7-1   离心泵特性曲线
aa'—相应于最高效率的工作点

了离心泵出口阀门的开启度就是改变了管路上的阻力，为什么管路阻力的变化就能引起流量的变化呢？这得从离心泵的特性进行解释。

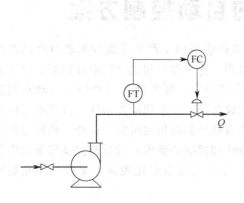

图 7-2　流量控制方案

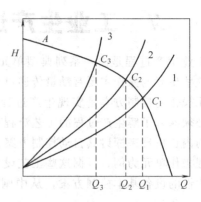

图 7-3　改变阀开度泵的流量特性

在一定的转速 n 下，离心泵的排出流量 Q 与离心泵运行时产生的压头 H 有一定的对应关系，如图 7-3 曲线 A 所示。在不同流量下，泵所能提供的压头是不同的，曲线 A 称为泵的流量特性曲线。泵提供的压头又必须与管路上的阻力相平衡才能进行操作，克服管路阻力所需压头大小随流量的增加而增加，如曲线 1 所示。曲线 1 称为管路特性曲线。曲线 A 与 1 的交点 C_1 即为进行操作的工作点。此时离心泵运行时所生产的压头正好用来克服管路的阻力，C_1 点对应的流量 Q_1 即为泵的实际出口流量。

当控制阀开启度发生变化时，由于转速是恒定的，所以离心泵的特性没有改变，但管路上的阻力却发生了变化，即管路特性曲线不再是曲线 1，随着控制阀的关小，可能变为曲线 2 或曲线 3 了。工作点就由 C_1 移向 C_2 或 C_3，出口流量也由 Q_1 改变为 Q_2 或 Q_3，如图 7-3 所示。以上就是通过控制离心泵的出口控制阀开启度来改变排出流量的基本原理。

采用这种控制方案时，要注意控制阀一般应该安装在泵的出口管路上，而不应该安装在泵的吸入管路上。这是因为控制阀在正常工作时，需要有一定的压降，而离心泵的吸入高度是有限的。

控制离心泵的出口阀门开启度的控制方案简单可行，是应用最为广泛的方案。缺点是：这种控制方案总的机械效率较低，特别是控制阀开度较小时，阀上压力降较大，对于大功率的离心泵所损耗的功率相当大，因此是不经济的。

（2）控制离心泵的转速

当离心泵的转速改变时，泵的流量特性曲线会发生改变。这种控制方案以改变泵的特性曲线、移动工作点来达到控制流量的目的。图 7-4 表示这种控制方案及泵特性变化改变工作点的情况。

改变泵的转速以控制流量的方法有：用电动机作原动机时，采用变频调速装置；用汽轮机作原动机时，可调节导向叶片角度或蒸汽流量；也可利用在原动机与离心泵之间的联轴变速器，设法改变转速比。

采用这种控制方案时，在输送管路上不需安装控制阀，减少了管路阻力的损耗，相对来说泵的机械效率较高，所以在大功率的重要泵装置中得到了应用。但要具体实现这种控制方案都比较复杂，所需设备费用亦较高。

（3）控制离心泵的出口旁路

图 7-5 所示为改变旁路回流量的控制方案。它是在离心泵的出口与入口之间加一旁路管

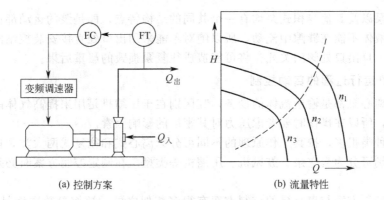

(a) 控制方案　　　　　　　　　　　(b) 流量特性

图 7-4　改变泵转速的控制方案

路，让一部分排出流量重新回流到泵的入口。这种控制方式实质也是通过改变管路特性来达到控制流量的目的。

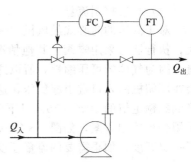

　　显然，采用这种控制方案必然有一部分能量损耗在旁路管路上，所以机械效率也是较低的。但是具有可采用小口径控制阀的优点，因此在实际生产过程中还有一定的应用。

图 7-5　旁路控制流量

7.1.2　往复泵运行过程的自动控制

　　往复泵也是常见的流体输送设备，多用于流量较小、压头要求较高的场合。它是利用活塞在气缸中做往复运动来输送流体的。

　　往复泵提供的理论流量可按下面公式计算

$$Q_{理} = 60nFS \ (\mathrm{m^3/h}) \tag{7-2}$$

式中　n——每分钟的往复次数；

　　　F——气缸的截面积，$\mathrm{m^2}$；

　　　S——活塞的冲程，m 。

　　从上述的计算公式中可清楚地得知，影响往复泵出口流量变化的仅有 n、F、S 三个参数，或者说只能通过改变 n、F、S 来控制流量。了解这一点对设计流量控制方案很有帮助。常用的往复泵流量控制方案有三种：

　　① 改变原动机的转速（如图 7-6 所示）；

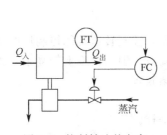

图 7-6　控制转速的方案

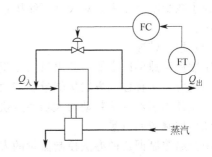

图 7-7　控制旁路流量的方案

　　② 控制泵的出口旁路（如图 7-7 所示）；

　　③ 改变冲程 S。计量泵常用改变冲程 S 来进行控制流量。由于控制冲程的机构复杂，其他用途的往复泵很少选择该方案。

由于往复泵以及其他容积式泵均有一个共同的结构特点，即是泵的运动部件与机壳之间的间隙很小，液体不能在缝隙中流动，所以绝对不能采用出口处直接安装控制阀节流的方法来控制流量，一旦出口处阀门关死，将可能造成往复泵损毁的严重后果。

7.1.3 压缩机运行过程的自动控制

压缩机、离心泵都是输送流体的设备，其区别在于压缩机是用来提高气体的压力，气体是可以压缩的，所以在操作时要考虑压力对其密度的影响因素。

压缩机的种类很多，按其工作原理的不同可分为离心式和往复式两大类，按其进、出口压力高低的差别可分为真空泵、鼓风机、压缩机等类型。在制定控制方案时必须要考虑到各自的特点。

压缩机的控制方案与离心泵的控制方案有很多相似之处，被控参数同样是流量或压力，控制手段一般可分为三类。

（1）直接控制流量

对于低压的离心式鼓风机，一般可在其出口处直接控制流量，气体输送的管径通常都较大，执行器可采用蝶阀。其他情况下，为了防止鼓风机出口压力过高，可在入口端控制流量，因为气体的可压缩性，所以这种方案对于往复式压缩机也是适用的。在控制阀关小时，会在压缩机的入口端引起负压，这就意味着吸入同样容积的气体，其质量流量减少了。流量降低到额定值的 $50\%\sim70\%$ 以下时，负压严重而使压缩机效率大为降低。这种情况下，可采用分程控制方案，如图 7-8 所示。出口流量控制器控制着两个控制阀。吸入阀 1 只能关小到一定开度，如果需要的流量还要小，则应打开旁路阀 2，以避免入口端负压严重。

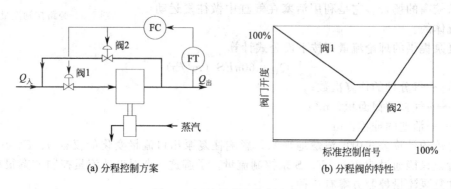

(a) 分程控制方案　　(b) 分程阀的特性

图 7-8　压缩机分程控制方案

为了减少阻力损失，对大型压缩机往往不用控制吸入阀的方法，而用控制导向叶片角度的方法。

（2）控制转速

压缩机转速的改变能使其出口的流量和压力发生变化，控制转速就能控制压缩机的出口流量和压力。这种控制方案从能量利用效率上来说最为高效，但在设施上较复杂。大功率的风机，尤其用蒸汽透平带动的大功率风机应用调速的方案较多。

（3）控制旁路流量

用旁路控制回流的办法控制流量的方案与离心泵的一样。

7.1.4 离心式压缩机防喘振的自动控制

（1）离心式压缩机的喘振现象

离心式压缩机的固有特性：当负荷降低到一定程度时，气体的排、送就会出现强烈的振荡而引发压缩机剧烈振动，这种现象称为喘振。压缩机的喘振会严重损坏机体，进而产生严重的后果。压缩机在喘振状态下运行是不允许的,在生产过程中一定要防止喘振的发生。因此,在离心式压缩机的控制方案中,防喘振控制是一个重要的课题。

为什么会发生喘振呢?离心式压缩机的特性曲线即压缩比(p_2/p_1)与进口体积流量 Q 之间的关系曲线如图 7-9 所示。图 7-9 中 n 是离心式压缩机的转速,由图可知不同的转速下每条曲线都有一个 p_2/p_1 值的最高点,连接每条曲线最高点的虚线是一条表征喘振的极限曲线。虚线左侧的阴影部分是不稳定区,称为喘振区,虚线的右侧为稳定区,称为正常运行区。若压缩机的工作点在正常运行区,此时流量减小会提高压缩比,流量增大会降低压缩比。假设转速为 n_2,正常流量为 Q_A,如有某种干扰流量减小,结果压缩比增加,即出口压力 p_2 增加,使压缩机排出量增加,自衡作用使负荷回复到稳定流量 Q_A 上。假如负荷继续减小,使负荷小于 Q_p 时,即移动到 p_2/p_1 的最高点排出量继续减小,压力 p_2 继续下降,于是出现管网压力大于压缩机所能提供压力的情况,瞬时会发生气体倒流,接着压缩机

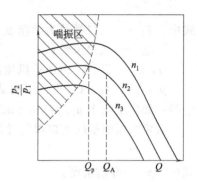

图 7-9 离心式压缩机的特性曲线

恢复到正常运行区,由于负荷还是小于 Q_p,压力被迫升高,重又把倒流进来的气体压出去,此后又引起压缩比下降,出口的气体又倒流。这种现象重复进行时,称之为喘振。表现为压缩机的出口压力和出口流量剧烈波动,机器与管道振动,如果与机身相连的近网较小并严密,则可能听到周期性的如同哮喘病人"喘气"般的噪声;而当管网容量较大时,喘振时会发生周期性间断的吼叫声,并伴随有止逆阀的撞击声,这种现象将会使压缩机及所连接的管网系统和设备发生强烈振动,甚至使压缩机等设备遭到破坏。

(2)防喘振控制方案

由上可知,离心式压缩机产生喘振现象的主要原因是由于负荷降低,排气量小于极限流量值 Q_p 而引起的,只要使压缩机的吸气量大于或等于在工况下的极限排气量即可防止喘振。工业生产过程中常用的控制方案有固定极限流量法和可变极限流量法两种,现简述如下。

① 固定极限流量法 对于工作在一定转速下的离心式压缩机,都有一个进入喘振区的极限流量 Q_p,为了安全起见,规定一个压缩机吸入流量的最小值 Q_p,且有 $Q_p < Q_A$。固定极限流量法的防喘振控制目的就是在当负荷变化时,始终保证压缩机的入口流量 Q_A 不低于 Q_p 值。图 7-10 所示是一种最简单的固定极限法防喘振控制方案,这种控制方案与压缩机旁路控制方案在形式上相同,但其控制目的、测量的位置不一样。在这种方案中,测量点在压缩机的吸入管线上,流量控制器的给定值为 Q_p,当压缩机的排气量因负荷变小且小于 Q_p 时,则开大旁路控制阀以加大回流量,保证吸入流量 $Q_A \geqslant Q_p$,从而避免喘振现象的产生。

本方案结构简单,运行安全可靠,投资费用较少,但当压缩机的转速变化时,如按高转速取给定值,势必在低转速时给定值偏高,能耗过大;如按低转速取给定值,则在高转速时仍有因给定值偏低而使压缩机产生喘振的危险。因此,当压缩机的转速不是恒值时,不宜采用这种控制方案。

② 可变极限流量法 当压缩机的转速可变时,进入喘

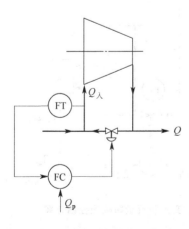

图 7-10 固定极限流量
防喘振控制方案

振区的极限流量也是变化的。图 7-11 所示的喘振极限线是对应于不同转速时的压缩机的特性曲线最高点的连线。只要压缩机的工作点在喘振极限线的右侧，就可以避免喘振的发生。但为了安全起见，实际工作点应控制在安全操作线的右侧。安全操作线近似为抛物线，其方程可用下列近似公式表示

$$p_2/p_1 = a + bQ_1^2/T_1 \tag{7-3}$$

式中　T_1——入口端热力学温度；

　　　Q_1——入口流量；

　　a，b——系数，由压缩机生产厂提供。

p_1、p_2、T_1、Q_1 可以用测试的方法获得。如果压缩比 $p_2/p_1 \leqslant a + bQ_1^2/T_1$，工况是安全的；如果压缩比 $p_2/p_1 > a + bQ_1^2/T_1$，则工况将可能产生喘振。

假定在压缩机的入口端通过测量压差 Δp_1 来测量流量 Q_1，Δp_1 与 Q_1 的关系为

$$Q_1 = K\sqrt{\Delta p_1/\rho} \tag{7-4}$$

式中　ρ——介质密度；

　　　K——比例系数。

根据气体方程可知

$$\rho = p_1 M/zRT_1$$

式中　z——气体压缩因子；

　　　R——气体常数；

　　　T_1——入口气体的热力学温度；

　　　p_1——入口气体的绝对压力；

　　　M——气体分子量。

将上式代入式(7-4)，可得

$$Q_1^2 = K^2 \Delta p_1 zRT_1/p_1 M = K^2 \Delta p_1 T_1/\gamma p_1 \tag{7-5}$$

其中，$\gamma = M/zR$，是一个常数。

将式(7-5)代入式(7-3)，得

$$p_2/p_1 = a + bK^2 \Delta p_1/\gamma p_1 \tag{7-6}$$

因此，为了防止喘振，应有

$$\Delta p_1 \geqslant \gamma(p_2 - ap_1)/bK^2 \tag{7-7}$$

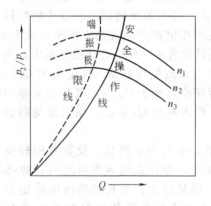

图 7-11　防喘振曲线

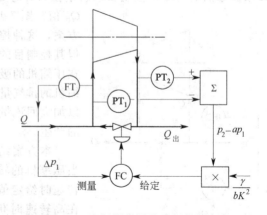

图 7-12　变极限流量防喘振控制方案

如图 7-12 就是根据式(7-7)所设计的一种防喘振的控制方案。压缩机入口、出口压力 p_1、p_2 经过测量、变送装置以后送往加法器 Σ，得到（$p_2 - ap_1$）信号，然后乘以系

数 γ/bK^2，作为防喘振控制器 FC 的给定值。控制器的测量值是测量入口流量的压差经过变送器后的信号。当测量值大于给定值时，压缩机工作在正常运行区，旁路阀是关闭的；当测量值小于给定值时，这时需要打开旁路阀，以保证压缩机的入口流量不小于给定值。这种方案属于可变极限流量法的防喘振控制方案，这时控制器的给定值是经过运算来获得的，因此该方案能根据压缩机负荷变化的情况随时调整入口流量的给定值，而且由于这种方案将运算部分放在闭合回路之外，因此，该控制方案可像单回路流量控制系统那样整定控制器的参数。

7.2 传热过程的自动控制

在工业生产过程中，传热设备的生产过程主要是用来对物料进行加热或冷却来维持一定的温度。传热设备的种类很多，主要有换热器、蒸汽加热器、再沸器、冷凝器及加热炉等。由于它们的传热目的不同，被控参数也不完全一样。生产过程中进行传热的目的主要有以下三种：

① 使物料达到规定的温度；

② 使物料改变相态；

③ 回收热量。

根据传热设备的传热目的，传热设备的控制主要是热量平衡的控制，一般取温度作为被控参数。对于某些传热设备，也需要增加有约束重要条件的控制，对生产过程和设备的安全起到保护作用。

7.2.1 换热器的自动控制

换热器操作的目的是为了使生产过程中的物料加热或冷却到一个工艺要求的温度，自动控制的目的就是要通过改变换热器的热负荷以保证物料在换热器出口温度在工艺要求范围内稳定在给定值上。当换热器两侧流体在传热过程中均无相变化时，一般采用下列几种控制方案。

（1）控制载热体的流量

这个控制方案的控制流程如图 7-13 所示，从传热的基本方程式和传热的速率方程式能说明这种控制方案的可行性。如果不考虑传热过程中的热量损失，则热流体失去的热量应该等于冷流体获得的热量，可写出下列热量平衡方程式

$$Q = G_1 c_1 (T_1 - T_2) = G_2 c_2 (t_1 - t_2) \tag{7-8}$$

式中　Q——单位时间内传递的热量；

G_1，G_2——分别为载热体和冷流体的流量；

c_1，c_2——分别为载热体和冷流体的比热容；

T_1，T_2——分别为载热体入口和出口温度；

t_1，t_2——分别为冷流体入口和出口温度。

同时，传热过程中的传热速率可按下列公式计算

$$Q = KF\Delta t_{\mathrm{m}} \tag{7-9}$$

式中　K——传热系数；

F——传热面积；

Δt_{m}——两流体间的平均温度。

由于冷、热流体间的传热既符合热量平衡方程式，又符合传热速率方程式，因此有下列关系式

$$G_2 c_2 (t_1 - t_2) = KF\Delta t_m \tag{7-10}$$

可改写为

$$t_2 = KF\Delta t_m / G_2 c_2 + t_1 \tag{7-11}$$

从式（7-11）可以判断出，在传热面积 F、冷流体进口流量 G_2、温度 t_1 及比热容 c_2 一定的情况下，影响冷流体出口温度 t_2 的主要因素是传热系数 K 及平均温差 Δt_m。控制载热体流量实质上是改变了。假设由于某种原因使 t_2 升高，控制器将会使阀门关小以减少载热体的流量 G_1，从传热速率方程可以看出 K、Δt_m 会同时减小，而使冷流体 G_2 的出口温度 t_2 也下降回到给定值的控制要求。

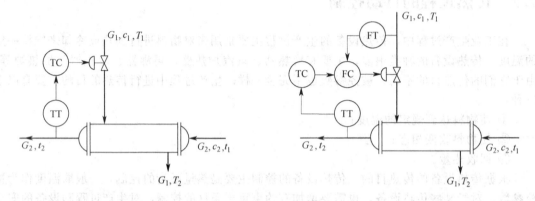

图 7-13　改变载热体流量控制温度　　　　图 7-14　换热器串级控制系统

控制载热体流量是换热器操作中应用最为普遍的一种控制方案，多适用于载热体流量变化对温度影响较灵敏的场合。

如果载热流体的压力不稳定，而成为主要的干扰，较严重地影响到被控参数的控制精度时，可采用以温度 t_2 为主参数、载热体流量 G_1 为副参数的串级控制系统的实施控制方案，力求达到工艺操作的要求。如图 7-14 所示。

（2）控制载热流体的旁路

当载热体是工艺物料，其流量不允许节流时，可采用如图 7-15 所示的控制方案。这种方案的控制机理与前一种方案相同，也是得用改变温差 Δt_m 和 K 的手段来达到控制温度 t_2 的目的。方案中采用三通控制阀来改变进入换热器的载热体流量及其旁路流量的比例，这样既可控制进入换热器的载热体的流量，又可保证载热体总流量不受影响。这种控制方案在载热体为工艺物料时是极为常见的。

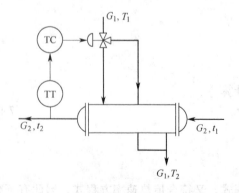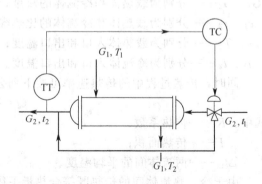

图 7-15　载热体旁路控制方案　　　　图 7-16　被加热流体旁路控制方案

（3）控制被加热流体流量的旁路

如图 7-16 所示为被加热流体流量旁路控制方案，其中一部分工艺物料经换热器，另一部分走旁路。这种方案从控制机理来看，实际上是一个混合过程，所以反应迅速及时，适用于物料停留在换热器里的时间较长的操作。但需要注意的是，换热器必须要有富裕的传热面积，而且载热体流量一直处于高负荷下，该方案在采用专门的载热体时是不经济的。然而对于某些热量回收系统，载热体是工艺物料，总量本不宜控制，这时便不成为缺点了。

上述这三种控制方案都是换热器生产过程中常见的方案，在实际应用过程中一定要对工艺生产的要求和操作条件进行深入分析，从而选择出较合理的一种控制方案，满足生产过程的要求。

7.2.2　蒸汽加热器的自动控制

蒸汽加热器的载热体是蒸汽，通过蒸汽冷凝释放热量来加热物料，水蒸气是最常用的一种载热体，根据加热温度的不同，也可采用其他介质的蒸汽作为载热体。

（1）控制蒸汽载热体的流量

图 7-17 所示是控制蒸汽流量的温度控制方案。蒸汽在传热过程中起了相态变化，其传热机理是同时改变了传热速率方程中的平均温差 Δt_m 和传热面积 F。当加热器的传热面积没有富裕时，应以改变温差 Δt_m 为控制手段，调节蒸汽载热体流量 G_1 的大小即可改变温差 Δt_m 的大小，从而实现对被加热物料出口温度 t_2 的控制。这种控制方案控制灵敏，但是当采用低压蒸汽作为载热体时，进入加热器内的蒸汽一侧会产生负压，此时，冷凝液将不能连续排出，采用该控制方案就需慎重。

（2）控制冷凝液的排放量

如图 7-18 所示是控制冷凝液流量的控制方案。该方案的机理是通过控制冷凝液的排放量，改变了加热器内冷凝液的液位，导致传热面积 F 的变化，从而改变了传热量 Q，以达到对被加热物料出口温度的控制。这种控制方案有利于冷凝液的排放，传热变化比较平缓，可防止局部过热，有利于热敏介质的控制。此外该方案的排放阀的口径也小于蒸汽阀的，但这种改变传热面积的控制方案的动作比较迟钝。

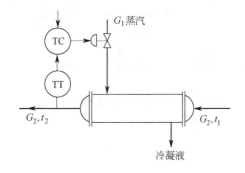

图 7-17　控制蒸汽流量的方案

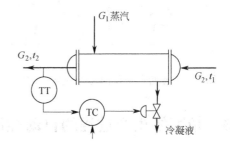

图 7-18　控制冷凝液排放量的方案

7.2.3　冷却器的自动控制

冷却器的载热体是冷却剂，工业生产过程中常常采用液态氨等介质作为制冷剂，利用它们在冷却器内蒸发时吸收工艺物料的大量热量，使工艺物料的出口温度下降来达到生产工艺的要求。工业用冷却器的一般控制方案有以下几种。

（1）控制冷却剂的流量

图 7-19 所示为氨冷却器控制冷却剂流量的控制方案，其机理也是通过改变传热速率方

程中的传热面积 F 来实现的。该方案控制平稳，冷量利用充分，且对压缩机入口压力无影响。但这种方案控制不够灵活，另外蒸发空间不能得到保证，易引起气氨的带液现象而损坏压缩机。为此可采用如图 7-20 所示的物料出口温度与液位的串级控制系统，或如图 7-21 所示的选择性控制系统。

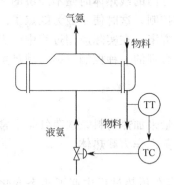

图 7-19 控制冷却剂流量的方案

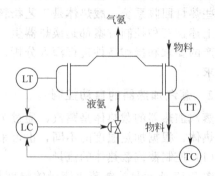

图 7-20 温度-液位串级控制方案

（2）控制气氨排量

如图 7-22 所示为氨冷却器控制气氨排量的控制方案，其机理是通过改变传热速率方程中的平均温差来控制工艺物料的出口温度。采用这种方案时，控制灵敏迅速，但制冷系统必须许可压缩机入口压力的波动，另外冷量利用不充分。为确保系统的安全运行，还需要设置一个液位控制系统，防止液态氨进入气氨管路而导致压缩机损坏。

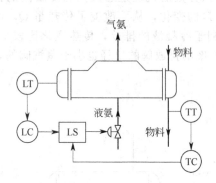

图 7-21 温度与液位的选择性控制方案

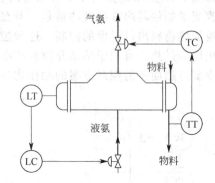

图 7-22 控制气氨排量的控制方案

7.3 精馏塔生产过程的自动控制

精馏是现代化工、炼油等工业生产中应用极为广泛的传质传热过程，其目的是将混合物中各组分分离，达到规定的纯度。精馏过程的实质就是利用混合物各组分具有不同的挥发度，使液相中的轻组分转移到气相中，而气相中的重组分转移到液相中，从而实现分离的目的。

一般精馏装置由精馏塔塔身、冷凝器、回流罐以及再沸器等设备组成，如图 7-23 所示。在实际生产过程中，精馏操作可分为间歇精馏和连续精馏两种，工业生产主要采用连续精馏。精馏塔是精馏过程的关键设备，它是一个非常复杂的对象。在精馏操作中，被控参数多，可以选择的控制参数也多，它们之间又可以有各种不同的组合，所以控制方案繁多。由

于精馏塔对象的控制通道很多，反应缓慢，内在
机理复杂，参数之间相互关联，加上工艺生产对
控制要求又较高，因此在确定控制方案前必须深
入分析工艺特性，总结实践经验，结合具体情
况，才能设计出合理的控制方案。

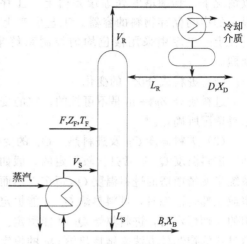

图 7-23 精馏塔的物料流程图

7.3.1 精馏塔的控制目标

精馏塔的控制目标是：在保证产品质量合格
的前提下，回收率最高和能耗最低，或使塔的总
收益最大，或总成本最小，一般来讲应满足以下
三方面要求。

（1）保证质量指标

在精馏塔的生产过程中，一般应当使塔顶或
塔底产品中的一个产品符合工艺要求的纯度，另
一个产品的组分亦应该保持在规定的范围之内。
此时，应取精馏塔塔顶或塔的产品质量作为被控参数，这种控制系统称之为精馏塔的质量控
制系统。

质量控制系统需要应用能测出产品组分的分析仪器设备。由于目前的被测物料种类繁
多，市场上还不能提供相应多种可用于实时测量的分析仪器设备。所以，直接的质量控制系
统应用目前不多见，大多数情况下，是采用能间接控制质量的温度控制系统来代替，实践证
明这样的实施办法是可行的。

（2）物料平衡和能量平衡

为了保证精馏塔的物料平衡和能量平衡，必须把物料进塔之前的主要可控干扰尽可能预
先克服，同时尽可能缓和一些不可控的主要干扰。例如，可设置进料的温度控制、加热剂和
冷却剂的压力控制、进料量的均匀控制系统等。为了维持塔的物料平衡，必须控制塔顶馏出
液和釜底采出量，使它们之和等于进料量，而且两个采出量变化要缓慢，以保证精馏塔操作
平稳。塔内的持液量应保持在规定的范围内波动，控制好塔内的压力稳定，对精馏塔的物料
平衡和能量平衡是十分有必要的。

（3）约束条件

为确保精馏塔的正常、安全运行，操作时必须使某些操作参数限制在约束条件之内。常
用的精馏塔限制条件为液泛限、漏液限、压力限和临界温差限等。液泛限又称气相速度限，
即塔内气相速度过高时，雾沫夹带现象十分严重，实际上是液相从下面塔板倒流到上面塔
板，产生液泛会破坏塔的正常操作。漏液限又称为气相最小速度限，当气相速度小于某一值
时，将产生塔板漏液现象，板效率下降。最好能在稍低于液泛的流速下操作。要防止液泛和
漏液现象，可以通过塔压降或压差来监视气相速度。压力限是塔的操作压力的限制，一般设
最大操作压力限，超限会影响塔内的气、液相平衡，严重超限甚至会影响安全生产。临界温
差限主要是指再沸器两侧间的温差，当这一温差低于临界温差时，给热系数急剧下降，传热
量也随之下降，就不能保证塔的正常传热的需要。

7.3.2 精馏塔的干扰因素

在精馏塔的操作过程中，影响其质量指标的主要干扰因素如下。

（1）进料流量 F 的波动

进料量 F 在很多情况下是不可控的，它的波动通常难以完全避免。如果一个精馏塔
是位于整个工艺生产过程的起点，要使进料流量 F 恒定，可采用定值控制。然而，在多

数情况下，精馏塔的处理量是由上一工序决定的。如果要使进料量恒定，势必需要设置很大的中间储存物料的容器。工艺生产上新的设计思想是尽量减小或取消中间储槽，而是在上一工序中采用液位均匀控制系统来控制出料量，以使进料流量 F 的波动不至于剧烈。

（2）进料成分 Z_F 的变化

进料成分 Z_F 一般是不可控的，它的变化也是无法避免的，进料成分 Z_F 由上一工序或原料情况所确定。

（3）进料温度 Q_F 及进料热焓 Q_F 的变化

进料温度 Q_F 通常是比较恒定的，假如不恒定，可以先将进料进行预热，通过温度控制系统来使精馏塔的进料温度 Q_F 恒定。然而，在进料温度恒定时，只有当进料状态全部是气态或全部是液态时，进料热焓 Q_F 才能恒定。当进料量是气液混相状态时，则只有当气液两相的比例恒定时，进料热焓 Q_F 才能恒定。为了保持精馏塔进料热焓 Q_F 的恒定，必要时可通过热焓控制的方法来维持热焓 Q_F 的恒定。

（4）再沸器加入热量的变化

当加热剂是蒸汽时，加入热量的变化往往是由蒸汽压力的变化而引起的，可以通过在蒸汽总管设置压力控制系统来加以克服，或者在串级控制系统的副回路予以克服。

（5）冷凝器内除去热量的变化

冷却过程热量的变化会影响到回流量或回流温度，它的变化主要是由于冷却剂的压力或温度变化而引起的。一般情况冷却剂温度的变化较小，而压力的波动可采用克服加热剂压力变化的同样方法予以控制。

（6）环境温度的变化

一般情况下，环境温度变化的影响较小。但在采用风冷器作冷凝器时，则天气骤变与昼夜温差会对塔的操作影响较大，它会使回流量或回流温度发生改变。为此，可采用内回流控制的方法进行克服。内回流控制是指在精馏过程中，控制内回流量为恒定量或按某一规律变化的操作。

从上述的干扰分析可以得知，进料量 F 和进料成分 Z_F 的变化是精馏塔操作的主要干扰，而往往是不可控的。其余干扰一般比较小，而且往往是可控的，或者可以采用一些控制系统预先加以克服的。当然，有时并不一定，还需根据具体情况做具体分析。

7.3.3 精馏塔生产过程质量指标的选择

精馏塔生产过程最直接的质量指标就是产品的纯度。由于成分分析仪表应用于生产过程的实时性的局限，采用直接质量指标仍然很有限，在此重点讨论间接质量指标的选择。

最常用的间接质量指标是温度。这是因为对于一个二元组分的精馏塔而言，在塔内压力一定的条件下，温度与产品纯度之间存在着单值的函数关系。因此，如果压力恒定，则塔板的温度就间接反映了浓度。对于多元精馏塔而言，虽然情况比较复杂，但也是可以看作在塔内压力恒定条件下，塔板温度作为间接反映产品纯度的质量指标。

采用温度参数作为被控的产品质量指标时，选择塔内哪一点的温度或几点温度作为质量指标，这是非常关键的问题。常用的质量指标有如下几种方案。

（1）塔顶或塔底的温度控制

一般情况，如果主要产品从塔顶部馏出时，应以塔顶温度作为控制指标，可以得到较好的操作效果。同样，如果主要产品是从塔底流出，则就以塔底温度作为控制指标效果较好。为了保证另一产品质量在一定的规格范围内符合要求，塔的操作要有一定裕量。

例如，如果主要产品在塔顶部馏出时，控制参数为回流量的话，再沸器的加热量要有一定的裕量，以至于在任何可能的扰动条件下，塔底产品的规格都在一定的限度之内符合工艺要求。

（2）灵敏塔板的温度控制

对质量指标要求不高时，塔顶或塔底的温度基本可以代表塔顶或塔底的产品质量。然而，当分离的产品较纯时，在相邻塔顶或塔底的各塔板之间，温度差已经很小，这时，塔顶或塔底的温度变化为 0.5℃，可能已超出产品质量的允许范围。因此，对温度仪表的灵敏度和控制精度都提了很高的要求，但实际上是很难满足的。解决这一问题的方法可以在塔顶或塔底与进料塔板之间选择灵敏塔的温度作为间接质量指标。

当精馏塔的操作经受干扰或接受控制作用时，塔内各板的组分浓度都会发生变化，各塔板的温度也将同时变化，但变化程度各不一样，在达到新的稳定之后，温度变化最大的那块塔板即称之为灵敏塔板。

灵敏塔板的位置可以通过工艺计算求得，但是塔板效率不易估算准，所以，最后还须根据实际情况进行实验确定。

（3）温差控制

在精密精馏过程中，由于对产品的纯度要求很高，而且塔顶与塔底产品的沸点温差一般都不大，可考虑采用温差控制。

采用温差作为反映产品质量指标的间接参数，能消除压力波动对产品质量的影响。在精馏塔控制系统中虽然设有塔内压力定值控制，但压力也会有微小波动，从而会引起产品浓度的变化，这对于一般产品纯度要求不高的精馏塔操作是符合要求的。如果是精密精馏，对产品纯度要求很高，很小的压力波动就足以影响产品的质量，这时若还采用温度作质量指标已经不能满足产品的质量要求了。温度的变化是产品的纯度和塔压力变化的结果，因此要考虑采用补偿或消除压力微小波动的影响。

选择温差信号作为质量指标时，如果塔顶馏出量为主要产品，应将一个温度检测点安装在塔顶或稍下一些的位置，即是温度变化较小的位置；而另一个温度检测点要安装在灵敏塔板附近，即浓度和温度的变化都比较大的位置，然后取上述两点的温度差作为被控参数。这里，塔顶温度实际是起着参比作用，因为塔压力的变化对两点温度都产生相同的影响，相减之后其压力波动的影响就几乎可抵消了，产品的纯度与温差就有单值的对应关系。

在石油化工、炼油等工业生产过程中，温差控制已较广泛应用于精密精馏塔的产品质量控制系统。要应用得好，关键在于选择好测温点、温差设定值合理以及操作工况稳定。

（4）双温差控制

在精馏塔进行精密精馏操作时，采用温差控制也存在着一个不足之处，就是当物料的进料流量波动时，将会引起塔内成分的变化和塔内压力的变化。这时温差与产品的纯度就不再呈现单值对应关系，温差控制难以满足工艺生产对产品纯度的要求。采用双温差控制可克服这一不足，满足精密精馏操作的工艺要求。

如果塔顶重组分增加，会引起精馏段灵敏塔板温度有较大变化；如果塔底轻组分增加，则会引起提馏段灵敏塔板温度有较大变化。相对地，靠近塔底和塔顶处的温度变化较小。将温度变化最小的塔板分别称为精馏段参比塔板和提馏段参比塔板。如能分别将塔顶、塔底的两块参比塔板与两块灵敏塔板之间的温度梯度控制稳定，就能达到质量控制的目的，这就是双温差控制方法。

如图 7-24 所示是双温差控制方案。设 T_{11}、T_{12} 分别为精馏段参比塔板和灵敏塔板的温度；T_{21}、T_{22}分别为提馏段参比塔板和灵敏塔板的温度，构成了精馏段的温差 $\Delta T_1 = T_{12} - T_{11}$；提馏段的温差 $\Delta T_2 = T_{22} - T_{21}$，将这两个温差的差值 $\Delta T_d = \Delta T_1 - \Delta T_2$ 作为控制指标。从实际的应用情况来看，只要合理选择灵敏塔板和参比塔板的位置，可使塔得到最大的分离度，得到更纯的塔顶产品和塔底产品。

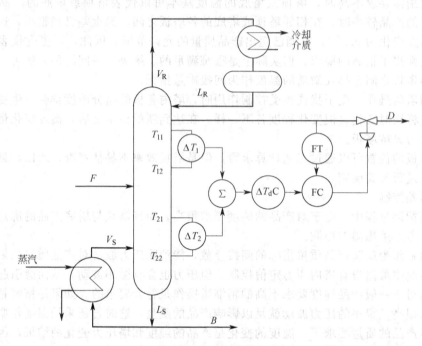

图 7-24　精馏塔双温差的控制方案

采用了双温差控制后，若由于进料流量波动引起塔压变化对温差的影响，在塔的精馏段和提馏段同时出现，而精馏段温差减去提馏段温差的差值就消除了压降变化对质量指标的影响。从应用双温差控制的许多精密精馏生产过程操作来看，在进料流量波动的影响下仍能获得符合质量指标的控制效果。

7.3.4　精馏塔生产过程的自动控制方案

精馏塔生产过程的控制目标是使塔顶和塔底的产品满足工艺生产规定的质量要求。精馏塔由于其生产的工艺要求和操作条件的不同，控制方案种类繁多，这里仅讨论常见的塔顶和塔底均为液相时的基本控制方案。

对于有两个液相产品的精馏塔来说，质量指标控制可以根据主要产品的采出位置不同分为两种情况：一是主要产品从塔顶馏出时可采用按精馏段质量指标的控制方案；二是主要产品从塔底流出的则可采用按提馏段质量指标的控制方案。

（1）按精馏段质量指标的控制方案

当以塔顶馏出液为主要产品时，往往按精馏段质量指标进行控制。这时，取精馏段某点浓度或温度作为被控参数，以塔顶的回流量 L、馏出量 D 或上升蒸汽量 V 作为控制参数，组成单回路控制系统。也可以根据实际情况选择副参数组成串级控制系统，迅速有效地克服进入副环的扰动，并可降低对控制阀特性的要求，这在需要进行精密精馏的控制时常常采用。

采用这种控制方案时，在 L、D、V 和 B 四者之中选择一个参数作为控制产品质量指标的控制参数，选择另一个参数保持流量恒定控制，其余两个参数则按回流罐和再沸器的物料平衡关系设液位控制系统加以控制。同时，为了保持塔压的恒定还应设置塔顶的压力控制系统。

精馏段常用的控制方案可分为两类。

① 选择回流量 L 作为控制参数的质量控制方案　如图 7-25 所示，这种控制方案是优点是控制作用的滞后小，反应迅速，所以对克服进入精馏段的干扰和保证塔顶产品的质量是有利的，这也是精馏塔控制中最常见的控制方案。可是在该方案中 L 受温度控制器控制，回流量的波动对精馏塔的平稳操作是不利的。所以在温度控制器的参数整定时，应采用比例加积分的控制规律，不需加微分作用。此外，再沸器加热量要维持一定而且应足够大，以便精馏塔在最大负荷运行时仍可保证产品的质量指标合格。

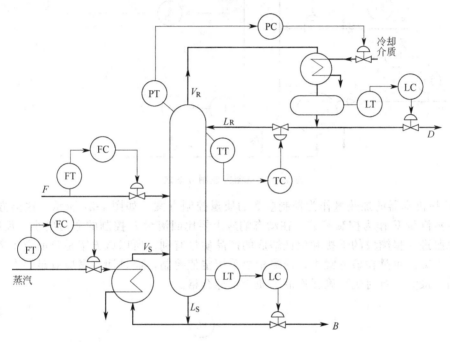

图 7-25　精馏段控制方案之一

② 选择塔顶馏出量 D 作为控制参数的质量控制方案　如图 7-26 所示，这种控制方案的优点是有利精馏塔的平稳操作，对于在回流比较大的情况下，控制 D 要比控制 L 灵敏。此外还有一个优点是当塔顶的产品质量不合格时，如果采用有积分作用的控制器，塔顶馏出量 D 会自动暂时中断，进行全回流操作，这样可确保得到的产品质量是合格的。

然而，这类控制方案的控制通道滞后较大，反应较慢，从馏出量 D 的改变到控制温度的变化，要间接地通过回流罐液位控制回路来实现，特别当回流罐容积较大时，控制反应就更慢，以至给控制带来困难。同样，该方案也要求再沸器加热量需要有足够的裕量，以确保在最大负荷运行时的产品质量。

（2）按提馏段质量指标的控制方案

当以塔底采出液作为主要产品时，通常就按提馏段质量指标进行控制。这时，选择提馏段某点的浓度或温度作为被控参数。组成单回路控制系统或根据需要选择副参数组成串级控制系统来控制产品的质量，同时还需设置类似于精馏段控制方案中的辅助控制系统。

提馏段常用的控制方案也可分两类。

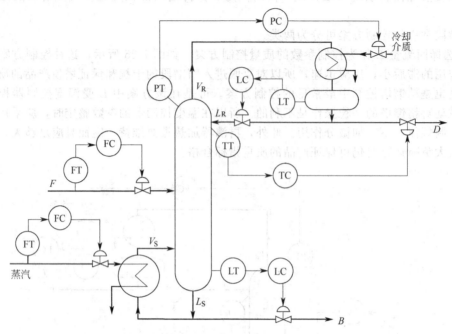

图 7-26　精馏段控制方案之二

① 选择再沸器的加热量作为控制参数的质量控制方案　如图 7-27 所示，这类方案采用塔内上升蒸汽量 V 作为控制参数，在动态响应上要比回流量 L 控制的滞后要小，反应迅速，所以对克服进入提馏段的干扰和保证塔底的产品质量有利。所以该方案是目前应用最广的精馏塔控制方案。可是在该方案中，回流量要采用定值控制，而且回流量应有足够大，以便当塔的负荷在最大运行时仍可确保产品的质量指标合格。

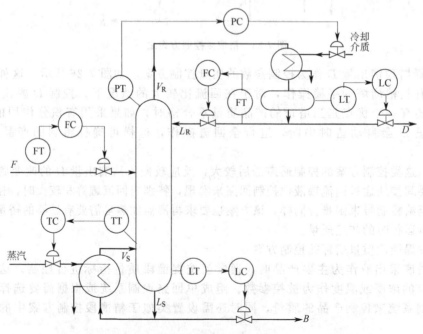

图 7-27　提馏段控制方案之一

② 选择塔底采出量作为控制参数的质量控制方案　　如图 7-28 所示，这类控制方案如前所述，类似于精馏段选择 D 作为控制参数的方案那样，有其独特的优点和一些弱点。优点是当塔底采出量 B 较小时，操作比较稳定；当采出量 B 不符合产品的质量要求时，会自行暂停出料。其缺点是滞后较大而且液位控制回路存在着反向特性。同样，也要求回流量应足够大，以确保在最大负荷运行时的产品质量合格。

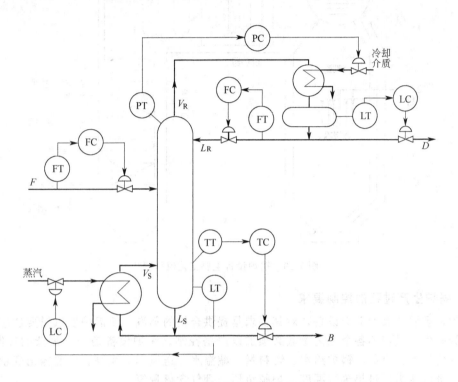

图 7-28　提馏段控制方案之二

7.4　锅炉生产过程的自动控制

锅炉是工业生产过程必不可少的重要动力设备，它所产生的蒸汽不仅能够为工业生产的蒸馏、干燥、蒸发、化学反应等过程提供热源，而且还可以为压缩机、泵、透平机等提供动力源。随着工业生产规模的不断扩大，生产过程的不断强化，生产设备的不断革新，作为全厂动力和热源的锅炉设备，亦向着大容量、高参数、高效率的方向发展。为确保安全，稳定生产，对锅炉设备的自动控制就显得尤为重要了。

由于锅炉设备所使用的燃料种类、燃烧设备、炉体形式、锅炉功能和运行要求不同，锅炉有各种各样的流程。常见的锅炉设备主要工艺流程如图 7-29 所示。

由图 7-29 可知，蒸汽发生系统由给水泵、给水控制阀、省煤器、汽包及循环管组成。燃料和热空气按一定的比例进入燃烧室燃烧，产生的热量传给蒸汽发生系统，产生饱和蒸汽 D_s，然后经过热器，形成一定蒸汽温度的过热蒸汽 D，汇集至蒸汽母管。压力为 p_m 的过热蒸汽，经负荷设备控制阀供给生产负荷设备使用。与此同时，燃烧过程中产生的烟气，将饱和蒸汽变成过热蒸汽后，经省煤器预热锅炉给水和空气预热器预热空气，最后经引风机送往烟囱排入大气。

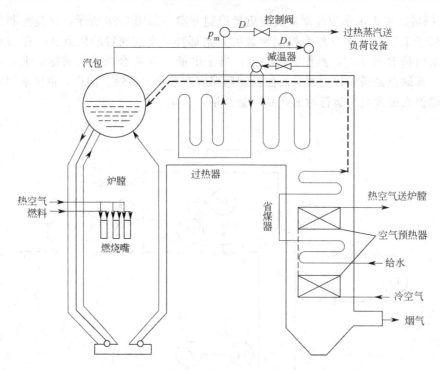

图 7-29　锅炉设备主要工艺流程图

7.4.1　锅炉生产过程的控制要求

锅炉是重要的大型动力设备，对其要求是提供合格的蒸汽，使锅炉发汽量要适应负荷的需要，为此生产过程的各个工艺参数必须加以严格控制。锅炉设备是一个复杂的控制对象，主要输入变量有：负荷、锅炉给水、燃料量、减温水、送风和引风等。主要输出变量有：汽包水位、蒸汽压力、过热蒸汽温度、炉膛负压、烟气含氧量等。

这些输入参数与输出参数之间存在着相互关联。如果蒸汽负荷发生变化时，必然会引起汽包水位、蒸汽压力和过热蒸汽温度的变化；燃料量的变化不仅会影响蒸汽压力，同时还会影响汽包水位、过热蒸汽温度、烟气含氧量和炉膛负压；给水量的变化不仅会影响汽包水位，而且对蒸汽压力、过热蒸汽温度亦有影响；减温水的变化会导致过热蒸汽温度、蒸汽压力、汽包水位等的变化。所以，锅炉设备是一个多输入、多输出且相互关联的控制对象。对于这种复杂的对象，目前工程处理上做了一些假设之后，将锅炉设备的控制方案划分为若干个控制系统进行实施，主要的控制系统如下。

（1）锅炉汽包水位的控制

控制参数是给水流量 W，它主要考虑汽包内部的物料平衡，使给水量适应蒸发量，维持汽包水位在工艺允许的范围内。维持汽包水位在给定范围内是保证锅炉生产、汽轮机安全运行的必要条件，是锅炉正常运行的主要标志之一。

（2）锅炉燃烧系统的控制

有三个被控参数：蒸汽压力、烟气含氧量和炉膛负压。而控制参数也有三个：燃料量、送风量和引风量。这三个被控参数和控制参数互相关联，需要统筹兼顾，从而组成合适的燃烧系统的控制方案，以满足燃料燃烧时所产生的热量适应蒸汽负荷的需要，保证燃烧的经济性和锅炉的安全性。炉膛负压保持在一定的范围内。

（3）过热蒸汽系统的控制

以过热蒸汽温度为被控参数，喷水量为控制参数组成的温度控制系统，以使过热器出口温度保持在允许范围内，并保证管壁温度不超过允许的工作温度。

7.4.2　锅炉汽包水位的自动控制

汽包水位是锅炉运行的主要指标。如果水位过低，则由于汽包内的水量较少，而蒸汽负荷却很大，水的汽化速度又快，会导致汽包内的水量加速减少，水位迅速下降，如不及时控制就会使汽包内的水全部汽化，可能导致锅炉烧坏和爆炸；水位过高会影响汽包内汽水分离，产生蒸汽带液现象，会使过热器管壁结垢导致损坏，同时过热蒸汽温度急剧下降，该蒸汽如果是作为汽轮机动力的话，将会损坏汽轮机的叶片，影响设备运行的安全与经济性。由此可见，水位过低或过高时所产生的后果是极为严重的，所以汽包水位操作的平稳显得尤为重要，必须要严格保证控制质量。

（1）汽包水位的主要干扰

① 蒸汽负荷对汽包水位的影响　在燃料量不变的情况下，蒸汽用量的突然增加，瞬时间必然会导致汽包压力下降，汽包内水的沸腾会突然加剧，水中汽包会迅速增加，会将整个水位抬高，形成了虚假的水位上升现象，即所谓假水位现象。

在蒸汽流量干扰下，水位变化的阶跃反应曲线如图 7-30 所示。当蒸汽流量突然增大时，由于假水位现象的产生，在开始阶段水位不会下降反而会上升，然后下降；反之，当蒸汽流量突然减少时，则水位先下降，然后再上升。蒸汽流量 D 突然增加时，实际水位的变化 L 应是在不考虑水面下汽泡容积变化时的水位变化 L_1 与只考虑水面下汽泡容积变化所引起水位变化 L_2 的叠加。即

$$L = L_1 + L_2$$

假水位变化的大小与锅炉的工作压力和蒸发量等有关，例如一般 $100 \sim 230 \mathrm{t/h}$ 的中高压锅炉，当负荷变化 10% 时，假水位可达 $30 \sim 40 \mathrm{mm}$。对于这种假水位现象，在设计控制方案时必须要加以考虑。

② 给水流量 W 对汽包水位的影响　在给水流量的作用下，水位阶跃反应曲线如图 7-31 所示。把汽包和给水看作是单容无自衡对象，水位反应曲线如图 7-31 中的 L_1 线。但由于给水温度比气包内饱和水的温度低，所以给水量变化之后，使汽包中气泡的含量减少，从而导致汽包水位下降。因此实际的水位反应曲线如图 7-31 中的 L 线，即当突然加大给水量后，汽包水位一开始不立即增加，而要呈现出一段起始的惯性段。给水的温度越低，纯滞后时间 τ 亦越大。一般 τ 约在 $15 \sim 100 \mathrm{s}$ 之间，如果采用省媒器，则由于某种原因省煤器本身的延迟，会使 τ 增加到 $100 \sim 200 \mathrm{s}$ 之间。

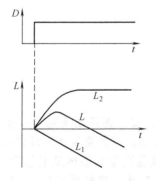

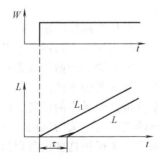

图 7-30　蒸汽流量干扰下水位的阶跃反应曲线　　　图 7-31　给水流量作用下水位的阶跃反应曲线

③ 锅炉排污、吹灰等对汽包水位的影响　锅炉排污直接自汽包里放水，吹灰时用锅炉自身的蒸汽来吹，这些都是短时的负荷变化而引入的干扰。

（2）单冲量控制系统

单冲量控制系统是以汽包水位为被控参数，选择给水流量 W 为控制参数而组成的一个单回路汽包水位的控制系统。对于小型锅炉，由于水在汽包停留时间较长，蒸汽负荷变化时，假水位的现象并不显著，配上一套联锁报警装置，也是可以保证安全操作的，采用这种单冲量控制方案也能满足生产的工艺要求。对于中大型锅炉，由于蒸汽负荷变化，假水位的现象严重，当蒸汽负荷突然增加时，由于假水位现象，控制器不但不能开大控制阀增加给水量，以维持锅炉的物料平衡，而且会关小控制阀的开度，减少给水量，将使水位严重下降，波动很剧烈，严重时甚至会使汽包水位下降到危险限而导致发生事故。该控制方案就难以满足中大型锅炉生产的安全和操作平稳的工艺要求。

（3）双冲量控制系统

在汽包水位的控制中，最主要的干扰是蒸汽负荷的变化，如果根据蒸汽流量来进行校正，就可以纠正假水位引起的误动作，而且使控制阀的动作十分及时，从而减少水位的波动，改善控制品质。将蒸汽流量信号引入，就构成了双冲量控制系统，如图 7-32 所示是典型的双冲量控制系统的原理图及方块图。这是一个前馈（蒸汽流量）加单回路反馈控制的复合控制系统。

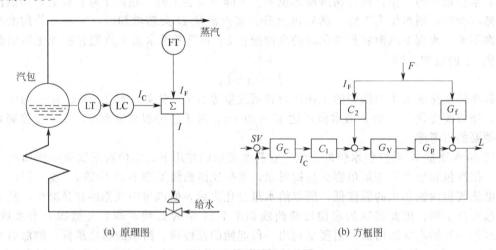

(a) 原理图　　　　　　　　　(b) 方框图

图 7-32　双冲量控制系统

这里的前馈系统仅为静态前馈，若需要考虑两个通道在动态上的差异，须引入动态补偿环节。图 7-33 所示的连接方式中，加法器的输出 I 是

$$I = C_1 I_C \pm C_2 I_F + I_0 \tag{7-12}$$

式中　I_C——水位控制器的输出；

　　　I_F——蒸汽流量变送器（经开方器）的输出；

　　　I_0——加法器的初始偏置值；

　C_1，C_2——加法器的系数。

现在来分析这些系数的设置。C_2 项取正号还是负号，要根据控制阀是气开还是气关而定。控制阀的气开与气关的选用，一般从生产安全角度考虑。如果高压蒸汽是供给蒸汽透平压缩等，那么为了保护这些设备以选用气开阀为宜；如果蒸汽作为加热及工艺物料使用时，为了保护锅炉以采用气关阀为宜。因为在蒸汽量加大时，给水流量亦要加大，如果采用气关阀，I 应减小即应该取负号；如果采用气开阀，I 应增加，即应该取正号。

C_2 的数值应考虑达到静态补偿。如果在现场凑试，那么应在只有负荷干扰的条件下，调整到水位基本不变。如果有阀门特性数据，设阀门的工作特性是线性的，可以通过采用如

下公式计算来获得

$$C_2 = aD_{max}/K_V(Z_{max} - Z_{min}) \tag{7-13}$$

式中　　a——是一个大于1的常数，$a = \Delta W/\Delta D$；

　　　D_{max}——蒸汽流量变送器的量程（从零开始）；

　　　K_V——阀门的增益；

$Z_{max} - Z_{min}$——变送器输出的变化范围。

　　C_1的设置比较简单，可取1，也可以小于1。不难看出C_1与控制器的放大倍数的乘积相当于简单控制系统中控制器的放大倍数的作用。

　　I_0的设置目的是使正常负荷下，控制器和加法器的输出都能有一个适中的数值。最好是在正常负荷下I_0值与$C_2 I_F$项恰好抵消。

　　在有些装置中，采用另一种接法，即将加法器放在控制器之前，如图7-33所示。因为水位上升与蒸汽流量增加时，阀门的动作方向相反，所以一定是信号相减。这样的接法好处是使用仪表比较少，因为一个双通道的控制器就可以实现加减和控制的功能。假设水位控制器采用单比例作用，则这种接法与图7-32的接法可以等效转换，差别不大。

　　（4）三冲量控制系统

　　双冲量控制系统还有两个弱点：一是控制阀的工作特性不一定是线性的，因而要做到静态补偿就比较困难；二是对于给水系统的干扰仍不能克服。为此可再将给水流量信号引入，构成三冲量控制系统，如图7-34所示。从该图可以看出，这是前馈与串级控制组成的复合控制系统。在汽包停留时间较短时，需要引入蒸汽信号的微分作用，如图7-34中虚线所示，这种微分信号应是负微分作用，以避免由于负荷突然增加和突然减少时，水位偏离给定值过高或过低而造成锅炉停车。

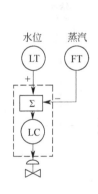

图 7-33　双冲量控制系统其他接法　　　　　　　图 7-34　三冲量控制系统

　　图7-35所示是三冲量控制系统的连接图和方块图。系数设置如下。

　　① 系数C_1通常可取1或稍小于1的数值。

　　② 假设采用气开阀时，C_2就取正值，其值的计算相当简单，按物料平衡的要求，当变送器采用开方器时

$$C_2 = aD_{max}/W_{max} \tag{7-14}$$

式中　　a——是一个大于1的常数，$a = \Delta W/\Delta D$；

　　　D_{max}——蒸汽流量变送器的量程（从零开始）；

　　　W_{max}——给水流量变送器的量程（从零开始）。

　　③ I_0的设置与双冲量控制系统相同。

　　在三冲量控制系统中，水位控制器和流量控制器的参数整定方法与一般串级控制系统的

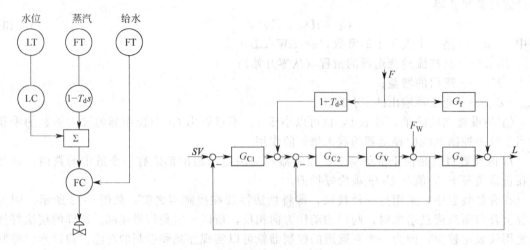

图 7-35　三冲量控制系统的连接图和方框图

相同。

在有些控制装置中，采用了比较简单的三冲量控制系统，只用一台控制器及一台加法器，加法器可接在控制器之前，如图 7-36（a）所示，也可接在控制器之后如图 7-36（b）所示。图 7-36 中的加法器正负号是针对采用气关阀正作用控制器的情况。图 7-36（a）接法的优点是使用仪表最少，只要一台多通道的控制器即可实现。但如果系数设置不能确保物料平衡，当负荷变化时，水位将有余差。图 7-36（b）的接法，水位无余差，但用仪表较上法多，在投运及系数设置等方面较上法麻烦一些。

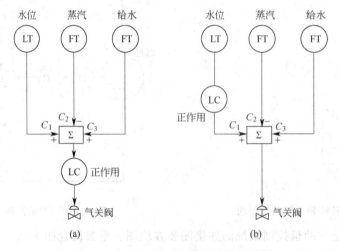

图 7-36　三冲量控制系统的简化接法

7.4.3　过热蒸汽温度的自动控制

蒸汽过热系统包括一级过热器、减温器、二级过热器。控制任务是使过热器的出口温度维持的工艺要求允许的范围之内，并保护过热器使其管壁温度不超过允许的工作温度。

过热蒸汽温度过高或过低，对锅炉运行及蒸汽用户设备都是不利的。过热蒸汽温度过高，过热器容易损坏，汽轮机也会因内部过度的膨胀而严重影响安全运行；过热蒸汽温度过低，一方面使设备的效率降低，另一方面使汽轮机后几级的蒸汽湿度增加，引起叶片磨损。所以必须把过热器出口的温度控制在工艺规定的范围内。

过热蒸汽温度控制系统常采用减温水流量作为控制参数，但由于控制通道的时间常数及纯滞后均较大，组成单回路控制系统往往不能满足生产的要求，因此，可采用如图7-37所示的串级控制系统，以减温器出口温度为副参数，可以提高对过热蒸汽温度的控制质量。

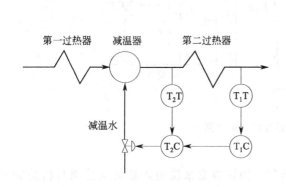

图 7-37　过热蒸汽温度串级控制系统

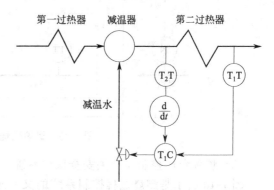

图 7-38　过热蒸汽温度双冲量控制系统

过热蒸汽温度控制有时还采用双冲量控制系统工程，如图7-38所示。这种控制方案实质上是串级控制系统的变形，把减温器出口温度经微分器作为一个冲量，其作用与串级的副参数相似。

7.4.4　锅炉燃烧过程的自动控制

（1）燃烧过程控制的任务

燃烧过程自动控制系统与燃料的种类、燃烧设备以及锅炉形式等有着密切关系。这里主要讨论燃油锅炉的燃烧过程控制系统。

燃烧过程的控制任务很多，最主要的是使锅炉出口蒸汽压力稳定。因此，当负荷受到干扰而变化时，可通过控制燃料量使之稳定。其次，应该保持燃料燃烧良好，既不要因空气量不足而使烟囱冒黑烟，也不要因空气量过多而增加热量损失。因此在增加燃料时，空气量应先加大，在减少燃料时，空气量也要减少。总之燃料量与空气量应保持一定，或者烟道气中氧含量应保持一定的数值。另外，应该使排烟量与空气量相配合，以保持炉膛负压不变。如炉膛负压太小，甚至为正，则炉膛内热烟气会向外冒出，影响设备和工作人员的安全。反之如果炉膛负压过大，会使大量的冷空气漏入炉内，从而会使热量损失增加，降低燃烧效率。一般炉膛负压应维持在 $-20 \sim -80$ Pa 左右。还需要加强安全措施，例如烧嘴背压太高时，可能使燃料流速过高而脱火，烧嘴背压太低又可能回火，这些都应该设法加以防范。

（2）蒸汽压力控制和燃料与空气比值控制系统

蒸汽压力对象的主要干扰是燃料量的波动与蒸汽负荷的变化。当燃料流量及蒸汽负荷波动较小时，可以采用蒸汽压力来控制燃料量的单回路控制系统。而当燃料流量波动较大时，可以采用蒸汽压力对燃料流量的串级控制系统。

燃料流量是随蒸汽负荷而变化的，所以作为主流量，与空气组成单闭环比值控制系统，以使燃料与空气保持一定比例，获得良好的燃烧效果。为了保证经济燃烧，亦有以烟道气中氧含量来校正燃料流量与空气流量的比值，组成变比值控制系统。

图7-39所示是燃烧过程控制系统的一例，从图中可以看出有四个控制系统：

① 蒸汽出口压力与燃料流量的串级控制系统（正常工况）；

② 燃料流量与空气流量的单闭环比值控制系统（正常工况）；

③ 空气量过少时自动减少燃料量的选择性控制系统；

④ 蒸汽出口压力降低时自动加大空气量的前馈选择性控制系统。

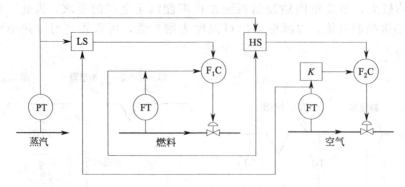

图 7-39　锅炉燃烧过程控制系统例一

（3）炉膛负压控制与相关安全保护系统

图 7-40 所示是燃烧过程控制系统的又一示例，用该方案来说明炉膛负压控制与相关安全保护性控制系统。从图中可以看出下列控制系统功能：

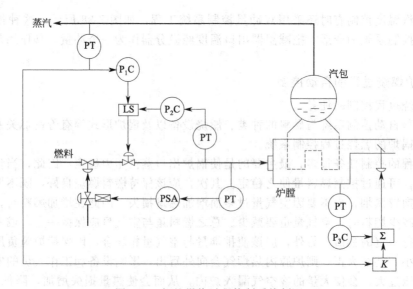

图 7-40　锅炉燃烧过程控制系统例二

① 蒸汽压力控制系统，PC_1 依据蒸汽压力的变化来控制燃料量；

② 炉膛负压控制系统，一般情况下可以根据炉膛负压来控制烟道的翻板或引风机的转速，以达到稳定炉膛负压的要求，这里设置了一个前馈（蒸汽压力控制器的输出，反映燃料量也即空气量）与炉膛负压反馈控制的复合控制系统；

③ 如果燃料控制阀的阀后压力过高，可能会引起脱火的危险，由过压控制器 PC2 通过低选器 LS 来控制燃料控制阀，以防止脱火；

④ 如果燃料控制阀的阀后压力过低，可能导致回火的危险，由 PAL 系统带动联锁装置，将燃料控制阀的上游控制阀截断，切断燃料的供给。

7.5　化学反应器生产过程的自动控制

化学反应器在工业生产中是一种重要的装置，由于它们所完成操作的特殊性和重要性，以及它又具有与一般生产装置不同的特点，因此对化学反应器的控制既十分重要，又常常比较难以实施。至今为止，由于反应器的反应机理比较复杂，在自动控制方面的研发工作做得还不够，所以在进行反应器控制方案的设计时需要做反复的调查研究，总结反应器的操作经验，才能制订出合理的、行之有效的自动控制方案。

7.5.1　化学反应器的控制要求

化学反应的种类比较多，因此化学反应器的控制难易程度相差也很大。一些容易控制的反应器，控制方案非常简单，与一个换热器的控制方案完全相同。但是，当反应速度快、放热量大或由于工艺设计上的原因，使得反应器的稳定操作区域很狭窄的情况下，反应器控制方案的设计将成为一个非常复杂的问题。此外，对于一些高分子聚合反应，也会因物料的黏度大而给温度、流量和压力的准确测量带来较大的困难，以致严重影响反应器控制方案的实施。

一般情况下，在确定反应器控制方案时首先要调查清楚反应器的质量指标被控参数和可能的控制参数。关于质量指标被控参数可从以下几个方面考虑。

（1）质量指标

根据化学反应器及其内在进行反应的机理不同，其质量指标被控参数可以选择反应转化率、产品的质量、产量等直接指标为被控参数，或与它们有关的间接工艺指标，如温度、压力、黏度等作为被控参数。

（2）物料平衡和能量平衡

为了使反应器的操作能够正常进行，必须使反应器系统运行过程中保持物料平衡和能量平衡。例如，为了保持热量平衡，需要及时除去反应热，以防止热量的积聚，为了保持物料平衡，需要定时的排除或放空系统中的惰性物料，以保证反应的正常进行。

（3）约束条件

与其他的单元操作设备相比较，反应器操作的安全性具有更重要的意义，这样就构成了反应器控制中的一系列约束条件。比如，要防止工艺参数进入危险区域或不正常工况，应该设置一些报警、联锁或自动选择性控制系统。当工艺参数越出正常的操作范围时，就应发出报警信号；当其接近危险区域时，就会把某些阀门打开或切断或保持在限定的位置，以确保生产的安全运行。

在上述的三个因素中，质量指标的选择常常是反应器控制方案设计中的一个关键。根据反应器操作的实际情况，如有条件直接测量反应产物成分的，可选择成分作为直接的被控参数。或者选择某种间接的被控参数，最常用的间接指标是反应器的温度，但是对于具有分布参数特性的反应器，应该注意所测温度的代表性。

7.5.2　化学反应器的自动控制

目前大型化工生产过程所使用的反应釜，其容量相当庞大，反应的放热量也很大，而且传热效果往往又很差，要使其反应温度实现平稳操作，已经成为过程控制技术中的一个难题。

实践经验证明，这类反应器的开环响应大多是不稳定的，如果在运行过程中不及时有效地移去反应热，则由于反应器内部的正反馈将使反应器内的温度不断上升，以致达到无法控制的地步，最后以产生事故或事故停车而告终。从理论上说，增加反应器的传热面积或加快传热速度，使移去热量的速度大于反应热生成的速度，就能提高反应器操作的稳定性。但是，由于在设计上与工艺上的困难，对于大型聚合反应釜是难以实现这些要求的，因此，只能在设计控制方案时，对控制系统的实施提出更高的要求，来满足聚合反应釜的工艺操作的质量指标和安全运行。

7.5.2.1　一个间歇反应器的控制方案

图 7-41 所示是聚丙烯腈反应器的内温控制方案。由丙烯腈聚合成聚丙烯腈的聚合反应要在引发剂的作用下进行，引发剂等连续加入聚合釜内，丙烯腈通过计量槽同时加入，当反应达到稳定状态时，将反应的聚合物加入到分离器中，以除去未反应的单体物料。在聚合釜中发生的聚合反应有以下三个主要特点：

① 在反应开始之前，反应物必须升温至指定的最低温度；

② 反应是放热反应过程；

③ 反应速度会随温度的升高而增加。

为了使反应能发生，必须要首先把热量供给反应物。但是，一旦反应发生后，则必须要将热量取走，以维持一个稳定的操作温度。此外，单体转化为聚合物的转化率取决于给定温度、给定时间下的反应速率，这个给定时间即为反应物在反应器中的停留时间。因此，首先需要对反应器实行定量喂料，来维持一定的停留时间。其次，为了控制反应器内的温度，可采用选择反应器内温度为被控参数反应的质量指标，选择夹套温度为副参数的串级控制系统。同时，这个内温控制方案采用了分程控制的方式，控制阀分程动作如图 7-42 所示。采用供热或除热的操作，分别控制进料过程和反应过程的物料温度，使其能符合工艺的要求。

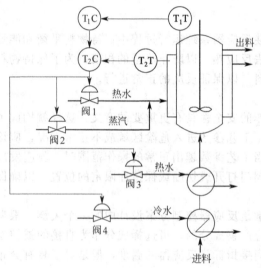

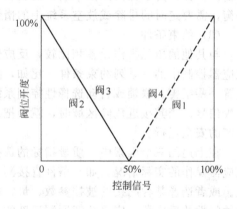

图 7-41　聚合釜内温控制方案　　　　　　图 7-42　控制阀分程动作区间

7.5.2.2　一个连续反应器的控制方案

化学反应器控制方案的设计，除了考虑温度、转化率等质量指标的核心问题之外，还必须对反应器的其他问题，如安全操作、开停车等应设计相应的控制系统，才能使反应器的控制方案比较完善。下面以一个连续反应器为例来说明一个反应器的全局控制方案。

如图 7-43 所示是一个连续反应器的控制方案流程图。在反应器中物料 A 与物料 B 进行合成反应，生成的反应热从夹套中通过循环水除去，反应时放热量与反应物 B 的流量成正比。进料量 A 大于进料量 B，反应速度很快，而且反应完成的时间比停留的时间短。反应的转化率、收率及副产品的分布决定于物料 A 与 B 的流量之比，物料平衡是通过反应器的液面来改变进料量而达到的。工艺对自动控制设计提出的要求是：

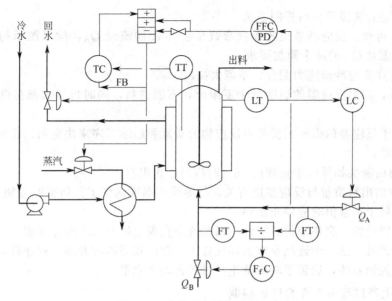

图 7-43   连续反应器的控制方案

① 平稳操作，转化率、产率、产品分布均要确保恒定；

② 安全操作而且要尽可能减少硬性停车；

③ 保证较大的生产能力。

通过深入分析调研，最后确定了一个前馈-反馈的控制系统及比较完整的软保护控制方案。下面分别予以介绍。

（1）反应器温度的前馈-反馈控制系统

以温度作为质量指标的被控参数，夹套冷却水作为控制参数和 A 的进料流量为前馈输入变量的单回路前馈-反馈控制系统。在前馈控制回路中选用了 PD 控制器作为前馈的动态补偿器。此外，由于温度控制器采用了外部积分反馈（FB）来克服积分饱和现象，因此，在前馈输出通道采用了滤除直流分量的措施，即前馈补偿器的输出通过一个传递函数的线路 $Tas/(Tas+1)$，这样加法器的方程就是

$$I_a(s) = I_c(s) + [Tas/(Tas+1)]I_f(s)$$

式中，I_a、I_c 和 I_f 分别是加法器、温度控制器和前馈补偿器的输出。但是图 7-43 所示只是表示了一个原则性的控制系统，而实际上为了保证反应器的安全操作，按照工艺上提出的约束条件设计相应的软限停车系统，即选择性控制系统。

（2）反应器进料的比值控制系统

进料的比值控制系统与一般的比值控制系统完全相同。但是，在控制物料 B 的流量 Q_B 时，工艺上提出了以下限制条件：

① 反应器温度低于结霜温度时，不能进料；

② 若测量出比值 Q_B/Q_A 过大了，不能进料；

③ Q_A 达到低限以下 $Q_A < Q_{Amin}$ 时，不能进料；

④ 反应器液位 $L_r < L_{rmin}$ 时，不能进料；

⑤ 反应器温度过高时不进料。

显然，应用选择性控制系统可以实现这五个工艺约束条件，具体实施方案可以有多种，但是，它们的动作原理均鉴于当工况达到上述安全软限时，由选择性控制器取代正常工况下的比值控制器 F_fC 的输出，从而切断 Q_B 通路，也即中断了 B 的进料。在这里就不做详细介绍了。

（3）反应器的液面及出料控制系统

由图 7-43 可知，反应器液位的控制参数是物料 A 的流量 Q_A，除了图示的控制系统之外，还需要考虑对 Q_A 的两个附加要求：

① 进料速度要与冷却能力配合，不能太快；

② 开车时，如果反应器的温度低于下限时，不能进料，同时也要求液位低于下限时不能关闭进料阀。

此外，关于反应器的出料主要是由反应物的质量和后续工序来决定的。设计产品出料控制系统的原则是：

① 反应器的液位如果低于量程的 25％ 时应当停止出料；

② 开车时的出料质量与反应温度有关，故等反应温度达到工艺指标时才能出料；反之，如果反应温度低于正常值时应停止出料。

同样，可以设置一套相应的选择性控制系统来实现上述的工艺操作要求。

在实际应用时，这一个连续反应器还配置了一套比较完善的开停车程序控制系统，结合上述的一系列控制系统，达到了较高的生产过程自动化水平。

7.5.3　工业生产过程 pH 值的自动控制

在工业生产过程中，化学反应常常会涉及到酸、碱物质，pH 值往往是化学反应过程的一个重要参数。由于 pH 值能够在线测量，所以把 pH 值作为反应过程的质量指标加以控制。酸碱中和过程的非线性程度很大，而且由于 pH 值的测量特点等原因，使得测量过程具有一定的纯滞后时间，所以 pH 值的控制通常被认为是比较难以实施的控制系统。

在生产过程实施 pH 值控制系统时，首先要对 pH 值测量装置的选择、安装以及日常维护等给予足够的重视，因为 pH 值测量的精度、测量滞后及由于采样而带来的纯滞后等因素对控制系统的控制品质影响很大。

pH 值控制系统可以采用常规的线性反馈 PID 控制器，通过控制某一中和液的流量进行单回路控制。但不能使用纯比例控制规律，因为纯比例作用存在着余差，而 pH 值控制系统的设定值又大多在对中和液流量十分敏感的区域，即 pH 值为 7 附近，中和液流量的微小偏差就使值远远偏离设定值，如图 7-44 所示。选用 PI 还是 PID 控制规律以及参数的整定则需要根据所控制的对象的特性来定。考虑到过程的非线性，这时可以选用非线性控制阀，对被控对象的非线性进行部分补偿。但是，由于在多数中和反应过程的非线性程度不同，而且又存在着不可忽略的纯滞后时间，采用常规的线性控制器往往难以获得满意的控制结果。因此，需要在控制系统中考虑这两个因素的影响，并进行适当的补偿。

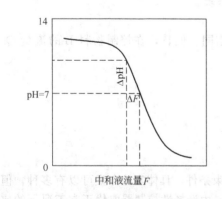

图 7-44　中和反应过程滴定曲线

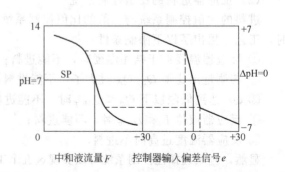

图 7-45　三段式非线性控制器

工程上考虑对中和反应过程的非线性进行补偿时，经常采用的方法之一是使用 Shinskey 提出的三段式非线性控制器。其基本原理是，在对象的增益较大时，控制器的增益较小；当对象的增益较小时，控制器的增益较大，以此来维持系统增益基本不变，如图 7-45 所示。其中低增益的一段称为"死区"，其范围可根据对象特性加以控制。如果对象的设定值不在其滴定曲线的中点附近，需将控制器增益中的一段切除，否则将使过程的非线性程度加大。

上述的方法对控制对象非线性的补偿是近似的。为了能更准确地实现这种补偿，首先需要确定中和反应过程非线性增益的特性。这可以根据正常工况下的中和反应过程滴定曲线，由下式求取，如图 7-46 所示。

$$K_p = \Delta pH / \Delta F$$

式中　K_p——对象增益；
　　　　F——中和液的流量。

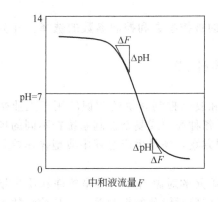

图 7-46　中和反应过程非线性增益求取

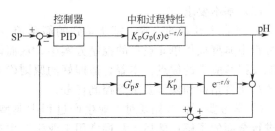

图 7-47　Smith 纯滞后补偿控制方案

通过测量获得的中和液流量和实际测量获得的值的变化量，即可确定这时对象增益的大小，并可以此为依据调整控制器的增益，实现对控制对象非线性的补偿。使用常规模拟控制装置时，非线性环节的实施有一定的难度，但由于目前的可编程序控制装置和 DCS 的广泛应用，为这一控制方案的实现提供了许多便利的条件。

对控制对象纯滞后进行补偿的基本方法之一的著名的 Smith 补偿方案，如图 7-47 所示。由于该方法对对象模型的精度要求较高，因此，在 pH 值控制中直接使用比较困难。但可以采用对模型适应性较强的改进方案。根据对对象的控制质量要求及对象特性，综合出具体的控制算法，以得到更适合的补偿效果。对中和反应过程而言，由于在进行纯滞后补偿的同时往往还需要对被控制对象的非线性进行补偿，因而在各种纯滞后补偿的算法中，对象模型应具有变增益的特性。

在中和反应过程中，中和液的流量、浓度和反应器的反应体积等参数均可能会发生变化，使对象的滴定曲线产生畸变，偏离正常工况下的情况，如图 7-48 所示。图中的实线所示为正常工况下的滴定曲线，其他为发生畸变后的滴定曲线。情况严重时，采用对被控对象非线性和纯滞后的固定补偿控制规律可能无法得到合格的控制品质，这时将有必要选用自适应控制的方法，在线辨识对象的特性，变换控制参数甚至控制规律，以适应对象特性的变化。在工业生产过程中，

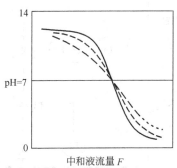

图 7-48　中和反应过程的畸变特性

可以选用常见的自适应控制器，如三段式非线性控制器的自适应控制器，根据对象特性的变化自动调整其死区宽度；或者选用 FOXBORO 公司的 EXACT 自整定控制器等，以满足对 pH 值控制系统的质量要求。

小　结

（1）主要内容

在工业生产过程中，泵和压缩机等流体输送设备、换热器和冷却器等传热设备、锅炉、精馏塔、化学反应器是工业生产过程中工艺流程的典型操作单元设备，本章着重从自动控制工程的角度出发，以实用和满足基本要求为原则阐述了上述操作单元的以下主要内容：

① 工业生产过程中典型操作单元设备的操作流程；

② 从定性的角度分析、阐述了典型操作单元设备的对象特性；

③ 对典型操作单元生产过程的工艺操作的质量指标、限制条件和控制任务提出了具体的要求；

④ 根据组成自动控制系统的要求分析各操作单元的被控参数和控制参数的选择，并分析其主要干扰；

⑤ 确定工业生产过程中典型操作单元设备的基本控制方案。

（2）基本要求

① 结合上几章的内容，把所学到的简单控制系统和复杂控制系统的知识应用于工业生产过程中典型操作单元设备的控制方案中，从而体现了各种简单或复杂控制系统在不同的场合能发挥其应有的优点，本着合适即好的原则确定控制方案，满足生产过程中典型操作单元的产品质量指标和操作要求等控制任务。

② 学习要领：首先要对工业生产过程中典型操作单元的对象特性、操作条件和质量指标进行全面的了解；然后，掌握常用工业生产中典型操作单元设备的控制要求，被控参数和控制参数的选择；掌握各典型操作单元的基本控制方案的确定；最后，要总结出工业生产过程中典型操作单元的操作特点，在确定控制方案中的共性原则和方法。

例题和解答

【例题 7-1】 锅炉汽包水位的三冲量液位控制系统的特点和使用条件是什么？

解 锅炉汽包水液的三冲量液位控制系统如图 7-49 所示。它是在汽包水位双冲量液位控制系统的基础上引入了给水流量信号，由汽包水位信号、蒸汽流量信号和给水信号组成了汽包三冲量液位控制系统。

在这个控制系统中，汽包水位是主被控参数，是主冲量信号；蒸汽流量是前馈信号，是辅助冲量；给水流量是副参数，也是辅助冲量。实质上汽包水位三冲量控制系统就是前馈-反馈控制系统。

三冲量液位控制系统适用于大型锅炉的汽包水位控制，因为大型锅炉的容量大，汽包的相对容水量小，在生产操作中允许波动的液位量很小。如果出现给水中断时，可能在很短的几分钟时间内就会发生危险水位；如果仅是给水量与蒸发量不相适应的话，那么在几分钟内也将会发生缺水或满水的事故。因此，大型锅炉的生产过程就对汽包水位的控

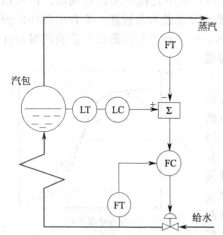

图 7-49　汽包三冲量液位控制系统

制提出了更高的要求。实践证明三冲量液位控制系统应用于大型锅炉的汽包水位控制时，如果参数匹配得当，可获得很好的控制效果，保证了汽包水位的控制质量。锅炉汽包水位三冲量控制系统的组成形式较多，其目的都是为了适应水位控制的需要，可根据当时的实施条件进行选择。

【例题 7-2】 如图 7-50 所示的精馏塔再沸器采用蒸汽加热，为保证塔底产品的质量指标，要求对塔底的温度进行控制。由于受到前面工序的影响，进料量 F 经常波动，又不允许对其进行定值控制。在这种情况下：

① 你认为应采用何种控制方案为好？试画出系统的结构图与方块图，选择控制阀的开闭形式及控制器的正反作用。

② 如果蒸汽压力也经常波动，又应采取何种控制方案？试画出系统的结构图与方块图。

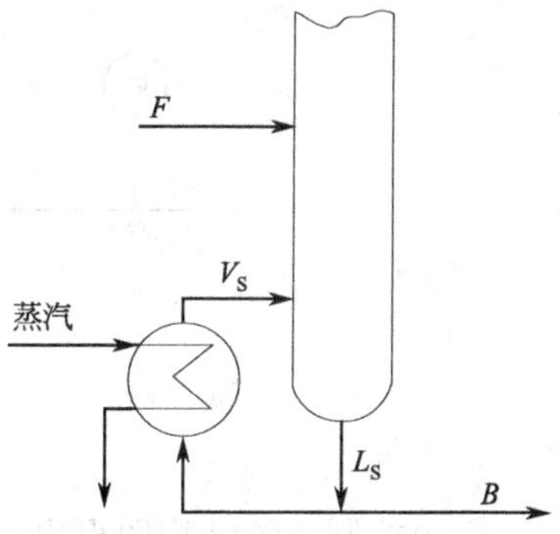

解　① 根据本题给出的工艺条件和要求，可从精馏操作单元的控制任务中做出如下分析判断。

a. 被控参数的选择。由于是从塔底采出液为产品的质量指标，可采用按提馏段质量控制的方案，一般情况下选用提馏段的灵敏塔的温度作为间接的质量指标，构成温度控制系统的方案。

图 7-50　例题 7-2 图

b. 控制参数的选择。根据精馏塔提馏段质量控制方案，通过改变再沸器加热量来控制塔底的温度最合理，因此可选择蒸汽流量作为操纵变量。

c. 主要干扰分析。主要干扰是进料量 F 的波动，根据从精馏塔操作的分析，进料量的波动对提馏段的影响快而且剧烈，主要干扰又不可控，可测。

从以上的分析可以看出，简单温度控制系统的控制通道滞后比主要干扰通道的大，反馈控制不及时，控制质量差，可采用进料流量信号为静态前馈，组成前馈-反馈控制系统控制塔底温度，以提高控制质量。系统的结构图如图 7-51 所示。

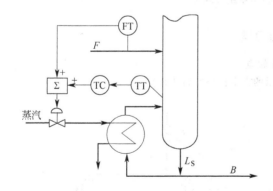

图 7-51　前馈-反馈控制方案

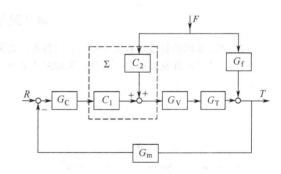

图 7-52　前馈-反馈控制系统方块图

② 从控制系统的结构图得出如下的前馈-反馈控制系统方块图，如图 7-52 所示。

③ 从工艺操作安全的角度出发考虑控制阀的开闭形式，当控制信号中断时，控制阀处在关闭状态下，切断蒸汽，停止加热为最安全。因此，应该选择气开阀。

④ 根据负反馈的原理，温度对象为正作用，控制阀也是正作用，因此，控制器应该选择反作用。

⑤ 如果蒸汽压力也经常波动，可以选择蒸汽压力为副被控参数，组成前馈-温度压力串

级控制系统，由副环克服蒸汽压力的干扰，并通过进料量信号实行超前调节，确保控制质量符合工艺要求。其控制系统结构如图 7-53 所示。

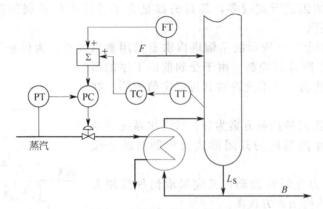

图 7-53　前馈-串级控制方案

⑥ 由控制系统结构图得出如下前馈-串级控制系统方块图，如图 7-54 所示。

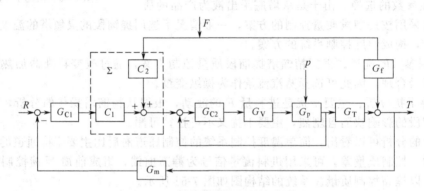

图 7-54　前馈-串级控制系统方块图

思考题与习题

7-1　离心泵的控制方案有哪几种？它们各有什么优缺点？

7-2　为了控制往复泵的出口流量，采用图 7-55 所示的方案行吗？为什么？

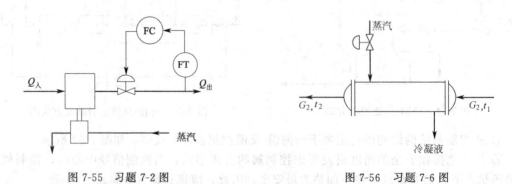

图 7-55　习题 7-2 图　　　　　　　图 7-56　习题 7-6 图

7-3　什么是离心式压缩机的喘振？喘振产生的条件是什么？

7-4　试简述压缩机防喘振的两种控制方案，并比较其特点。

7-5　两侧无相变的换热器常采用哪几种控制方案？其各有什么特点？

7-6　如图 7-56 所示的热交换器中，物料与蒸汽换热，要求物料出口温度达到规定的要求。试分析下述情况下应采用何种控制方案较好？画出系统的结构图和方块图，并确定控制器的正、反作用。

① 物料流量 F 较稳定，而蒸汽压力波动较大。

② 蒸汽压力较平稳，而物料流量 F 波动较大。

③ 物料流量 F 较稳定，而物料入口温度 T 及蒸汽压力 p 的波动都比较大。

7-7　氨冷却器的控制方案有哪几种？其各有什么特点？

7-8　精馏塔的主要扰动因素有哪些？精馏塔对自动控制有哪些基本要求？

7-9　精馏塔在什么情况下采用温差控制？又在什么情况下采用双温差控制？

7-10　精馏塔在什么情况下采用精馏段指标控制？什么情况下采用提馏段指标控制？

7-11　锅炉设备的主要控制系统有哪些？

7-12　锅炉汽包水位的假液位现象是什么？它是在什么情况下产生的？其具有什么危害性？能够克服假水位影响的控制方案有哪几种？

7-13　锅炉汽包水位有哪三种控制方案？说明它们分别适用在何种场合？

7-14　如图 7-57 所示为某工厂辅助锅炉燃烧系统的控制方案，试分析该方案的工作原理及控制阀的开闭形式、控制器正反作用以及控制信号进加法器的符号。

7-15　化学反应器控制的目标和要求是什么？

7-16　化学反应器最常用的控制方案有哪些？

7-17　如图 7-58 所示，某反应器中进行的是放热化学反应，由于化学反应的热效应比较大，必须考虑反应过程中的除热问题，然而该化学反应须在一定的温度下方能进行，因此，在反应前必须考虑给反应器预热。为此，给反应器配备了冷水和热水两路管线，热水是为了预热，而冷水则是为了除热。根据这些要求，给该反应器设计一个合适的控制系统，画出该系统的结构图，确定控制阀的开闭形式、控制器的正反作用以及各控制阀所接受的信号段。

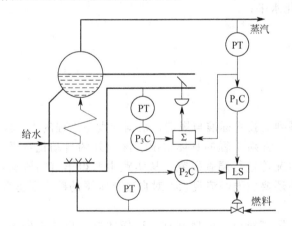

图 7-57　习题 7-14 图

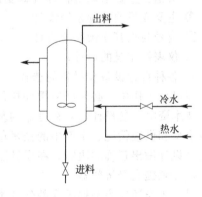

图 7-58　习题 7-17 图

8　过程控制工程设计基础

过程控制工程设计，就是把实现生产过程自动化的内容，用设计图纸和设计文件表达出来。

学习工程设计的目的是为了培养学生综合运用所学的基本理论、基本知识和基本技能，分析和解决工程中实际问题的能力。通过本章的学习学会看图、识图和绘图，掌握采用计算机控制系统进行自控工程设计的必备技能，为以后走上工作岗位打下良好的专业技术基础。

8.1　工程设计的基本知识

8.1.1　工程设计的任务和方法

（1）工程设计的任务

过程控制工程设计的任务是按照工艺生产的要求，对生产过程中的温度、压力、流量、物位、成分等变量的自动检测、反馈控制、顺序控制、人工遥控、自动信号报警与联锁保护等进行设计。同时，还应对生产现场的水、电、蒸汽、原料和成品的计量进行设计。具体进行以下工作：

① 从工厂的实际情况出发，确定自动化水平；

② 根据工艺要求确定各种被测变量；

③ 主要变量的控制系统设计；

④ 信号与报警联锁系统设计；

⑤ 仪表控制盘的设计；

⑥ 各种自控设备和材料的选择。

在设计工作中，必须严格贯彻执行一系列的技术标准与规定，根据同类型工程的生产经验和技术资料，使设计建立在可靠的基础上，并对工程的具体情况、国内外的自动化水平、仪表质量和供应情况、生产中的技术革新情况等进行调查研究，从实践中取得丰富的资料，才能对设计做出正确的决策。在设计工作中还要加强经济观念，对自动化水平的确定要适合国情，注意提高经济效益。

设计工作还应当根据不同的任务类型，区别对待，因地制宜，这样才能做出技术先进、操作简便、经济合理、安全可靠的工程设计。

（2）工程设计的内容

过程控制工程设计是以流程工业某一生产装置或生产工序为对象，以这种对象的生产工艺机理、流程特点、操作条件、设备及管道布置状况为基础所进行的自动化设计。一般来说，设计应完成以下图纸和文件：自控图纸目录；工程设计说明书；工程设计计算书；自控设备汇总表；自控设备表；综合材料表；节流装置计算数据表；控制阀计算数据表；差压式液位变送器计算数据表；带控制点工艺流程图；仪表盘正面布置图；仪表盘背面电气接线图；标准节流装置制造图；信号报警与联锁保护原理图。

本章根据学生就业岗位所接触的内容，主要介绍自控工程设计的图形符号标准、计算机控制系统工程设计的流程等内容。其余图纸的绘制方法可查阅相关教材和有关的设计资料。

8.1.2 工程设计的标准和规定

8.1.2.1 设计标准

工程设计所要参照执行的设计标准和规定主要有以下几项。

(1) 过程检测和控制流程图用图形符号和文字代号 (GB 2625—81)

国家标准《过程检测和控制流程图用图形符号和文字代号》(GB 2625—81) 为设计文件及其他技术文件、资料统一规定了仪表装置标志,适用于化工、石油、冶金、电力、纺织、建材和其他工业部门。本标准的主要内容包括常用名词术语定义、图形符号和文字代号等。还附录了图形符号与仪表位号示例和字母代号组合示例。

(2) 流量测量节流装置 (GB 2624—81)

国家标准《流量测量节流装置》(GB 2624—81) 规定了节流件为角接取压、法兰取压标准孔板和角接取压标准喷嘴的设计、安装和使用标准。主要包括本标准的适用范围、流体条件、符号、工作原理、基本公式,标准孔板和标准喷嘴的定义、结构形式、技术条件、取压方式、使用范围、管道条件、安装要求、检验方法等。

(3) 化工自控设计规定

《化工自控设计规定》是经国家原石油和化学工业局审查批准的,并已成为化工行业标准,分为(一)、(二)、(三)三个分册,内容如下。

《化工自控设计规定》(一):

① 过程测量与控制仪表的功能标志及图形符号 (HG/T 20505—2000),含总则、仪表功能标志、仪表功能字母与常用缩写、仪表图形符号及应用实例、规定用词说明及条文说明;

② 自动化仪表选型设计规定 (HG/T 20507—2000),含温度、压力、流量、物位、过程分析仪表、显示控制仪表、仪表盘、控制阀、附录、本规定用词说明和条文说明;

③ 控制室设计规定 (HG/T 20508—2000),含总则、分散型控制系统中央控制室、常规仪表控制室、本规定用词说明和条文说明。

《化工自控设计规定》(二):

① 仪表供电设计规定 (HG/T 20509—2000);

② 仪表供气设计规定 (HG/T 20510—2000);

③ 信号报警、安全联锁系统设计规定 (HG/T 20511—2000);

④ 仪表配管配线设计规定 (HG/T 20512—2000);

⑤ 仪表系统接地设计规定 (HG/T 20513—2000);

⑥ 仪表及管件伴热和绝热保温设计规定 (HG/T 20514—2000);

⑦ 仪表隔离和吹洗设计规定 (HG/T 20515—2000)。

《化工自控设计规定》(三):

① 自动分析器室设计规定 (HG/T 20516—2000);

② 自控设计常用名词术语 (HG/T 20699—2000);

③ 可编程控制器室设计规定 (HG/T 20700—2000)。

8.1.2.2 设计手册、图册

(1)《自控安装图册》(HG/T 21581—95)

该图册共有 14 分册,分别是:

①《自控安装图图形符号规定》;

②《自控安装图材料库》;

③《温度测量元件安装图册》HK01;

④《压力表及压力变送器管路连接安装图册》HK02;

⑤《流量测量差压变送器管路连接安装图册》HK03；
⑥《物位测量仪表安装图册》HK04；
⑦《分析仪表系统管路连接安装图册》HK05；
⑧《法兰取压节流装置安装图册》HK06；
⑨《角接取压节流装置安装图册》HK07；
⑩《变送器安装图册》HK08；
⑪《仪表管、缆及桥架安装图册》HK09；
⑫《仪表及仪表管线保温安装图册》HK10；
⑬《气动仪表管路连接安装图册》HK11；
⑭《仪表电缆保护及连接图册》HK12。

（2）石油化工自动控制设计手册

《石油化工自动控制设计手册》（第三版）主要介绍石油化工自控设计中仪表选型、控制方案设计、仪表及自控设备安装等设计中的详细资料与数据。包括第一篇设计标准、第二篇工业自动化仪表及选用、第三篇自动控制系统设计、第四篇数字控制系统、第五篇工程设计导则及附录等内容。

8.2　自控工程设计图形符号

工程设计图纸的内容，都是以图示的形式，用图形和代号等符号来表示的。过程检测和控制流程图用的图形符号和文字符号有国家标准，随着控制功能的扩展，对计算机控制系统规定了相应的图形符号和文字符号。它们是用于信息处理的功能块描述符号，用于分散控制、共用显示仪表、逻辑和计算机系统的设计符号和用于过程显示的图形符号和文字符号。

8.2.1　字母代号

表示被测变量和仪表功能的字母代号见表 8-1。后继字母的确切含义，根据实际需要，可以有不同的解释，如"R"可以解释为"记录仪"、"记录"或"记录用"；"T"可理解为"变送器"、"传送"等。

表 8-1　字母代号的意义

字母	第一位字母		后继字母	字母	第一位字母		后继字母
	被测变量	修饰词	功能		被测变量	修饰词	功能
A	分析		报警	B	喷嘴火焰		供选用
C	电导率		控制	D	密度	差	
E	电压(电动势)		检出元件	F	流量	比	
G	尺寸		玻璃	H	手动		
I	电流		指示	J	功率	扫描	
K	时间或顺序		自动-手动操作器	L	物位		指示灯
M	水分或湿度			N	供选用		供选用
O	供选用		节流孔	P	压力或真空		试验点
Q	数量	积分	积分	R	放射性		记录或打印
S	速度或频率	安全	开关或联锁	T	温度		传送
U	多变量		多功能	V	黏度		阀或挡板
W	质量或力		套管	X	未分类		未分类
Y	供选用		计算器	Z	位置		驱动或执行

后继字母"G"表示功能"玻璃",用于对过程检测直接观察而无标度的仪表。后继字母"L"表示单独设置的指示灯,用于显示正常的工作状态,例如显示温度高低的指示灯用"TL"标注。后继字母"K"表示设置在控制回路内的自动-手动操作器,例如流量控制回路的自动-手动操作器为"FK",它区别于被测变量字母代号"H"—手动(人工触发)和"HC"—手动控制。

表示被测变量的任何第一位字母与修饰字母"d"(差)、"f"(比)、"q"(积分、积算)组合起来使用时,应把第一字母与修饰字母看作一个具有新的含义的组合体。修饰字母一般用小写,在不会产生混淆时,也可以用大写,但在同一设计项目中应统一。例如:"TdI"与"TI"分别表示温差指示和温度指示;"Td"与"T"为两个不同的变量。修饰词"S"表示安全,仅用于检测仪表或检出元件及终端控制元件的紧急保护。例如:"TSA"表示温度的联锁与报警。

当选用第一位字母"A"作为分析变量时,应在图形符号圆圈外标明分析的具体内容。例如:分析一氧化碳含量,应在圆圈外标注 CO,而不能用"CO"取代圆圈内的"A"。"指示"的功能是指检测仪表将被测变量显示出来的功能。如果仪表指示值的改变并非直接由于测量值的变化所引起,而是人工调整仪表标度盘的结果,则不包括在此项功能之内。

当字母"H"、"M"、"L"表示被测变量的"高"、"中"、"低"值时,应标注在仪表圆圈外面。当使用字母"H"、"L"表示阀门或其他通、断设备的开关位置时,则"H"表示阀在全开或接近全开的位置;"L"表示阀在全关或接近全关的位置。在带控制点工艺流程图以外的设计文件中,表示报警、联锁的"高"、"低"值时,可将"H"、"L"标注在后继字母的末位。例如,流量指示,高低值报警,标注为"FIAH-111"和"FIAL-111"。字母"U"表示"多变量"时,可代替两个以上第一位字母的含义。当表示"多功能"时,则代替两个以上功能字母的组合。

"供选用"的字母,是指在个别设计中反复使用,而表中未列出其含义的字母。使用时字母含义需在具体工程的设计图例中做出规定,第一位字母是一种含义,而后继字母表示另一种含义。例如,字母"N",作为第一字母时可为"应力",而作为后继字母时可为"示波器"。

"未分类"的变量和"未分类"的功能字母"X",指在个别设计中,仅使用一次或在一定范围内使用,而表示未列入其含义的字母。当"X"和其他字母一起使用时,除了具有明确意义之外,应在图形符号圆圈外标明"X"的具体意义。例如,"XI-1"可以是振动指示仪;"XR-2"可以是应力指示仪;"XX-3"可以是应力示波器。

8.2.2 分散控制、共用显示、逻辑和计算机系统的设计符号

分散控制、共用显示、逻辑和计算机系统具有共用显示、共用控制和其他用途接口的特点。它通常是由现场硬件通信网络和控制室操作设备所组成。在工程设计中,仪表的图形符号是一个直径约 11mm 的圆圈。当带控制点工艺流程图是 1 号规格图幅,有缩小复印为 3 号规格图幅时,直径可选 13mm。但同一套带控制点工艺流程图上,应采用同一尺寸的仪表图形符号。

以微处理器为基础的检测、控制仪表促进了仪表控制系统的发展,使得共用显示、共用控制和共用信号线等共用功能的实现成为可能。以共用功能为特点的分散控制/共用显示类型的仪表用方框符号表示。

计算机图形符号是一个正六边形。它适用于含有确认为"计算机"部件的系统。计算机有别于整体的处理器,它能激励分散控制系统的各种功能。借助于数据链,计算机部件能与系统组成一个整体,也可能成为一个独立的计算机。

逻辑和顺序控制的通用图形符号是一个正菱形。它用于没有明确规定的、复杂的、互连的逻辑或控制系统。与分散控制互连的、具有二进制或顺序逻辑功能的可编程序逻辑控制器的图形符号是分散控制/共用显示图形符号和逻辑、顺序控制图形符号的组合。

表 8-2 和表 8-3 是相应的图形符号。根据用户的需要和设计文件的类型来确定图形符号的尺寸。在同一张文件或图纸中，图形符号的尺寸应一致。

当需要规定仪表或功能模块的位置时，可在图形符号外的右上方注明。如 IP1 表示 1♯仪表盘；IC2 表示 2♯仪表操作台；CC3 表示 3♯计算机操作台等。正常情况下不能由操作员监控的安装在仪表盘后的仪表或者功能模块可以用表 8-3 相同的符号，但是在图形符号中用虚线表示。如 ⬡ ◇ ○ 。

表 8-2　闭合框图符号

图形符号	功能说明	图形符号	功能说明
○	圆形框表示测量或信号读出功能	◇	正菱形框表示手动信号处理功能
▭	矩形框表示自动信号处理功能	⏢	等腰梯形框表示最终控制装置,如执行机构等

表 8-3　图形符号

类　别	安装在主操作台 正常情况下操作员可以监控	现场就地安装 正常情况下操作员不能监控	安装在辅助设备 正常情况下操作员可以监控
仪表	⊖	○	⊖
分散控制 共用显示 共用控制	⊡	⊡	⊡
计算机	⬡	⬡	⬡
可编程序逻辑控制器	◻◇	◻◇	◻◇

两个或多个图形符号相切连接表示相连接仪表之间的通信，例如，通过硬接线，系统链或者作为后备。它也可表示多功能仪表，例如，多点记录仪、装有控制器的控制阀等。当这种含义不完全清楚时，不应该使用图形符号相切连接的表示方法。

软件报警与硬件报警一样，可根据功能字母的有关规定标注。字母应标注在控制设备或其他特殊系统部件的输入或输出信号线上。仪表系统的报警可分为被测变量的报警和控制器输出的报警两大类。被测变量的报警应包含变量的字母代号。如 PAH 表示压力高限报警；PAL 表示压力低限报警；PDA 表示压力设定值偏差报警。控制器输出的报警应使用未定义变量的字母代号 "X"，如 XAH 表示控制器输出高限报警；XAL 表示控制器输出低限报警。报警字母代号的标注位置可由设计人员设置在任何方便的地方。

8.2.3 过程显示图形符号和文字符号

过程显示图形符号用于在 CRT 上的过程显示，也用于其他可视媒体，如等离子体显示、液晶显示等设备上的过程显示。它适用于化工、炼油、电站、空调、冶炼和许多其他工业过程。采用本符号体系有下述益处：

① 减少操作人员的误操作；

② 缩短操作人员的培训时间；

③ 控制系统设计人员的设计意图能较好地被系统用户所接受。

考虑到图形符号应能表示各种设备，因此，符号的大小应保持符号的纵横比。为了最有效地显示过程，可以把图形符号旋转到任一方位。图形符号的设置应采用前后相一致的方式，例如，从左到右、从上而下地描述其立体关系、能量、物料和数据流。设备轮廓线和管线应用颜色、亮度和线条的宽度加以区分。箭头在管线上表示其物料的流向。

不需要把工艺过程中的全部设备、管线显示在 CRT 上。图形符号的显示仅用在需要通过它了解操作过程或者它是被描述过程的整体部分时才显示。图形符号的性能，如亮度、尺寸大小、颜色、充满与否和对比度都应正确和合适地选用，以避免邻近的显示目标，如测量值、报警信息等对操作人员造成的精神生理方面的影响。

图形显示包括静态和动态的符号和数据。采用图形符号内部是否充满来动态反映相应图形的状态。通常，充满的图形符号表示开启、运行或者激励的状态。不充满的图形轮廓线表示关闭、停止或者未被激励的状态。但在一些工业生产过程，例如电站的应用中，充满的图形符号表示关闭等状态，而不充满的图形轮廓线则表示开启等状态。在这种情况，应使操作人员掌握，并应在操作手册中注明。

为了增强对过程图形符号的理解，可以使用特定的方式来表示过程设备的状态。它们是反相显示、闪烁、亮度变化和颜色编码。为了描述容器内部的特性，例如料位、温度等，可以在容器图形符号内部部分充满或者覆盖。

表 8-4 是用于过程显示的图形符号和文字符号。文字符号是四个字母组成的助记符，在计算机系统中可据此调用。图形符号应包括连接线，在表 8-4 中未描述。采用连接线的中断表示 连接线间不连的关系。通常，次要的连接线或者垂直绘制的连接线中断，而主连接线、水平线不中断。

表 8-4 过程显示用图形符号和文字符号

序号	图形名称	文字符号	圆形符号	说　明
1	精馏塔	DTWR		用于分离的填料或板式精馏塔
2	带夹套的容器	JVSL		有加热或冷却夹套的容器
3	反应器	RCTR		化学反应器

序号	图形名称	文字符号	圆形符号	说　明
4	容器	VSSL		容器或分离器 可用于表示有压容器 可水平或垂直设置
5	常压储罐	ATNK		常压下用于物料储存的容器
6	料仓	BINN		储存固体或粒状物料的容器，容器底部出料
7	浮动顶盖的储罐	FTNK		容器顶盖随储存液体变化而浮动的储罐
8	气柜	GHDR		容器顶盖随储存气体变化而浮动的储罐
9	有压储罐	PVSL		储存气体和液体的有压球罐
10	称量罐	WHPR		称料用的料仓
11	断电器	CBRK		电气系统中表示断电器
12	手操触点	MCTR	开启 关闭	用于设备隔离的配电开关
13	三角形连接	DLTA		三相的三角形连接
14	熔丝	FUSE		用于过电流保护的熔断丝
15	电机	MOTR	或 M 用于过程画面　用于电路图	交流或直流电机

序号	图形名称	文字符号	圆形符号	说明
16	变压器	XFMR		通用的变压器
17	状态指示器	STAT	电路闭合　电路断开	用于表示两位式的状态,例如,电路断开/闭合等
18	星形连接	WYEC		三相的星形连接
19	液体过滤器	LFLT		液体过滤器
20	真空过滤器	VFLT		抽吸真空的过滤设备
21	换热器	XCHG	可供选用的	换热设备
22	强制风冷器	FAXR		强制风冷的热交换器
23	加热炉	FURN		过程加热器或加热炉
24	回转窑	KILN		典型的以燃气、燃油、煤或焦炭燃烧的回转窑
25	冷却塔	CTWR		通过强制的汽化在常压下冷却水的暖通和空调设备
26	蒸发器	EVPR		液体或气体与冷却剂之间进行热交换的暖通和空调设备
27	翅片式散热器	FNXR		液体或气体与空气之间进行热交换的,具有大的传热面积的暖通和空调设备

序号	图形名称	文字符号	圆形符号	说明
28	传送带装置	CNVR		皮带传送、链式传送和滚筒传送装置。与其他图形符号结合可表示更复杂的装置,如造纸机
29	粉碎机	MILL		用于粉碎固料的辊式轧机、球磨机、自动或半自动粉碎机
30	碾压机	RSTD		用于金属、纸张、橡胶、塑料和玻璃工业的碾压机
31	回转加料器	RFDR		输送干粉状物料从一处到另一处的回转加料器
32	螺旋输送器	SGNV		螺旋输送器或螺旋泵
33	搅拌装置	AGIT		桨叶、螺桨或搅拌型的搅拌装置
34	轴向混合器	IMIX		用于连续混合物料的混合设备
35	往复式压缩机	RECP		通过往复作用,去传送悬浮液或液体的一类设备
36	鼓风机	BLWR		在微压下输送气体的设备
37	压缩机	CMPR		在高压下输送气体的设备
38	泵	PUMP		通过内部的旋转作用,去传送悬浮液或液体的一类设备
39	透平机	TURB		用气体膨胀的力去推动旋转设备的装置

续表

序号	图形名称	文字符号	圆形符号	说明
40	静电过滤器	EPCP		借助于充有静电的筛网,把固体粒子从气体中分离出来的设备
41	净气器	SCBR		用液体喷淋来清洗气体的设备
42	旋风分离器	CSEP		用于固体、液体或者蒸汽分离的设备
43	旋转式分离器	RSEP		用于从液体中分离固体的旋转式设备
44	喷雾干燥器	SDRY		从固-液混合物中蒸发液体的设备
45	执行开关	ACTR	S 要求设备状态是关闭的　　要求设备状态是打开的	最终控制元件,能在两种状态中确定其状态。符号中的字母根据执行器的类型可选择: M—电机; S—电磁阀; H—液动; A—气动
46	执行机构	TACT		薄膜式执行机构
47	手操器	MATR		手动操作的阀门执行机构
48	阀门	VLVE	实际状态是关闭的　　实际状态是打开的	表示球阀、闸阀、浮球阀和针形阀。可与各种执行机构的图形符号组合,表示多种控制操纵方案
49	三通阀	VLV3	节流 (2与3之间通路开启)　选择 (1与3之间通路开启)	用于选择流路的阀 通路上的数字不属于图形符号
50	蝶阀	BVLV		蝶阀、挡板、风门或者舵,用于流经管道、通路或烟囱的流体的节流

续表

序号	图形名称	文字符号	圆形符号	说明
51	止逆阀	CVLV		机械限制流体流动只能单向的装置 箭头表示允许的流向
52	安全阀	RVLV	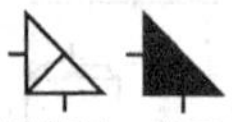 表示实际上是关闭的　表示实际上是打开的	单通道的机械操纵的压力安全阀 正常情况下阀门关闭 为适应反馈信号被提供去显示实际状态的情况,画出了两个符号

在图形符号中,有时为了说明其内部结构特性,可以添加有关说明的符号,如精馏塔的塔板等。图形符号也可以混合使用,如带夹套的容器和搅拌装置组成连续搅拌夹套反应器等。根据实际设备的情况,对图形符号可以进行修改,例如容器的端部也可以是蝶形、椭圆形、半球形或锥形等。

8.2.4　仪表位号及编制方法

① 在检测、控制系统中,构成一个回路的每个仪表(或元件)都应有自己的位号。仪表位号由字母代号组合和阿拉伯数字编号组成。仪表位号中,第一位字母表示被测变量,后继字母表示仪表的功能,字母组合示例参见附录。数字编号可按装置或工段区域进行编制。

按装置编制的数字编号,只编回路的自然顺序号,如下例所示。

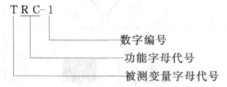

按工段编制的数字编号,包括工段号和回路顺序号,一般用三位或四位数字表示,如下例所示。

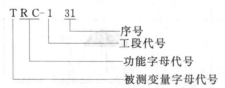

② 仪表位号的第一位字母(或者是被测变量字母和修饰词字母组合)只能按照被测变量来分类,即同一装置(或工段)的相同被测变量的仪表位号中数字编号是连续的,但允许中间有空号;不同被测变量的仪表位号不能连续编号。例如,FR-1、FR-2、FR-5、FR-7,LI-1、LI-3、LI-4;不能编成 FR-1、TR-2、PR-3、LR-4。

仪表位号的第一位字母不能按仪表本身的结构或操纵变量来选用。例如,当被测变量为液位时,差压式液位变送器标为 LT,差压记录仪标为 LR,控制阀标为 LV;当被测变量为流量时,差压式流量变送器标为 FT,差压记录仪标为 FR,控制阀标为 FV;当被测变量为压差时,差压式变送器标为 PdT,差压记录仪标为 PdR,控制阀标为 PdV。

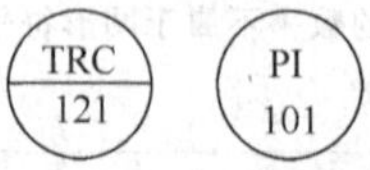

③ 在带控制点的工艺流程图和仪表系统图中,仪表位号的标注方法是:圆圈上半圆中填写字母代号,下半圆中填写数字编号,如图 8-1 所示。

图 8-1　集中与就地安装
仪表位号的标注方法

④ 多机组的仪表位号一般按顺序编制，而不用相同位号加尾缀的方法。例如，锅炉给水泵通常有两台，一用一备，每台泵出口压力都需要配置一个压力指示仪表，仪表的位号应编为 PI-1 和 PI-2，而不能编为 PI-1A 和 PI-1B。如果同一个仪表回路中有两个以上具有相同功能的仪表，可用仪表位号后附加尾缀（大写英文字母）的方法加以区别。例如，某控制系统中，PT-101A 和 PT-101B 分别表示同一系统中的两台变送器，FV-201A 和 FV-201B 分别表示同一系统中的两台控制阀。

⑤ 一台仪表或一个圆圈内，仪表位号的字母代号最好不要超过 5 个字母。表示功能的后继字母应按 IRCTQSA（指示、记录、控制、传送、积算、开关或联锁、报警）的顺序标注。具有指示和记录功能时，只标注字母代号 "R"，而不标注 "I"；具有开关和报警功能时，只标注字母代号 "A"，而不标注出 "S"；当字母代号 "SA" 同时出现时，表示具有联锁和报警功能；一台仪表或一个圆圈内具有多功能时，可以用多功能字母代号 "U" 标注。例如，"LU" 可以表示一台具有液位高报警、液位变送、液位指示、记录和控制等功能的仪表。

⑥ 在带控制点工艺流程图或其他设计文件中，构成一个仪表回路的一组仪表，可以用主要仪表的位号或仪表位号的组合来表示。例如，FRC-121 可以代表一个流量记录控制回路。在带控制点工艺流程图上，一般不表示出仪表冲洗或吹气系统的转子流量计、压力控制器、空气过滤器等设备，而应另出详图表示。

⑦ 随设备成套供应的仪表，在带控制点工艺流程图上也应标注位号，但是在仪表位号圆圈外应标注 "成套" 或其他符号。

⑧ 仪表附件，如冷凝器、隔离装置等，不标注仪表位号。

⑨ 为了表达清楚，必要时可在仪表图形符号旁边附加简要说明。

8.2.5 施工图中仪表管线编号原则及方法

仪表盘（箱）内部仪表与仪表、仪表与接线端子的连接在这里介绍两种方法，即直接连接法和相对呼应编号法。在同一张图纸上，最好采用同一种编号方法。

（1）直接连线法

直接连线法是根据设计原则，将有关端子或接头直接用一系列连线连接起来，直观、逼真地反映端子与端子、接头与接头之间的相互连接关系。但是，这种方法比较复杂，当仪表和端子接头数量较多时，线条相互穿插、交织在一起，读图容易看错。因此，这种方法通常适用于仪表及端子数量较少、连接线路比较简单的场合。

单根或成束的不经接线端子而直接接向仪表的电缆电线和测量管线，在仪表接线处的编号，均用电缆、电线或管线的编号表示，必要时应区分（＋）、（－）等。

（2）相对呼应编号法

相对呼应编号法是根据设计原则，对每根管、线两头都进行编号，各端头都编上与本端头相对应的另一端所接仪表或接线端子或接头的接线点号。每个端头的编号以不超过 8 位为宜，当超过 8 位时，可采取中间加编号的方法。

在标注编号时，应按先去向号，后接线点号的顺序填写。在去向号与接线点号之间，用一字线 "—" 隔开。即表示接线点的数字编号或字母代号应写在一字线的后面，如图 8-2 所示。图中，DXZ-110、XWD-100、DTL-311 分别为电动指示仪、小长图电子平衡式记录仪和电动调节器等仪表的型号。

相对呼应编号法虽然要对每个端头都进行编号，但是与直接连线法相比省去了对应端子之间的直接连线，从而使图面变得清晰整洁，便于读图和施工。在绘制仪表盘背面电气接线图时，普遍采用这种方法。

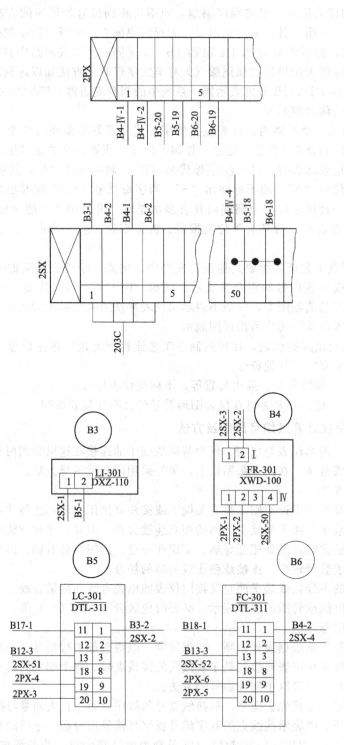

图 8-2　相对呼应编号法示例图

8.2.6　分散控制、共用显示、逻辑和计算机系统设计符号的应用示例

表 8-5 是计算机控制符号应用示例；表 8-6 是共用显示/共用控制符号应用示例；表 8-7 是设定值监督控制符号应用示例。

表 8-5　计算机控制符号应用示例

序号	功　　能	画　　法
1	计算机控制-无后备-共用显示	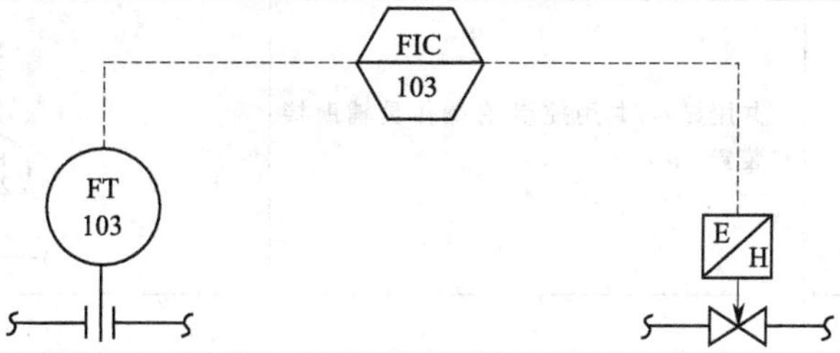
2	计算机控制-有模拟后备	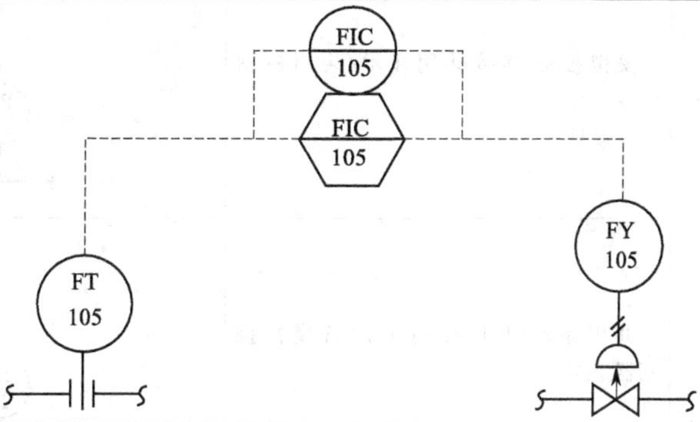
3	计算机控制-设定值跟踪全模拟后备（SPT）	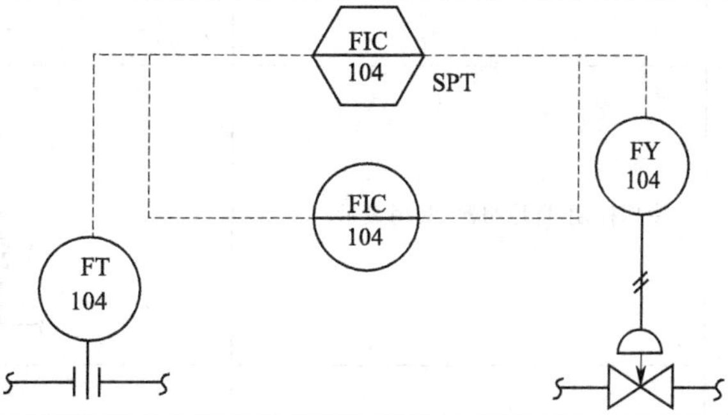
4	计算机控制-分散控制仪表全后备计算机应用仪表系统通信链	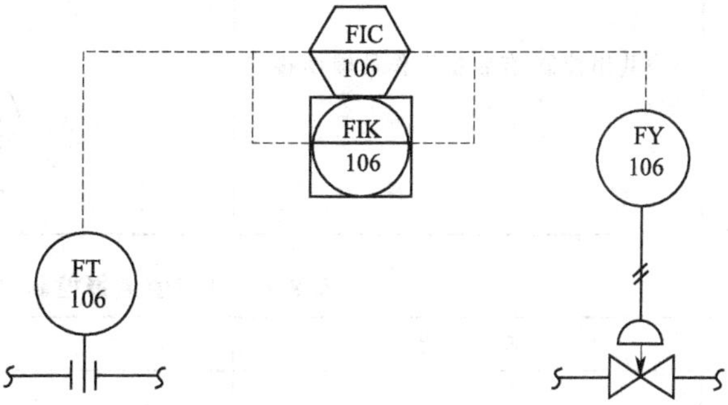

表 8-6　共用显示/共用控制符号应用示例

序号	功　　能	画　　法
1	共用显示/共用控制-无后备	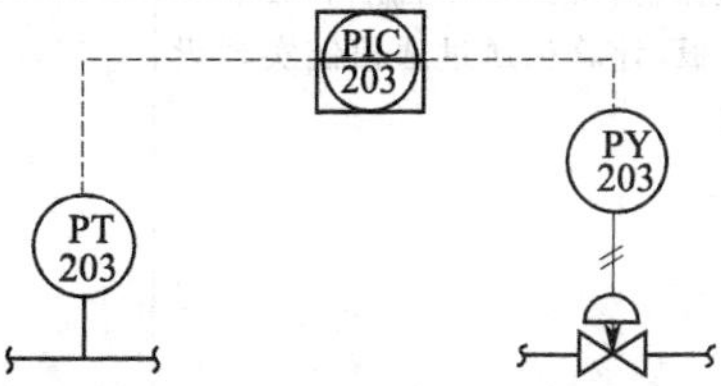

续表

序号	功　能	画　法
2	共用显示/共用控制-有操作员辅助接口装置	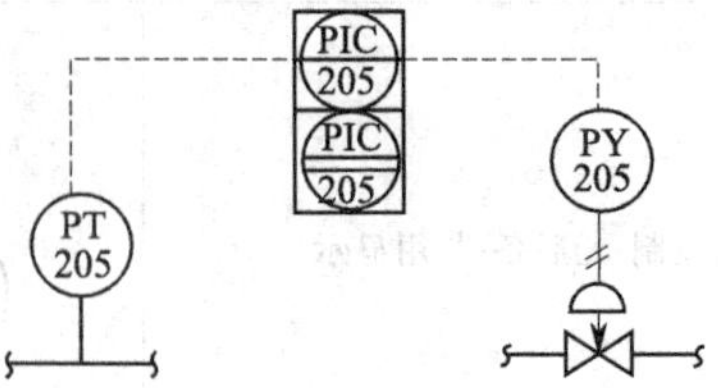
3	模拟控制-连接共用显示/共用控制后备	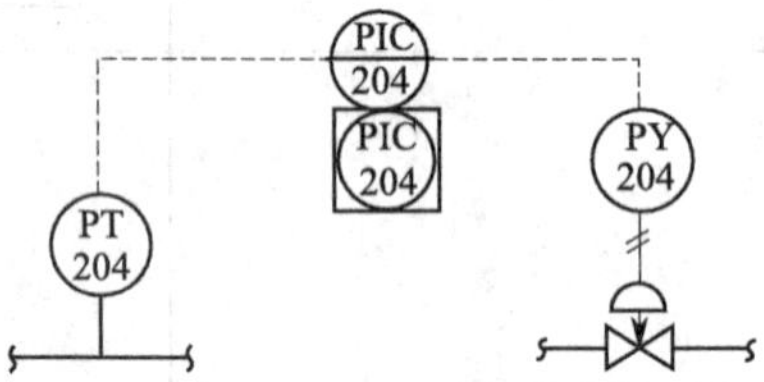
4	共用显示/共用控制-有后备模拟控制器	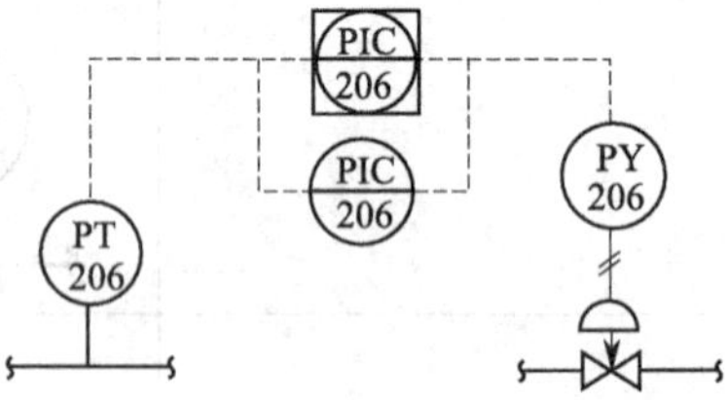
5	模拟控制-盲控制器,共用显示	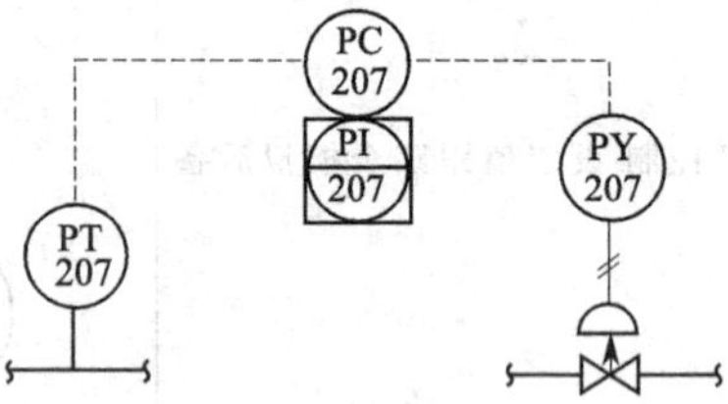
6	盲共用控制-有后备操作员辅助接口装置	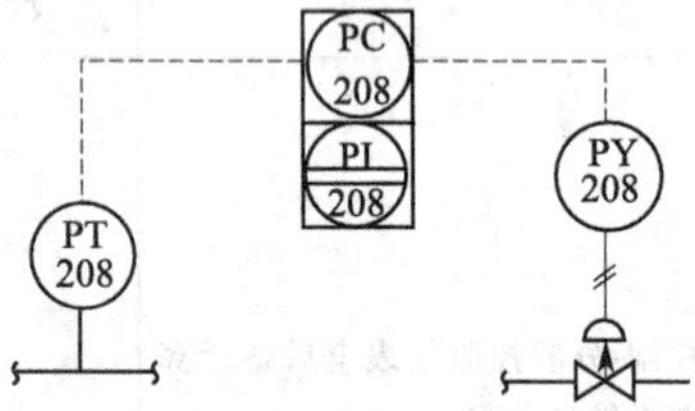

表 8-7　设定值监督控制符号应用示例

序号	功　能	画　法
1	设定值监督控制-模拟控制器,带有常规仪表面板,计算机通过通信链实现设定值监督	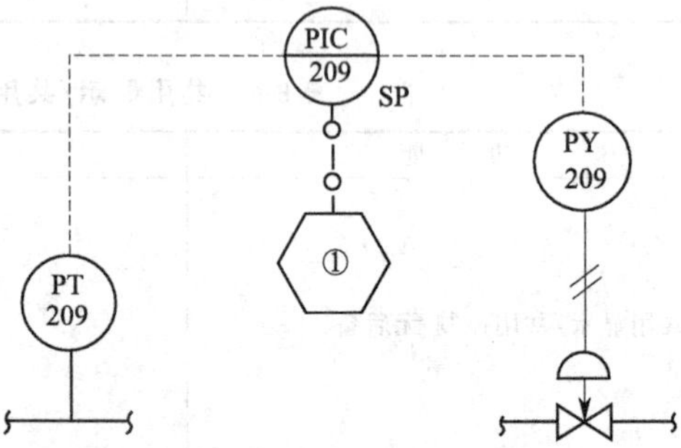

续表

序号	功　　能	画　　法
2	设定值监督控制-纯模拟控制器,带有常规仪表面板,计算机通过硬接线实现设定值监督	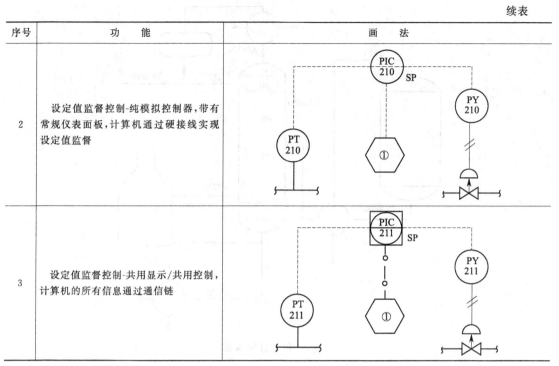
3	设定值监督控制-共用显示/共用控制,计算机的所有信息通过通信链	

① 用户的标志是可选择的。

图 8-3 把共用显示/共用控制符号应用于带控制点的工艺流程图中,绘制了精馏塔提馏段的部分控制回路。

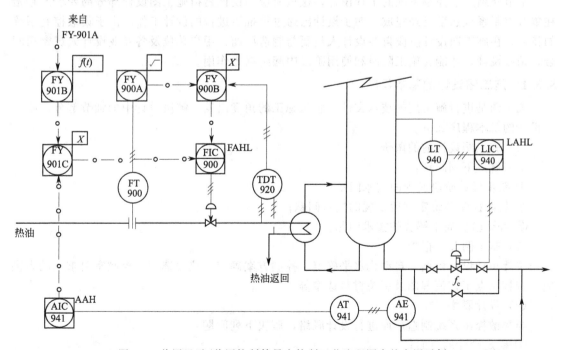

图 8-3　共用显示/共用控制符号在控制工艺流程图中的应用示例

图 8-4 是化工过程画面中过程显示图形符号的应用示例。图中,在各检测点动态显示了相应的参数值。可以看到,为了显示塔板的位置和类型,图中附加了相应的塔号和符号。

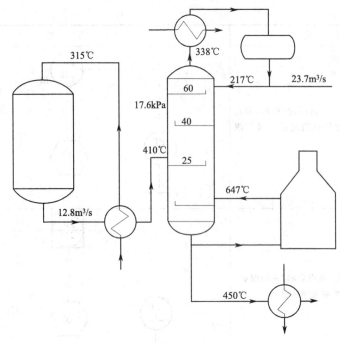

图 8-4　化工过程画面

8.3　集散控制系统的工程设计概况

本节介绍集散控制系统的工程设计，这里所说的设计是指施工图设计部分的要求。它是在集散控制系统选型已经完成，初步设计已通过审批后进行的设计工作。由于集散控制系统的特点，在施工图设计阶段自控设计人员要与制造厂商、用户单位及各专业设计人员密切配合，精心设计，才能在施工阶段和使用阶段中起到指导作用。

8.3.1　施工图设计的基本程序

施工图是进行施工用的技术文件。它从施工的角度出发，解决设计中的细节部分。施工图设计的基本程序如下。

（1）施工图设计前的调研

主要解决下列问题：

① 初步设计阶段发现的技术问题；

② 集散控制系统定型后发现的技术问题；

③ 经试验后尚未解决的技术问题。

（2）施工图开工报告

主要包括设计依据、自动化水平确定、控制方案确定、仪表选型、控制室要求、动力供应、带控制点工艺流程图及有关材料选型等。

（3）设计联络

与集散控制系统制造厂商进行设计联络，解决下列问题：

① 确定设计的界面；

② 熟悉集散控制系统硬、软件环境对设计的要求；

③ 集散控制系统定型后遗留的技术问题；

④ 对集散控制系统外部设备的要求。

（4）施工图设计

除了一般的施工图设计文件外，根据集散控制系统的特点，还需对计算机的有关内容进行补充。其设计深度规定如下。

① DCS 设计文件目录　有关 DCS 设计文件的目录。

② DCS 技术规格书　包括系统特点、DCS 控制规模、系统功能要求、系统设计原则、硬件性能和技术要求、质量保证、文件交付、技术服务及培训、检查和验收、发运条件、备品备件及易损件和 DCS 工作进度计划等。它常作为 DCS 询价的基础文件，并作为合同的技术附件。

③ DCS-I/O 表　包括 DCS 监视、控制的仪表位号、名称、输入输出信号类型、是否需提供输入输出安全栅和电源等。它作为 DCS 询价和采购的依据。

④ 联锁系统逻辑图　包括逻辑图图形符号和文字符号的图例、有关联锁系统的逻辑原理和连接图，图中需说明输入信号的位号、名称、触点位置、联锁原因、故障时触点的状态、联锁逻辑关系、故障时的动作状态、连接的设备名称或位号等。它常用于在 DCS 中完成联锁控制系统的组态。

⑤ 仪表回路图　以控制回路为单位，分别绘制 DCS 内部仪表（功能模块）与外部仪表、端子柜、接线箱及接线端子之间的连接关系，DCS 内部通信链的连接关系等。它被用于控制系统的组态。

⑥ DCS 监控数据表　包括检测和控制回路的仪表位号、用途、测量范围、控制和报警设定值、控制器的正反作用和控制器参数、输入信号、控制阀的正反（FO 或 FC）及其他要求等。它用于编制 DCS 组态工作单。

⑦ DCS 系统配置图　以特定的图形符号和文字符号，表示由操作站、分散过程控制站和通信系统组成的 DCS 系统结构，并需表明输入输出信号类型、数量及有关的硬件配置情况。它用于 DCS 询价和采购，通过该系统配置图可了解 DCS 的基本硬件组成。

⑧ 控制室布置图　包括控制室内部操作站、端子柜、辅助机柜、配电盘、DCS 机柜和外部辅助设备，例如，打印机、拷贝机等的布置，硬件和软件工作室、UPS 电源室等的布置。它用于作为土建专业的设计条件和确定设备的位置等。

⑨ 端子（安全栅）柜布置图　包括接线端子排（安全栅）在端子柜中的正面布置。需标注相对位置尺寸、安全栅位号、铭牌及注字、端子排编号、设备材料表及柜外形尺寸、颜色等。它用于 DCS 询价和采购及有关设备的采购等。

⑩ 工艺流程显示图　采用过程显示图形符号，按照装置单元，绘制带有主要设备和管道的流程显示画面（包括总貌、分组、回路、报警、趋势及流程画面等），用于在操作站 CRT 上显示，供操作、控制和维护人员使用。流程图应包括检测控制系统的仪表位号和图形符号、设备和管道的线宽和颜色、进出物料名称、设备位号、动设备和控制阀的运行状态显示等。

⑪ DCS 操作组分配表　包括操作组号、操作组标题、流程图画面页号、显示的仪表位号和说明等。它用于 DCS 组态和生成图形文件。

⑫ DCS 趋势组分配表　包括趋势组号、趋势组标题、显示趋势的仪表仪号和趋势曲线颜色等。它用于 DCS 组态和生成图形文件。

⑬ DCS 生产报表　包括生产报表的格式（班报、日报、周报、旬报、月报等）、采样时间、周期、地点、操作数据、原料消耗和成本核算等。它用于编制 DCS 组态工作单，以便为用户提供生产报表。

⑭ 控制室电缆布置图　在控制室布置图的基础上绘制进出控制室的信号电缆、接地线、电源线等电缆和电线的走向、电缆编号、位置和标高、汇线槽编号、位置和走向。它用于

DCS 安装。

⑮ 仪表接地系统图　绘制仪表盘、DCS 操作站、端子柜和有关仪表和设备的保护接地、系统接地和本安接地等接地系统的连接关系，并标注有关接地线的规格、接地体的接地要求等。它用于安装连接。

⑯ 操作说明书　包括工艺操作员、设备维护和系统操作人员的操作规程。主要内容有控制系统操作、参数整定和故障处理方法；操作键盘各键钮功能和操作方法；显示画面规格、类型和调用方法；打印报表分类、内容和打印方式；系统维护等。

⑰ 控制功能图　按检测、控制回路，分别绘制由相应的功能模块连接组成的控制功能图。列出内部功能模块的名称、数量、连接端子等。它用于 DCS 控制组态。

⑱ 通信网络设备规格表　列出通信网络设备的型号、规格、数量及连接电缆、光缆的型号、规格和长度等。

根据集散控制系统的类型，上述设计文件的内容可以增删或者合并。例如，功能图可采用本书介绍的描述符号绘制，也可根据制造厂商提供的画法绘制。可以增加报警信号一览表，列出各报警点名称、限值（包括事件或警告信号限值）及显示画面页号等。

（5）设计文件的校审和会签

设计、校核、审核、审定等各级人员要按各自的职责范围，对设计文件进行认真负责的校审。为使各专业之间设计内容互相衔接，避免错、漏、碰、缺，各专业之间还应对有关设计文件认真会签。

8.3.2　集散控制系统工程设计中的若干问题

根据集散控制系统的特点，在集散控制系统的工程设计中尚需注意下列问题。

8.3.2.1　过程画面的设计

根据生产过程的要求，控制工程师应与工艺技术人员、管理人员共同讨论，对生产过程的流程图进行合理的分页，对报警点进行合理的选择，对仪表面板进行合理的布置等，使整个 DCS 工程能反映自动化水平和管理水平，使操作、控制和管理有高起点、新思路。

设计的原则是适应分散控制系统的特点，采用分层次、分等级的方法设计过程画面。过程流程图画面是操作人员与工艺生产过程之间的重要界面，因此，设计的好坏直接关系到操作水平的高低。过程流程图画面的设计是利用图形、文字、颜色、显示数据等多种媒体的组合，使被控过程图形化，为操作人员提供最佳的操作环境。过程流程图的功能主要有：

① 过程流程的图形显示；

② 过程数据的各种显示，包括数据的数值、棒图、趋势和颜色变化等显示方式；

③ 动态键的功能，即采用画面中的软键实现操作命令的执行等，根据上述功能的要求，用图形和文字等媒体的表现手法进行过程流程图设计才能得到较满意的效果。

过程流程的图形显示又称为静态画面显示，它的设计内容包括过程流程图的分割、过程流程图的图形符号及颜色的配置等。

（1）过程流程图的分割

过程流程图的分割是将整个流程图分割成若干分页，分页的设计应该由控制工程师和工艺技术人员共同完成。由控制工程师根据分散控制系统显示屏的显示分辨率和系统画面组成的要求，进行每个分页流程图的绘制，分页设计的基本原则是：

① 相互有关联的设备宜分在同一分页，有利于操作人员了解它们的相互影响；

② 相同的多台设备宜分在同一分页，相应的过程参数可采用列表的方式显示，它们的开/停信号也可采用填充颜色的方法显示；

③ 公用工程的有关过程流程图可根据流体或能源的类型分类，集中在一个分页或几个

分页显示，它们的参数对一些设备的操作有参考价值时，可在这些设备的流程图分页中显示；

④ 根据分散控制系统提供的显示画面数量，留出一个或几个分页作为非操作用显示画面，用于总流程框图显示、欢迎指导画面及为保密用的假画面等；

⑤ 分页不宜过多，通常，一个分页画面可包含几十个过程动态数据，过程的概貌画面包含的动态数据可超过100；

⑥ 画面的分页应考虑操作人员的操作分工，要避免在同一个分页上绘制不同操作人员操作的有关设备和显示参数；因此，对于操作分工中重叠部分或交叉部分的设备，可采用不同的分页，在各自操作分页上，除了设计相应的操作设备和显示参数外，还设计部分与操作有关的但不属于该操作人员操作的设备和显示参数，以便操作时参考。

采用标准的过程流程图图形符号有利于减少操作错误，有利于减少操作培训时间，有利于系统设计人员和操作人员之间设计意图的相互沟通，因此，在过程流程图中使用的图形符号应采用统一的标准。通常，绘制的图形应与实际的设备有相接近的纵横比，其形状应与实际设备的形状相类似，必要时，也可以在设备图形中绘制有关的内部部件，例如搅拌器、塔板等。

（2）流程图颜色的设置

流程图中设备和管线颜色配置的好坏直接影响操作人员的操作环境。为了减少操作的失误，过程流程图的背景颜色宜采用灰色、黑色或其他较暗的颜色。当与背景颜色形成较大反差时，也可采用明亮的灰色，以减小反差。

流程画面的颜色宜采用冷色调，非操作画面的颜色可采用暖色调。冷色调能使操作人员的头脑冷静，思维敏捷，也不容易引起视觉的疲劳，绿色和天蓝色还能消除眼睛的疲劳。暖色调可以给参观者产生热烈明快的感觉，具有兴奋和温暖的作用。流程画面的配色应使流程图画面简单明确，色彩协调，前后一致，颜色数量不宜过多，应避免引起操作人员的视觉疲劳。流程图的背景色宜采用黑色，当黑色背景色造成较大反差时，可采用蓝色或咖啡色作为背景色。通常不采用颜色的变化来表示数值的变化。

在一个工程项目中，流程图中颜色的设计应统一，工艺管线的颜色宜与实际管线上涂刷的颜色一致。有时，为了避免使用高鲜艳的颜色，也可采用相近的颜色。例如，蒸汽管线的涂色通常是大红色，在流程图中蒸汽管线可用粉红色或挑红色表示。宜使用的颜色匹配：黑和黄色、白和红色、白和蓝色、白和绿色。不宜使用的颜色匹配：白和黄色、绿和黄色、深红和红色、绿和深蓝色。一般颜色的指定可参照表8-8，设计人员可根据具体工程酌情处理。

表 8-8 颜色选用规则

颜色		通用意义	与图形符号结合的意义
中文	英文		
红	red	危险	停止；最高级报警；关闭；断开
黄	yellow	警告	异常条件；次高级报警
绿	green	安全；程序激活状态	正常操作；运行；打开；闭合
淡蓝	cyan	静态或特殊意义	工艺设备；主要标签
蓝	blue	次要	备用工艺设备；标签位号等
白	white	动态数据	测量值或状态值；程序激活状态

流程图中设备外轮廓线的颜色、线条的宽度和亮度应合理设置，应该从有利于操作人员

搜索和模式识别，减少搜索时间和操作失误的总体设计思想出发，既考虑设备在不同分页上颜色的统一，又要考虑相邻设备和管线颜色的协调。颜色的数量不宜过多，在典型的应用中，四种颜色已能适应需要，一般不宜超过六种。过多的颜色数量会引起操作人员的视觉疲劳，成为可视噪声而造成操作失误。数学上有这样的假设，即用四种颜色就可以将地图上相邻的国家涂色来区分它们的国界。因此，从原理来看，集散控制系统的屏幕上也可以用四种颜色区分管线和设备。但是，由于流程图管线交叉、管线内流体的类型较多，因此，通常采用的颜色数量会超过四种。

颜色的亮度要与环境的亮度相匹配，作业面的亮度一般应该是环境亮度的2～3倍。它们对流程图中颜色的搭配也有一定影响，亮度较大时，屏幕上黑色和白色的搭配对操作人员视觉疲劳的影响较小，但是，环境的亮度较小时，这样的颜色搭配就会使操作人员产生不快的感觉。此外，眩光会造成操作能力的下降并引起操作失误。

设备外轮廓线颜色和内部填充颜色的改变是动态画面设计的内容，为了与静态画面中有关设备和管线的颜色匹配，在流程图静态画面设计时就应考虑动态变化时颜色显示的影响。

过程流程图分页中，除了应绘制主要管线外，次要和辅助管线可根据操作的需要与否决定是否绘制。为了减少操作人员搜索时间，画面宜简单明确。

8.3.2.2　过程流程图中数据的显示

过程流程图中数据显示是动态画面的设计内容。其中，数据显示位置等设计又是静态画面的设计内容。由于两者不可分割，因此，都放在数据显示中讨论。

（1）数据显示的位置

动态数据显示的位置应尽可能靠近被检测的部位，例如，容器的温度或物位数据可在容器内显示，流量数据可显示在相应的管线上部或下部。数据显示位置也可以在标有相应仪表位号的方框内或方框旁边。在列表显示数据时，数据根据仪表检测点的相应位置分别列出。图形方式定性显示动态数据时，常采用部分或全部填充相应设备的显示方法，例如，容器中液位的动态显示、运转设备的开停等。也有采用不断改变显示位置的方法来显示运转设备的运行状态，例如，管道中流体的流动、搅拌机桨叶的转动等。

（2）数据显示的方式

动态数据显示的方式有数据显示、文字显示和图形显示等三种。数据显示用于需要定量显示检测结果的场合。例如，被测和被控变量、设定值和控制器的输出值等。文字显示用于运转设备的开停、操作提示和操作说明的显示。例如，在顺序逻辑控制系统中，文字显示与图显示一起，给操作人员提供操作的步骤及当前正在进行的操作步骤等信息。文字显示也用于操作警告和报警等场合。通常，在集散控制系统中，警告和报警显示采用图形显示和声光信号的显示方法，但是对误操作的信号显示，一般不提供显示方法。因此，设计人员可以根据操作要求，将操作的警告和报警提示信号组织在程序中，当误操作时，用文字显示来提醒操作人员，以减少失误的发生。图形显示用于动态显示数据，通常，操作人员仅需要定性了解而不需要定量的数据时，可采用图形显示。例如，容器液位、被测量与设定值之间的偏差和控制器的输出等，常用的图形显示方式是棒图显示。开关量的图形显示常采用设备外轮廓线颜色或轮廓线内填充颜色的变化来表示。例如，填充颜色表示设备运行，不填充颜色表示设备不运行；轮廓线颜色是红色表示设备运行，颜色是绿色表示设备不运行等。在图形颜色的设计时，应该根据不同应用行业的显示习惯和约定，确定颜色填充所表示的状态等。例如，在电站系统中，填充颜色表示关闭、在激励状态等。在化工系统中设备轮廓线内颜色的充满表示开启、运行状态等。通常，在顺序逻辑控制系统中，图形显示方式被用于顺序步的显示，当顺序步被激励时，该操作步对应的图形就显示。图形显示的方式可以是颜色的充满、高亮度显示、闪烁或反相显示等。

动态变化具有动画效果，设计时可采用。但是，过多的动画变化会使操作人员疲劳，思想不集中，因此，宜适量使用。

明智地使用颜色和动态变化，能有效地改善操作环境和操作条件。动态数据的颜色应与静态画面的颜色协调。通常，在同一工程项目中，相同类型的被控或被测变量采用相同的颜色，例如，用蓝色表示流量数据，绿色表示压力和温度数据，白色表示物位和分析数据等。为了得到快速的操作响应，对报警做出及时处理，可采用高鲜艳颜色表示，例如，大红色常用于报警，黄色用于警告等。

（3）显示数据的大小

数据显示的位置和大小有时也要合理配置。例如，两排有相同数量级和数值相近的数据显示会造成高的误读率。但是，如果数据显示大些，误读率就会下降。在飞机驾驶的仪表显示中，由于数据并列显示造成的误读率高达 40％。在集散控制系统中，为了减小误读率，对于并列数据的显示，常采用表格线条将数据分开，同时，对不同类型数据采用不同的颜色显示。

显示数据的大小应合适。过大的数据显示会减少画面显示的信息量，过小的数据显示会增加误读率，同时，它也受屏幕分辨率的约束。考虑到数字 3、5、6、8、9 过小时不易识别，对 14 英寸的屏幕，数字的高度应大于 2.5mm。屏幕尺寸增大时，数字的尺寸也应增大，屏幕的分辨率提高，数字的尺寸可减小。为了容易识别，数字的线条宽度和数字的尺寸之比宜在 1∶10 到 1∶30。但到目前为止，还没有能提供这种选择功能的集散控制系统。

（4）数据的更新速度和显示精度

数据的更新速度受人的视觉神经细胞感受速度的制约，过快的速度使操作人员眼花缭乱，不知所措，速度过慢不仅减少了信息量，而且给操作人员视觉激励减少。根据被控和被测对象的特性，数据的更新速度可以不同。例如，流量和压力数据的更新速度在 1～2s，温度和成分数据的更新速度在 5～60s。

为了减少数据在相近区域的更新，在大多数集散控制系统中，采用例外报告的方法。它对显示的变量规定一个死区，以变量的显示数据为基准，上下各有一个死区，形成死区带。在数据更新时刻，如果数据的数值在该死区带内，数据就不更新，如果数据的数值超过了死区带，则数据被更新，并以该数据为中心形成新的死区带。这种显示更新的方法称为例外报告。采用例外报告，可以有效地减少屏幕上因更新而造成的闪烁，对于噪声的影响，也有一定的抑制作用。用户应根据对数据精度的要求和对控制的要求等，综合确定死区的大小，过大的死区会降低读数精度，过小的死区不能发挥例外报告的功能，使更新数据频繁。通常，死区的大小可选用变量显示满量程的 0.4％～1％。

显示的精度应与仪表的精度、数据有效位数、系统的精度、死区的大小、所用计算机的字长等有关。小数点后的数据位数应合理。例如，压力显示时，如果正常数据范围是0.5MPa，则用 MPa 为工程单位显示时，小数点后的位数可选 3 位，用 kPa 作为工程单位显示时，小数点后的位数就不能选 3 位，否则将不符合仪表的精度。在确定小数点后数据位数时，应根据工艺控制和检测的要求、变量显示的精度等情况综合考虑。例如，精密精馏塔的温度显示要小数点后 1 位，一般的温度显示小数点后的位数可选 0。

为了增加信息量，在保证有效位数的前提下显示数据所占的位数宜尽可能少，通常，可与工程单位的显示结合起来考虑。例如，流量 10300kg/h 可显示为 10.3t/h。

（5）其他画面上数据显示的设计

除了流程图画面的数据显示外，其他画面的数据显示也要合理设计。它们包括仪表面板图、过程变量趋势图、概貌图等。仪表面板图是最常采用的画面，在集散控制系统中，常提供标准的仪表面板图。仪表面板图和过程变量的趋势图的设计原则与流程图设计原则相同。

为了便于操作人员对数据的识别,在仪表面板图中,应合理选用显示标尺的范围;在趋势图中,应合理使用过程变量的显示颜色;在概貌图中,应合理设置被显示的变量和显示的方式等。

8.3.2.3　警告、报警点的确定

集散控制系统的使用也增加了安全性。大量的警告和报警点无需从外部仪表引入,而直接由内部仪表的触点给出。这不仅是经济的,也使许多操作更为安全。但过多的警告和报警信号反而使引起故障的主要因素难以找到。因为在集散控制系统中,警告和报警的变量种类有较大增加,由一般仪表的测量值警告和报警,增加到有设定值、输出值、测量值变化率、设定值变化率、输出值变化率及偏差值等的警告和报警,所以,在警告和报警点的确定时,应该根据工艺过程的需要合理选用。一个较好的办法是在开车阶段,除了有关的联锁信号系统需有相应的警告和报警点外,其他警告和报警点均在量程的限值处,以减少开车时的干扰,一旦生产过程正常运行,再逐项改变警告和报警的数据。

除了工艺过程变量在限值处会造成警告和报警,集散控制系统的自诊断功能也引入了报警信号。例如,检出元件的信号值在量程范围外某限值时的元件出错信号,通信网络的通信出错信号等。这些信号不需要设计人员确定。

8.3.2.4　集散控制系统的供电设计

集散控制系统的供电包括集散控制系统的供电、仪表盘供电、变送器、执行器等仪表供电和信号联锁系统供电。仪表盘供电包括盘装仪表及盘后安装仪表的供电,信号联锁系统的供电指集散控制系统连接的输入输出信号联锁等装置的供电。

对集散控制系统的供电宜采用三相不间断电源供电。一般应采用双回路电源供电。为保证安全生产,防止工作电源突然中断造成爆炸、火灾、中毒、人身伤亡、损坏关键设备等事故的发生,并能及时处理,防止事故扩大,集散控制系统和信号联锁系统的供电应与正常供电系统分开。采用频率跟踪环节的不间断电源时,才允许与正常工作电源并列连接。

集散控制系统对电源电压、频率有一定要求,应根据制造厂商提供的条件采用稳压稳频措施。

集散控制系统所需的直流供电,宜采用分散供电方式,以降低直流电阻和减小电感干扰。在设计时应注意下列几点。

① 为尽可能减小电感干扰和降低线路压损,在总电源与各组合分电源供电点之间宜采用 $16mm^2$ 或 $25mm^2$ 的电缆。

② 应注意用电设备和系统的最小允许瞬时扰动供电时间的影响。一般用途的继电器,其失电时间为 5ms、10ms、20ms、30ms 等。换向滑阀、电磁气阀等,其换向时间为 10ms、20ms、30ms、50ms 等。

③ 各机柜的直流电源容量应按满载时考核。按总耗电量的 1.2～1.5 倍计算信号联锁系统的用电量。

④ 要考虑设置有灵敏过流、过压的保护装置。要设置掉电报警及自动启动备用发电设备的装置。当快速自动保安用备用发电机组设备与不间断电源配套使用时,不间断电源的供电工作时间可按 10min 考虑。采用蓄电池组配套使用时,蓄电池组放电时间也按 10min 考虑。若仅有手动的备用发电机组,则不间断电源或蓄电池组的供电时间应按 1h 考虑。

8.3.2.5　抗干扰设计

干扰信号的来源主要来自下列几方面。

① 传导　集散控制系统和计算机的输入端,由于滤波二极管等元器件的特性变差,引

入传导感应电势。

② 静电 动力线路或者动力源产生电场，通过静电感应到信号线，引入干扰。

③ 电磁 在动力线周围的信号线，受电磁感应产生感应电动势。

④ 信号线耦合 信号线因位置排列紧密，通过线间的耦合，感应电势并引入干扰。

⑤ 接地不妥 当有两个或两个以上的接地点存在时，由于接地点电位不等或其他原因引入不同的电位差。

⑥ 连接电势 不同金属在不同的温度下产生热电势。

抗干扰的措施，常用屏蔽、滤波、接地、合理布线及选择电缆等。

采用电磁屏蔽和绞合线等方法可以减小电磁干扰的影响。绞合线可使感应到线上的干扰电压按绞合的节距相互抵消。使信号线端子间不出现干扰电压。与平行线相比，绞合线的干扰可降低约两个数量级。用金属管内敷设信号线的方法也可以抑制电磁干扰，与无电磁屏蔽的裸信号线相比，约可降低电磁感应干扰一个数量级。采用金属管接地还能降低静电感应干扰的影响。

动力线周围电磁场干扰和变压器等设备的漏磁，对显示装置、磁记录和读出装置造成影响，使画面变形和色散、读写出错。甚至一个磁化杯的漏磁就足以影响画面并造成出错。因此，对含有磁性媒体的材料和动力线等都要采取屏蔽措施。

减小静电感应干扰的影响，可采用加大信号线与电源动力线之间的距离，尽可能不采用平行敷设的方法。必须平行敷设时，两者之间的距离应尽可能增大。当动力线负荷是 250V、50A 时，信号线和补偿导线裸露敷设时，最小距离应大于 750mm。穿管或在汇线槽内敷设时，最小距离应大于 450mm。当动力线负荷是 440V、200A 时，相应的最小距离分别为 900mm 和 600mm。

采用以金属导体为屏蔽层的电缆，可以使信号线与动力线之间的静电电容减至接近于零，从而抑制静电感应干扰。在集散控制系统的仪表信号线选择时，宜采用聚氯乙烯绝缘的双绞线与外层屏蔽为一组的多组电缆。其外层还有屏蔽层和聚氯乙烯护套，因此，有一定的强度并有良好的屏蔽作用。应该指出，屏蔽层应在一处接地。

为了防止电源布线引入噪声，集散控制系统的供电应通过分电盘与其他电源完全分隔，在布线中途，也不允许向系统外部设备供电。应尽量把信号线和动力线的接线端子分开，以防止由于高温高湿或者长期使用造成接线端子的绝缘下降，从而引入耦合干扰。

接地系统的设计在集散控制系统的工程设计中占重要地位。保护性接地是用于防止设备带电时，保护设备和人身安全所采用的接地措施。仪表盘、集散控制系统的机柜、用电仪表的外壳、配电盘（箱）、金属接线盒、汇线槽、导线穿管及铠装电缆的铠装层等应采用保护性接地。

为提高信号的抗干扰性能，信号回路的某一端接地的方法称为信号回路接地。采用信号回路接地的可以是热电偶的热端、pH 计探针、电动Ⅲ型仪表的公共电源负端等。

对屏蔽的元器件、信号线，其屏蔽层接地称为屏蔽接地。凡是起屏蔽作用的屏蔽层、接线端子和金属外壳等的接地属于屏蔽接地的范围。

本安仪表必须按防爆要求及仪表制造厂商的有关规定进行本安仪表接地。本安仪表除了屏蔽接地外，尚有安全栅的接地端子、架装和盘装仪表的接地端子、现场本安仪表的金属外壳、现场仪表盘等的接地。

集散控制系统和计算机的信号有模拟和数字两类。因此，有模拟地和数字地之分。集散控制系统的接地可按计算机接地的要求处理。对它们的接地方式和要求应根据制造厂商提供的有关技术资料和规定进行。

集散控制系统的接地电阻为：直流电阻≤1Ω；安全保护地电阻和交流工作地电阻≤4Ω；防雷保护地电阻≤10Ω。接地桩可采用四根 $\phi 60mm^2$、长 1000mm 的铜棒，打入以 400mm 为直径的圆心及圆周上等弧长的三点处，深度为地平面以下 2000mm。用盐水灌入，待盐化稳定后使用。四根铜棒间用 $\phi 30mm^2$ 的多股铜线用铜焊焊牢。最后，用大于 $\phi 38mm^2$ 截面的导线引到接地汇集铜排。

集散控制系统的接地位置与其他系统的接地应分开，其间距应大于 15m。集散控制系统的机架、机柜等外部设备若与地面绝缘，则应把框架的接地线接到接地汇集铜排。引线截面积应大于 $22mm^2$。若与地面不绝缘，则应另行接到三类接地位置，而不接到接地汇集铜排。

安装外部设备，如 CRT 操作台、逻辑电路板等，接地线采用截面积大于 $22mm^2$ 的导线引到接地汇集铜排。电缆经中继站放大或经接线盒转接时，应用截面积大于 $0.5mm^2$ 的铠装电缆把两侧电缆的屏蔽罩连在一起，当电缆外径大于 10mm 时，连接用的电缆截面积应大于 $1.25mm^2$。

集散控制系统输入输出设备信号线的屏蔽接地点应尽量靠近输入输出设备侧，可以与数字地的接地点连接在一起。对低电平的模拟输入信号线的屏蔽接地点应在检测现场接地，例如，通过保护套管接到金属设备的接地点。当连接多台外部输入输出设备时，采用串行连接方式。安全保护地和交流工作地的接地线与电源线一起敷设，各机柜的安全地和电源地在配电盘接地汇集铜排处汇总并一点接地。系统信号线与直流地（逻辑地）一起敷设，在系统基准接地总线处一点接地。

小 结

（1）主要内容

过程控制工程设计是生产过程自动化专业一项非常重要的实践环节，理论联系实际是其突出的特点。

本章介绍了过程控制工程设计的任务和方法；图例符号的统一规定；采用计算机控制系统构建工厂自动化系统的设计标准和施工图设计过程及其注意事项。阐述了控制系统工程设计的基本原则与方法。本章的学习要点是：

① 了解自动控制系统工程设计的流程及其相应标准；

② 掌握自动控制系统工程设计所使用的图形符号、命名要求等内容；

③ 了解采用计算机控制系统构建工厂自动控制系统的设计过程和施工图设计的具体要求。

（2）基本要求

学习本章时，应注意与本书前面章节的内容相结合，同时与检测仪表以及计算机控制系统的知识相结合。

思考题与习题

8-1 过程控制工程设计的主要任务是什么？

8-2 仪表位号编制时应注意什么问题？

8-3 简述自控工程设计中字母代号的使用要求。

8-4 施工图设计中仪表管线编号的方法有哪些？

8-5 计算机控制系统操作画面颜色的选择原则是什么？

8-6 计算机控制系统的设计在系统供电方面应注意哪些问题？

附　　录

附录1　拉氏变换对照表

序号	象函数 $F(s)$	原函数 $f(t)$
1	1	单位脉冲 $\varepsilon(t)$
2	$\dfrac{A}{s}$	$A(t)=\begin{cases}0, & t\leqslant 0\\ A, & t>0\end{cases}$
3	$\dfrac{A}{s}\mathrm{e}^{-\tau s}$	$A(t-\tau)=\begin{cases}0, & t\leqslant\tau\\ A, & t>\tau\end{cases}$
4	$\dfrac{1}{s^2}$	t
5	$\dfrac{n!}{s^{n+1}}$	t^n
6	$\dfrac{1}{Ts+1}$	$\dfrac{1}{T}\mathrm{e}^{-\frac{t}{T}}$
7	$\dfrac{1}{(Ts+1)^2}$	$\dfrac{t}{T^2}\mathrm{e}^{-\frac{t}{T}}$
8	$\dfrac{1}{s(Ts+1)}$	$1-\mathrm{e}^{-\frac{t}{T}}$
9	$\dfrac{T_1s+1}{s(Ts+1)}$	$1-\dfrac{T-T_1}{T}\mathrm{e}^{-\frac{t}{T}}$
10	$\dfrac{1}{(T_1s+1)(T_2s+1)}$	$\dfrac{1}{T_1-T_2}(\mathrm{e}^{-\frac{t}{T_1}}-\mathrm{e}^{-\frac{t}{T_2}})$
11	$\dfrac{1}{s(T_1s+1)(T_2s+1)}$	$1+\dfrac{1}{T_2-T_1}(T_1\mathrm{e}^{-\frac{t}{T_1}}-T_2\mathrm{e}^{-\frac{t}{T_2}})$
12	$\dfrac{\omega}{s^2+\omega^2}$	$\sin\omega t$
13	$\dfrac{s}{s^2+\omega^2}$	$\cos\omega t$
14	$\dfrac{s\sin\varphi-\omega\cos\varphi}{s^2+\omega^2}$	$\sin(\omega t+\varphi)$
15	$\dfrac{s\cos\varphi-\omega\sin\varphi}{s^2+\omega^2}$	$\cos(\omega t+\varphi)$
16	$\dfrac{s+a}{(s+a)^2+\omega^2}$	$\mathrm{e}^{-at}\cos\omega t$
17	$\dfrac{\omega}{(s+a)^2+\omega^2}$	$\mathrm{e}^{-at}\sin\omega t$
18	$\dfrac{\omega^2}{s(s^2+\omega^2)}$	$1-\cos\omega t$
19	$\dfrac{T_3s+1}{(T_1s+1)(T_2s+1)}$	$\dfrac{T_1-T_3}{T_1(T_1-T_2)}\mathrm{e}^{-\frac{t}{T_1}}-\dfrac{T_2-T_3}{T_2(T_1-T_2)}\mathrm{e}^{-\frac{t}{T_2}}$

续表

序号	象函数 $F(s)$	原函数 $f(t)$
20	$\dfrac{T_3 s+1}{s(T_1 s+1)(T_2 s+1)}$	$1+\dfrac{T_1-T_3}{T_2-T_1}e^{-\frac{t}{T_1}}-\dfrac{T_2-T_3}{T_2-T_1}e^{-\frac{t}{T_2}}$
21	$\dfrac{1}{(s+a)(s+b)}$	$\dfrac{1}{b-a}(e^{-at}-e^{-bt})$
22	$\dfrac{s}{(s+a)(s+b)}$	$\dfrac{1}{b-a}(be^{-bt}-ae^{-at})$
23	$\dfrac{1}{s(s+a)(s+b)}$	$\dfrac{1}{ab}\left[1+\dfrac{1}{a-b}(be^{-at}-ae^{-bt})\right]$
24	$\dfrac{s+a_0}{s(s+a)(s+b)}$	$\dfrac{1}{ab}\left[a_0-\dfrac{b(a_0-a)}{b-a}e^{-at}+\dfrac{a(a_0-b)}{b-a}e^{-bt}\right]$
25	$\dfrac{1}{(s+a)(s+b)(s+c)}$	$\dfrac{e^{-at}}{(b-a)(c-a)}+\dfrac{e^{-bt}}{(a-b)(c-b)}+\dfrac{e^{-at}}{(a-c)(b-c)}$
26	$\dfrac{s+a_0}{(s+a)(s+b)(s+c)}$	$\dfrac{(a_0-a)e^{-at}}{(b-a)(c-a)}+\dfrac{(a_0-b)e^{-bt}}{(c-b)(a-b)}+\dfrac{(a_0-c)e^{-ct}}{(a-c)(b-c)}$
27	$\dfrac{1}{(s+a)(s^2+\omega^2)}$	$\dfrac{e^{-at}}{a^2+\omega^2}+\dfrac{1}{\omega\sqrt{a^2+\omega^2}}\sin(\omega t-\varphi),\varphi=\arctan\dfrac{\omega}{a}$
28	$\dfrac{1}{s[(s+a)^2+b^2]}$	$\dfrac{1}{a^2+b^2}-\dfrac{1}{b\sqrt{a^2+b^2}}e^{-at}\sin(bt+\varphi),\varphi=\arctan\dfrac{b}{a}$
29	$\dfrac{1}{(s+c)[(s+a)^2+b^2]}$	$\dfrac{e^{-ct}}{(c-a)^2+b^2}+\dfrac{e^{-at}\sin(bt-\varphi)}{b\sqrt{(c-a)^2+b^2}},\varphi=\arctan\dfrac{b}{c-a}$
30	$\dfrac{s+a_0}{(s+a)^2+b^2}$	$\dfrac{1}{b}\sqrt{b^2+(a_0-a)^2}\,e^{-at}\sin(bt+\varphi),\varphi=\arctan\dfrac{b}{a_0-a}$
31	$\dfrac{s+a_0}{s[(s+a)^2+b^2]}$	$\dfrac{a_0}{a^2+b^2}-\dfrac{1}{b}\sqrt{\dfrac{(a_0-a)^2+b^2}{a^2+b^2}}\,e^{-at}\sin(bt+\varphi)$ $\varphi=\arctan\dfrac{b}{a_0-a}+\arctan\dfrac{b}{a}$
32	$\dfrac{\omega_0^2}{s^2+2\zeta\omega_0 s+\omega_0^2}$	$\dfrac{\omega_0}{\sqrt{1-\zeta^2}}e^{-\zeta\omega_0 t}\sin\omega_0\sqrt{1-\zeta^2}t$
33	$\dfrac{s}{s^2+2\zeta\omega_0 s+\omega_0^2}$	$\dfrac{-1}{\sqrt{1-\zeta^2}}e^{-\zeta\omega_0 t}\sin(\omega_0\sqrt{1-\zeta^2}t-\varphi)\,\varphi=\arctan\dfrac{\sqrt{1-\zeta^2}}{\zeta}$
34	$\dfrac{\omega_0^2}{s(s^2+2\zeta\omega_0 s+\omega_0^2)}$	$1-\dfrac{1}{\sqrt{1-\zeta^2}}e^{-\zeta\omega_0 t}\sin(\omega_0\sqrt{1-\zeta^2}t+\varphi)\,\varphi=\arctan\dfrac{\sqrt{1-\zeta^2}}{\zeta}$

附录2　被测变量及仪表组合功能示例

仪表功能＼被测变量	温度	温差	压力或真空	压差	流量	流量比率	物位	分析	密度	多变量	黏度	未定义变量
检出元件	TE		PE		FE		LE	AE	DE		VE	XE
变送	TT	TdT	PT	PdT	FT		LT	AT	DT		VT	XT
指示	TI	TdI	PI	PdI	FI	FfI	LI	AI	DI		VI	XI
扫描指示	TJI	TdJI	PJI	PdJI	FJI	FfJI	LJI	AJI	DJI	UJI	VJI	XJI
扫描指示、报警	TJIA	TdJIA	PJIA	PdJIA	FJIA	FfJIA	LJIA	AJIA	DJIA	UJIA	VJIA	XJIA
指示、变送	TIT	TdIT	PIT	PdIT	FIT	FfIT	LIT	AIT	DIT		VIT	XIT
指示、控制	TIC	TdIC	PIC	PdIC	FIC	FfIC	LIC	AIC	DIC		VIC	XIC
指示、报警	TIA	TdIA	PIA	PdIA	FIA	FfIA	LIA	AIA	DIA		VIA	XIA

被测变量＼仪表功能	温度	温差	压力或真空	压差	流量	流量比率	物位	分析	密度	多变量	黏度	未定义变量
指示、联锁、报警	TISA	TdISA	PISA	PdISA	FISA	FfISA	LISA	AISA	DISA		VISA	XISA
指示、开关	TIS	TdIS	PIS	PdIS	FIS	FfIS	LIS	AIS	DIS		VIS	XIS
指示、积算					FIQ							XIQ
指示自动-手动操作	TIK	TdIK	PIK	PdIK	FIK	FfIK	LIK	AIK	DIK		VIK	XIK
记录	TR	TdR	PR	PdR	FR	FfR	LR	AR	DR		VR	XR
扫描记录	TJR	TdJR	PJR	PdJR	FJR	FfJR	LJR	AJR	DJR	UJR	VJR	XJR
扫描记录、报警	TJRA	TdJRA	PJRA	PdJRA	FJRA	FfJRA	LJRA	AJRA	DJRA	UJRA	VJRA	XJRA
记录、控制	TRC	TdRC	PRC	PdRC	FRC	FfRC	LRC	ARC	DRC		VRC	XRC
记录、报警	TRA	TdRA	PRA	PdRA	FRA	FfRA	LRA	ARA	DRA		VRA	XRA
记录、联锁、报警	TRSA	TdRSA	PRSA	PdRSA	FRSA	FfRSA	LRSA	ARSA	DRSA		VRSA	XRSA
记录、开关	TRS	TdRS	PRS	PdRS	FRS	FfRS	LRS	ARS	DRS		VRS	XRS
记录、积算					FRQ							XRQ
控制	TC	TdC	PC	PdC	FC	FfC	LC	AC	DC		VC	XC
控制、变送	TCT	TdCT	PCT	PdCT	FCT		LCT	ACT	DCT		VCT	XCT
报警	TA	TdA	PA	PdA	FA	FfA	LA	AA	DA	UA	VA	XA
联锁、报警	TSA	TdSA	PSA	PdSA	FSA	FfSA	LSA	ASA	DSA	USA	VSA	XSA
积算指示					FqI							XqI
开关	TS	TdS	PS	PdS	FS	FfS	LS	AS	DS		VS	XS
指示灯	TL	TdL	PL	PdL	FL	FfL	LL	AL	DL		VL	XL
多功能	TU	TdU	PU	PdU	FU	FfU	LU	AU	DU	UU	VU	XU
阀、挡板	TV	TdV	PV	PdV	FV	FfV	LV	AV	DV		VV	XV

附录3　工艺流程图上设备和机器图例符号

设备类别	代号	图　例
塔	T	填料塔　筛板塔　浮阀塔　泡罩塔　喷洒塔
泵	P	离心泵　旋转泵 齿轮泵　水环真空泵 纳式泵　柱塞泵　喷射泵

续表

设备类别	代号	图　例
压缩机，鼓风机	C	鼓风机　　离心压缩机　　（卧式）　　（立式） 旋转式压缩机 四级往复式压缩机　　单级往复式压缩机
反应器	R	固定床反应器　　管式反应器　　聚合釜
容器、（槽、罐）分离器	V	卧式槽　　立式槽
容器、（槽、罐）分离器	V	浮顶罐　　湿式气柜　　球罐 除沫分离器　　旋风分离器　　锥顶槽
换热器、冷却器、蒸发器	E	列管式　　浮头式　　平板式 换热器

设备类别	代号	图　　例
换热器、冷却器、蒸发器	E	套管式　　喷淋式 冷却器 蒸发器
其他机械	M	板框式压滤机　　回转过滤机　　离心机

附录4　工艺流程图上的物料代号

物料代号	物料名称	物料代号	物料名称	物料代号	物料名称	物料代号	物料名称
A	空气	F	火炬排放气	LO	润滑油	R	冷冻剂
AM	氨	FG	燃料气	LS	低压蒸汽	RO	原料油
BD	排污	FO	燃料油	MS	中压蒸汽	RW	原水
BF	锅炉给水	FS	熔盐	NG	天然气	SC	蒸汽冷凝水
BR	盐水	GO	填料油	N	氮	SL	泥浆
CS	化学污水	H	氢	O	氧	SO	密封油
CW	循环冷却上水	HM	载热体	PA	工艺空气	SW	软水
DM	脱盐水	HS	高压蒸汽	PG	工艺气体	TS	伴热蒸汽
DR	排液、排水	HW	循环冷却回水	PL	工艺液体	VE	真空排放气
DW	饮用水	IA	仪表空气	PW	工艺水	VT	放空气

附录5 工艺流程图上管道、管件、阀门及附件图例

名 称	图 例	名 称	图 例
主要物料管道		节流阀	
辅助物料及公用系统管道		角阀	
蒸汽伴热管道		闸阀	
夹套管		球阀	
文氏管		隔膜阀	
消声器		旋塞阀	
翅片管		三通旋塞阀	
喷淋管		四通旋塞阀	
放空管		弹簧式安全阀	
敞口漏斗		杠杆式安全阀	
异径管		止回阀	
圆形盲板		直流截止阀	
8 字 形 盲 (通)板	正常切断 / 正常通过	底阀	
管端盲板		疏水阀	
管端法兰盖		装在管道法兰之间的限流孔板	XRO①
截止阀		装在管道内的限流孔板	RO

附录6　控制阀气开、气关形式选择参考表

设备与过程	气开	气关
加热炉、裂解炉、锅炉等	燃料气（油）系统的进料控制阀	1. 被加热物料的进料控制阀 2. 汽包给水控制阀 3. 汽包上蒸汽出口控制阀 4. 稀释蒸汽流量控制阀
换热器	被加热流体出口温度过高会引起分解、自聚或结焦时的加热流体控制阀	1. 被加热流体出口温度过低会引起结晶、凝固等不利后果时的加热流体控制阀 2. 冷却流体为水时，在冬季温度低于5℃的地区，水管线上的控制阀
反应器	1. 聚合为吸热反应时,换热器载热体控制阀 2. 反应器进料的流量控制阀 3. 催化剂、添加剂加料控制阀	1. 聚合物排料的压力控制阀 2. 聚合为放热反应时,换热器载热体控制阀 3. 反应器溶剂流量控制阀
塔	1. 进料流量控制阀 2. 塔釜的排料控制阀 3. 大型装置再沸器加热流体控制阀	1. 塔顶压力控制阀 2. 回流量控制阀 3. 不凝气体排放控制阀
压缩机		1. 压缩机入口和旁路管线上的控制阀 2. 出口压力控制系统中安装在放空管线上的控制阀
贮罐	液位控制系统中安装在出口管线上的控制阀	1. 液位控制系统中在入口管线上安装的控制阀 2. 压力控制系统的控制阀
蒸汽、燃料气等总管		分配至支管上的压力、流量控制系统的控制阀

参 考 文 献

[1]   王爱广，王琦主编. 过程控制技术. 北京：化学工业出版社，2005.
[2]   叶昭驹主编. 化工自动化基础. 北京：化学工业出版社，1984.
[3]   周春晖主编. 化工过程控制原理. 北京：化学工业出版社，1980.
[4]   李友善主编. 自动控制原理. 北京：国防工业出版社，1980.
[5]   侯奎源主编. 过程控制工程. 北京：化学工业出版社，1999.
[6]   王树青主编. 工业过程控制工程. 北京：化学工业出版社，2003.
[7]   俞金寿主编. 过程自动化及仪表. 北京：化学工业出版社，2003.
[8]   吴勤勤主编. 控制仪表及装置. 北京：化学工业出版社，2004.
[9]   王丹均，王耿成主编. 仪表维修工. 北京：化学工业出版社，2004.
[10] 蒋慰孙，俞金寿主编. 过程控制工程. 第2版. 北京：中国石化出版社，2004.
[11] 厉玉鸣主编. 化工仪表及自动化. 第2版. 北京：化学工业出版社，1991.
[12] 张德泉主编. 化工自动化工程毕业设计. 北京：化学工业出版社，1998.
[13] 孙洪程主编. 过程控制工程设计. 北京：化学工业出版社，2003.
[14] 翁维勤，孙洪程主编. 过程控制系统与工程. 北京：化学工业出版社，2002.